U0201286

日本建筑

材料与样式的应用

【英】米拉·洛克 著
王冲 译

華中科技大學出版社
http://www.hustp.com
中国·武汉

有书至美
BOOK & BEAUTY

图书在版编目(CIP)数据

日本建筑：材料与样式的应用 /（英）米拉·洛克（Mira Locher）著；王冲译. -- 武汉：华中科技大学出版社, 2021.2
ISBN 978-7-5680-6773-7

Ⅰ.①日… Ⅱ.①米… ②王… Ⅲ.①建筑设计- 研究-日本 Ⅳ.①TU2

中国版本图书馆CIP数据核字(2020)第257958号

日本建筑：材料与样式的应用
Riben JianZhu: Cailiao yu Yangshi de Yingyong

【英】米拉·洛克 著
王冲 译

出版发行：华中科技大学出版社（中国·武汉）　电话：(027) 81321913
北京有书至美文化传媒有限公司　(010) 67326910-6023
出 版 人：阮海洪

责任编辑：莽 昱 张丹妮　封面设计：唐 棣
责任监印：徐 露 郑红红

制　　作：北京博逸文化传播有限公司
印　　刷：北京华联印刷有限公司
开　　本：635mm × 965mm　1/16
印　　张：14
字　　数：150千字
版　　次：2021年2月第1版第1次印刷
定　　价：258.00元

华中出版

目录

Portrait of Kengo Kuma ©dbox

建筑的真相（ARCHITECTURAL TRUTH）

就建筑结构而言，日本传统建筑的设计基于一种大多数国家所没有的重要元素，即日本盛产的结实而美丽的木材。同时，日本有着诸多火山，从中喷出的灰烬孕育了富饶的土地。此外，日本潮湿的气候造就了瑰丽的森林，使之能够持续地供应木材。

如何利用木材，使之能够承重并保持美丽的原貌？这是日本人几千年来一直在思考和研究的问题。如果在很长一段时间内深思着同样的事情，那么与这一事情相关的细节自然会引发人们的关注和思考。为了增强那些支撑建筑物的简洁的基础结构系统，人们已经对建筑尺度以及其他结构元件的相应细部进行了严谨的研究，例如屋顶的葺瓦；又如障子，这是一种贴覆和纸的构件；又如分布于柱子之间，被称为“榻榻米”的地板材料。显然，由于日本生长着如此茂盛、强壮而美丽的树木，才产生并孕育了如此的系统。建筑结构首先出现，其他一切则依附于此。

此外，这种木结构系统不需要进行任何多余的操作，例如用其他建筑材料覆盖或用油漆涂覆。这是因为木材纹理本身已经足够美丽。由于建筑结构的材料朴实无华，而建筑物的其他元素也未经过修饰，因此人们更加重视其自然品质。

不幸的是，一种装饰文化在当今世界占据主导地位，例如仅仅将木材用作一种装饰材料。当人们为了象征“自然”时会选择仿自然的建筑表皮，在混凝土和钢结构上紧固薄木板；而当显示权威和财富时，则可以附以薄石；当展示最新技术的存在时，则会贴上铝和玻璃。这样的结果是结构本身完全被忽略了。时代已然如此，对建筑表皮的设计决定了房屋的售价，而人们基于此竞价。全球资本促成了这个“表皮时代”。

既然当今时代已经到了一个重要的转折点，是时候再次寻找隐藏于表皮之下的本质了，也就是要去发现材料本身的真相。从这个新视角来看，日本的建筑传统很可能会被“再发现”为一种全新的事物。诸多拯救地球环境的知识也隐藏在这样的传统之中。我相信，解决地球环境问题，以及在今日的混乱中拯救人类精神的力量，都孕育于这一传统之中。

Kengo Kuma
隈 研吾

前言

透过格栅
外杜鹃鸣，
无奈不得伸头出
且隔围篱听。
志太野坡（1663—1740年）

对一个外国人来说，日本可能就像杜鹃一样，听得到它以忧郁的歌声宣告夏天的到来，但唯能转瞬即逝地瞥见它修长的斑点尾翼或弯曲的喙。对于许多研究日本的人来说，映入眼帘的日本是动态的，就像是季节的变换，新鲜而令人耳目一新，暗示着更多事物的到来。但是栅格如影随形，阻止你窥见全貌，理解全局，就像是隔着篱笆难睹杜鹃真面目一般。杜鹃神秘的歌声诱你入森林，却极少显露真身。然而，越是深入这冒险的森林，杜鹃就越是向你揭示森林的新视角。

想象一下19世纪后半叶日本重新开国（日本开国，即幕府末期，日本放弃江户时代初期以来的锁国政策，重新开放港口，译者注）后不久，来到日本的外国游客的惊奇，当时的日本几乎经历了超过两百年的孤立状态。政府开始着手重大改革，而当时这个国家尚未实现工业化，也不完全确定是否已做好准备应对变革。这是一个有着木构和灰泥房屋以及密集城镇的国家。木制的农舍顶着高耸的茅草屋顶，宏伟的寺庙庇护着巨大的青铜雕像，安静的神社隐蔽于柳杉茂林。这里还有愤怒的火山、静谧的稻田以及海岸线上翻卷的浪花。时至今日，这些景观大部分仍然存在。近150年，许多游客在体验日本时也会感受到与江户末期的外国人同样的惊奇。

然而，如今的游客第一次体验到的“杜鹃声”可能是其电子版的歌曲，它通过管道被输送到地铁站，或者表现为在繁忙的十字路口用以提醒“安全过街”的啁啾声。但是即使在都市中，如果你望穿接踵摩肩的人群、拥挤的混凝土房屋和密集的信息——巨大的屏幕播放着舞蹈视频；街边六到八层的大楼上闪烁的霓虹灯广告牌层层相连；穿着可爱的布偶装的工作人员在每家店面前蹦来蹦去，那么电子杜鹃——“传统”日本仍在那里。它如同杜鹃一样隐蔽，当你倾听的时候才向你吟唱。

東山区

传统的智慧和习俗在日本当代生活中继续发挥着重要作用，传统的建筑形式和建造方法仍在特定的房屋类型中使用。然而，我们今天所理解的“传统”只有在这个国家重新对外开放之时才被理解。它首先通过外来者的眼睛，然后才进入以西方方式训练的日本人的眼睛，这样才实现了对当前的“传统”概念的理解。

一些日本人所谓的“日本品位”，其实是建立在中国文化的基础亦源于日本人与自然相处的方式。一切传统可追溯至自然，以及日本人与季节性气候和山地景观相协调的生活方式。任何关于日本建筑的研究都必须从那里开始，然而“日本品位”或“日本性”的定义仍然像“杜鹃”一样难以捉摸。

这种感性，充满了我们今天所谓的“传统日本性”，已经吸引了许多观察者进入名为“日本”的森林。其传统的艺术、建筑和景观不仅吸引着、影响着日本的当代设计师，而且影响着全世界。我们可以学到很多东西：从自然和文化的联系到这种联系是如何随着时间而改变的。

有一种史观是通过对历史建筑中特定元素的分类来识别日本传统建筑的。本书以此为基础，但并不是一个详尽的汇编。本书主要讨论传统日本建筑和景观中常见的代表性建筑元素，并试图通过它们的创作和使用方式探索其与日本文化的联系。我希望本书能吸引读者越过格栅，在杜鹃歌声的指引下，漫步于林中。

日本历史时期

原始时代	绳文	公元前10000—前300年
	弥生	公元前300—300年
	古坟	300—552年
古代[1]	飞鸟	552—710年
	奈良	710—794年
	平安	794—1185年
中世	镰仓	1185—1333年
	室町	1334—1573年
近世	桃山	1573—1603年
	江户	1603—1868年
近代	明治	1868—1912年
	大正	1912—1926年
现代	昭和	1926—1989年
	平成	1989—2019年
	令和	2019—至今

第一部分

文脉

沐浴晨光中
早餐何须满饱腹
心安归此处。

松尾芭蕉（1644—1694年）

第一章

环境与文化

上图，图1： 松岛

对页图： 大原三千院的风化木结构与自然环境融为一体。

第14～15页图： 东大寺南大门，坐落在奈良公园的树林中。

一日之始，在享受进餐的同时，从当季花卉的短暂绽放中获得乐趣，17世纪中叶的俳句诗人芭蕉如此描述自己的生活方式。芭蕉的语言描述出日本传统文化中的一个重要观念：人与自然密不可分，无论是其短暂的美丽时刻，抑或不可避免的衰变。芭蕉俳句的主题与强烈的日本“本土性信仰”相映，即“生活在这个世界上的唯一途径是服从其自然不变的规律”[1]，同时芭蕉奉行的佛教教义从6世纪开始在日本传播。

日本文化的发展是与自然相协调的，是长期受到外界影响的结果，而这种影响又被不断发展的美学意识所调和。正如芭蕉和他的追随者在17世纪把俳句发展成一门高级艺术一样，其他日本艺术和建筑也在同时达到了顶峰。经过几个世纪的演进发展，我们今天所认定的“传统日本性”的艺术和建筑在江户时代逐渐成熟——这是一个和平但政治形势与社会环境严苛的时代。

自然环境、文化背景与日本的传统建筑形式、材料和建造方式融为一体，密不可分。自然是传统建筑的源头——建筑材料在当地找寻，房屋被设计得与自然环境协调适应，并与之共生。对自然强烈尊重的传统，结合着外来形式和建筑方法的影响，塑造了日本建筑。这些外来形式和建筑方法被带进日本后，随着时间的推移产生了改变，以适应日本的景观和审美情趣。

自然景观是讨论传统建筑的基础，因为日本文化是从这片土地中生发而来的，继而与自然紧密相连。日本是一个由三千多个岛屿（许多岛屿无人居住）组成的群岛国家，沿着大致由东北到西南的对角线，绵延近四千米，东临太平洋，西临日本海。其中四个主要岛屿（从北到南：北海道、本州、四国和九州）是大部分人口的家园，主要岛屿本州拥有最大的陆地面积和最多的人口，气候温和、四季分明[2]。北部岛屿北海道气候凉爽温和，冬季普降大雪。四国岛较小，气候与本州西部相似，而南部的九州属亚热带气候。

由于各地气候不同，各个岛屿的景观也不尽相同。通常岛屿的中心区域多山，遍布活火山，而海岸线崎岖不平，在山脉和海洋之间常有小块的平地。日本近四分之三的国土多山，对农业和建筑来说，绝大多数土地过于陡峭[3]。而城市、村庄以及大部分农田都分布在平原和其他相对平坦的地区，仅占总土地面积的四分之一左右。由于地形崎岖，因此人口聚集地区以稠密式发展，土地使用程度达到最大化。在农村地区，一个家庭的几代人通常共用一所房子（亦可能包含动物驯养空间），而农田通常会延伸至房子的边缘。在城市区域，特权阶层拥有大量地产，其花园中布置着诸多房屋，但平民们则居住在狭窄的房间内，共用墙壁、公共水井和卫生设施，这些都被精心规划，以期充分利用。

日本崎岖不平的地理环境激发了人们的敬畏和尊重，某些自然景观成为重要的美学和精神地标。日本最高的山——庄严的富士山[4]是本州岛上一座著名的地标，经常出现在诗歌和艺术作品中，如艺术家葛饰北斋于19世纪早期创作的著名浮世绘系列《富岳三十六景》（木版印刷）。恐山（字面意思是“可怖的山”）是位于本州最北部的一座圣山，被认为是通往地狱的门户，巫女在此可与逝者灵魂交流。这里崎岖的火山地形、硫黄烟雾和寸草不生的景观奇异而美丽，与由超过二百五十座岩石和覆盖松树的小岛组成的松岛完全相反。在历史上，松岛被认为是日本三大著名景点之一（日本三景）[5]。松岛风景（见本页图1）数百年间出现于诗歌和绘画之中，甚至激发了一场17世纪的诗歌比赛[6]。

除了令人敬畏的自然环境，日本文化的发展还伴随着持续的、具有破坏性的自然之力——地震、海啸、台风和活火山——的威胁。但这种异常恶劣的自然环境并没有导致一种恐惧文化，或是与

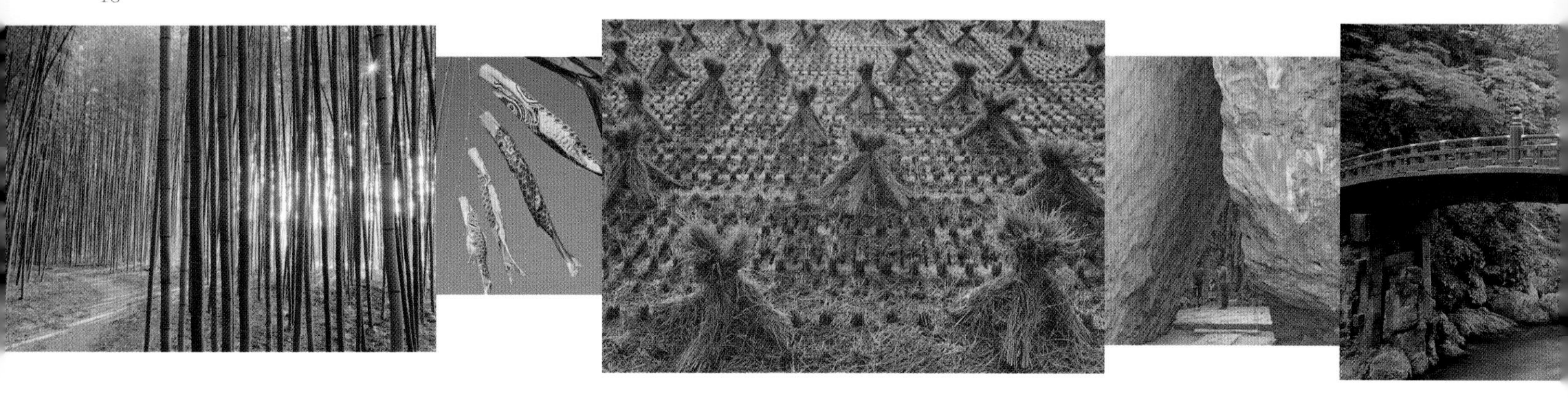

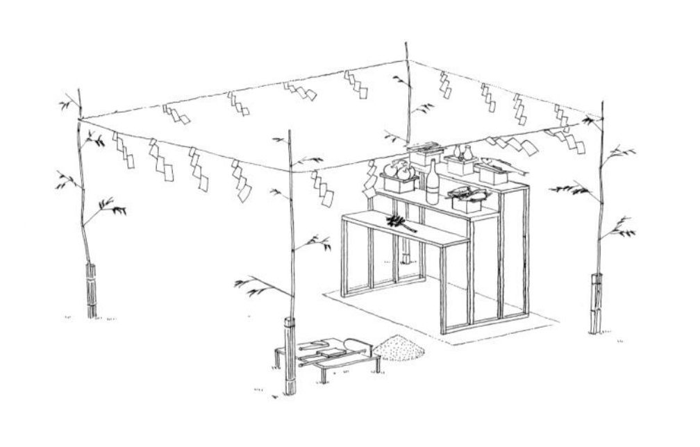

自然持续的斗争，相反产生了一种尊重自然的文化，理解和欣赏万物易逝的品质，这是一种长期存在的、对自然的文化性尊重，体现在日本本土神道教（“神之道”）的日常仪式和季节性节祭之中。

神道教的神被认为栖居在自然事物上，比如岩石、山川和树木。人们以具有日常性、季节性的特殊供品来供奉神明，以示对当地神明的尊重。据传统，房屋至少会设置一座神棚（“神明格架”，见第121页图32），人们将每日的第一碗米饭和第一杯茶置放其中，作为当地神明的供品。而神道仪式每季都会举行，以庆祝春播的繁忙和秋收的赏赐。当一座新建筑开始建造时，日本人会举行传统的奠基仪式（地镇祭）。自然的恩惠（鱼类、海藻、水果、蔬菜、大米、食盐、清酒等）作为供品被放置在一个由木材建造的临时祭坛之上（见本页图2）。祭坛则建在通往四方的广场正中，用四根竹竿标界，竹竿间以一根稻草制成的扭绳（注连绳）相连。注连绳用于界定神道教圣域，将日常世俗世界与神圣空间区分开来。人们对自然馈赠的尊重是显而易见的，这一点可以通过他们使用充满了神道教意味的、具有象征意义的天然材料看出来。

这种以自然为基础的神道崇拜融入日本生活的诸多方面，从每年新年到当地神社参拜，到婚礼上接受神道教神职祝福。虽然在日本神道教先于佛教，但在6世纪佛教思想传入时，佛教并没有取代神道思想或仪式，而是以一种允许两者共存的方式存在。这种和平共存在神社建筑中是显而易见的，神社甚至可以是佛教寺院建筑群中的一部分，例如东京浅草寺区内的浅草神社。这种“神佛”仪式的融合贯穿了日本人的一生，日本人的婚礼是传统的神道式，而葬礼则是佛教式的。神道与佛教的共存在传统家庭中也是显而易见的，既有神道教神棚，又供有佛教家族祭坛。

佛教也体现了对自然的强烈尊重。受佛教思想的影响，生命易逝和日本美学思想密切相关，其常用术语包括“物哀”[自然（艺术、生活）使敏感的人意识到世界短暂美的本质，在这个世界中，变化是唯一不变的][7]和“无常”（“一个佛教概念，暗示无常”）[8]。这些术语长期以来一直被作家、艺术家和建筑家用来表达对“短暂性”的认识和接受。落樱、残月、人的衰老都是流行的主题，包含了短暂易逝性的思想。

自然的短暂性也明显体现在保护传统建筑的思想之中。房子使用自然材料（如木材、纸张和树皮）建造，这些材料随着时间的推移会分解，必须进行维护、修理或更换。保护的理念不是指建筑物必须保持完好无损，只有在它们的使用寿命结束后，才更换这些元素。相反，建筑物可以不断地改变，根据日常生活或维护的需要，拆除或添加构件。建筑被理解为不断变化的环境的一个部分，而不是永久性的固定装置。建筑师黑川纪章解释道：“日本的一个古老信仰就是房子只是一个临时住所。如果它被烧毁，则可被容易地重建。”[9]

有时候，为建筑提供画布的自然可能是严酷的，但它也提供了大量的石头、木材，其他植物材料和灰泥，构成了日本传统建筑的主要材料。日本岛屿上许多区域都生长着茂密的森林，这些森林提供各种可用于建筑的木材。日本柏树最常被用于建筑结构。雪

左上到右： 一条小路蜿蜒穿过竹林。儿童节鲤鱼旗横幅飘扬。稻草捆在阳光下晒干。参观者致敬斋场御岳。一座桥下有一条河流穿越。富士山沉静地矗立。使用当地材料建成的农舍。雄伟的树列通向神殿。水、石、木营造了一个壮观的环境。

对页，图2： 为地镇祭奠基仪式设立的临时性神道教祭坛。

松、樱桃木、红松和黑松、榉木，竹子和其他草等，通常被用作次级结构或起装饰作用。日本木匠的知识和技术使其能够利用树木的自然应力，开发出巧妙的抗震节点和结构，展示出木构元素的自然之美。

和木材一样，泥土也是能发挥高超技艺的基础材料。坚固的墙壁由泥浆灰土制成，其上点缀着稻草和砂砾。这样的墙壁重新呈现出大地的色彩，有时被涂上一层薄薄的亮白色灰泥，铲抹表面使其光滑。像木匠一样，大师级的石膏工匠经过多年的训练，完善技术，开发工艺来表达土质材料自然质感的美丽。

木头和泥土为日本传统建筑提供了基本的外壳，而其他天然材料与之结合使用，以营造空间。屋顶通常由一层厚厚的稻草制成，这是一种非常有用的水稻副产品。地板则由夯实的泥土制成，以作为坚硬的室内或室外地板；也可由长竹板、木板或编织灯芯草覆盖的榻榻米垫子构成，安放在低于地面的木质结构上。以桑树内层树皮为材质，手工制成的和纸附着在滑动木格子障子帘上过滤光线。和纸也用在滑动木框的两侧，以创造不透明的滑动隔断（隔扇，见第110页图27）。

隔扇的表面及墙壁和洞口上的木板，成为描绘自然风景或仙境的画布。装饰增强了建筑的表现力。珍珠母、金银叶、墨水、油漆、氧化铁等颜料、手工和纸，构成与自然相关的图案和场景，被应用于贵族府邸、重要寺庙或神社中，用于彰显财富和权力。

房屋不仅在其建造过程中使用了诸多天然材料，而且其建筑形式直接关联到其所在地的气候和环境（见第58页图10），特别是民家（字面意思“民之家”）。在大雪覆盖的寒冷山区，民家通常有着陡峭、厚重的茅草屋顶，以避免积雪在屋顶堆积。又由于附近树木普遍可用，民家通常采用木质隔断构成的可拆卸的外墙板。气候炎热时，民家的外墙拆卸隔断，从而让微风穿过房屋，同时利用悬挑的屋檐遮蔽室内空间。

佛教寺庙、一些神道教神社以及贵族府邸，一般屋顶上都覆盖着结实的瓷瓦，屋檐出挑。厚重的木屋架支撑着屋顶，给人以一种力量和永恒之感。瓦片的重量使屋顶能够抵御强风，宽大的屋檐又可以遮蔽夏日的阳光。冬季的太阳高度角比夏季小，通常附近池塘或砾石前院的光线能够反射进室内。传统日式建筑内部相对昏暗，以适应日本人的审美倾向，其他艺术也沿着这种荫翳文脉发展。金银叶、光滑的漆器以及珍珠母镶嵌物，都被用来反射熹微淡弱的光线，并将瞬间的光亮带入阴影之中。小说家谷崎润一郎评论：“暗淡是漆器之美不可或缺的元素。”[10]他继续说道：“但我们称为美的品质，必须始终从生活现实中生发，我们的祖先被迫居住在黑暗的房间里，很快就发现了阴影中的美，最终引导荫翳走向美的极致。”[11]

空间品质的意识，高质量的建筑工艺以及对细节的关注，构成了日本传统建筑的标志。很明显，在江户时代日本传统建筑达到了它的最后阶段。然而日本建筑的开端却要谦逊得多。随着建筑与自然环境、自然季节与日常变化，以及外来影响的协调发展，我们现在认为体现日本美感的形式已渐渐显现。

第二章

日本建筑的演变

在古代日本人开始定居和建造住宅之前，他们保持着游牧性生活方式，随季节、气候变化和可获取的食物来源而迁移，并通过狩猎、捕鱼和采集维持生活。随着系统性农业，尤其是公元前500年[12]左右湿稻种植的出现，促使十二个群落形成了，永久性住宅开始被建造。这一远古的时代被称为绳文时代，这个时代因许多陶罐上装饰的绳索图案而得名（绳文意为“绳索标记”），其特色是陶壶。而接下来的弥生时代，以其更为稳重、光滑的陶器、铜镜、铜铎和工具而闻名。弥生时代之后的古坟时代遗留下来设计生动的埴轮陶器随葬品。绳文人粗犷的创造力和弥生人较为精致的生活方式的对比，已被许多日本建筑家和历史学家所关注，用

以解释日本人的两面性，并对某些建筑物进行分类。[13]

对页图： 与风宫辅殿毗邻的宽阔砾石地带，等待着在伊势神社外宫进行每隔二十年的式年迁宫重建。神圣的中柱埋在地下，被砾石区域中间的一个小结构物掩盖，唯有中柱是永存的。

上右图： 光线从巨大的石块间穿过，进入7世纪石舞台墓室的内部空间。

上左图： 冲绳岛中城村城堡的建造者、领主护佐丸的陵墓坐落在山坡之上，展示了石砌的前墙和微微弯曲的屋顶，这是典型的15世纪龟背式坟墓。

顶图： 巨大的石块恰如其分地展示了持久性和力量感，创造石舞台古坟墓室的舞台状屋顶。

古代房屋

日本最早的房屋可被定为三种不同的类型：土地面的平地住宅（平地住居）、坑式住宅（竖穴住居，“垂直洞穴住宅”，见第22页图3），以及木地板房屋。而木地板房屋要么地板直接建在地面上（平屋立物，“一层楼”），要么建在地面以上（高床，“高楼”），像升举式仓库（见第22页图4）所呈现的那样。由于这些早期构筑物完全用木头和茅草建造，故其本身早已不存。然而许多定居点被发现，其地坑穴也已被挖掘。基于这些发掘，并根据古铜镜上发现的建筑形象和一些埴轮的形式，可推断出这些房屋的形态。

这三类型建筑都用木柱和茅草屋顶建造，柱子置于地面之上或直接埋入地下。由于许多日常活动都在室外进行，所以这些建筑很

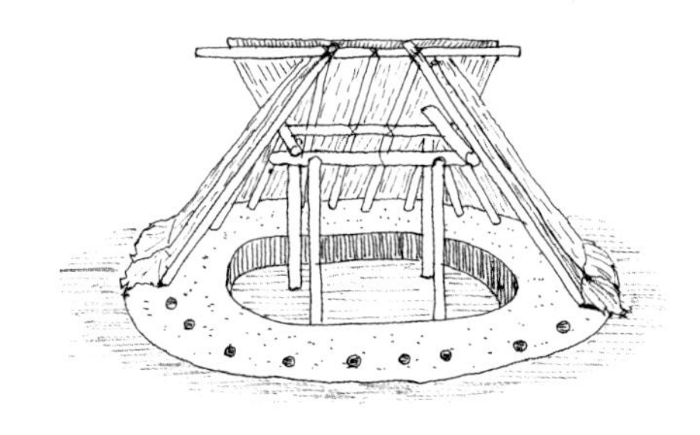

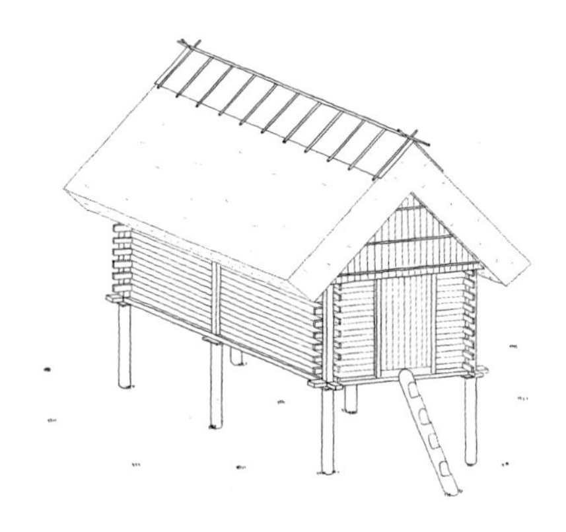

顶图，图3：坑式住宅。

上图，图4：升举式仓库。

小，且围合在一个空间之内。就坑式住宅来说，典型的建造是挖掘地坑，在地面之上设置四根柱子，用横梁在顶部连接柱子。

土质地板被夯实，以形成坚硬的地面，在这个小空间内放置了一个火坑。周圈木椽落在地上，斜倚着中间的梁架，伸至顶部与屋脊相交，屋面上则覆盖着一层厚厚的茅草。平地住宅以类似的方式建造而成，其地板位于地面层，并不下沉，而屋顶直接落在地上，兼做屋面和墙壁。平屋立物在此基础上进行了改进，将屋顶提升到地面以上的柱子上，并用木板墙和直接建在地面上的木地板围合室内空间。

升举式仓库主要用于储存谷物，也采用了四柱结构，但地板高出地面约两米，以隔绝水分和啮齿类动物。仓储空间通过一个由原木雕刻而成的楼梯进入，楼梯顶部有一块平板，对啮齿动物设置屏障（鼠返，“老鼠转身”的意思）。而其四面墙结构和屋顶都用木材建成。屋顶覆盖着茅草，墙壁用木板围合，角部可能还有交错扣合节点。据说，角接头和榫卯节点在结构其他位置也被使用，表明了相对先进的木工技术和工具知识[14]。升举仓库的形式被认为可能受到亚洲其他地区建筑的影响，尤其是东南亚或太平洋岛屿地区[15]，而其可能亦影响了后来的早期神道教神社建筑。

民家

最终从古代民居发展而来的建筑类型是民家（通常意为“民间住宅”）。由于民家是用诸如木头、泥土和茅草这样的天然材料建成的，所以很少有超过两百年历史的民家留存。尽管仍在使用的民家数量连年减少，但在日本仍然可以看到很多佳作。现存的民家代表了平民住居从坑式和平地住宅发展而来的阶段，在这个阶段，政治稳定和相对繁荣导致了日本国内交流的增加和地区差异的减少[16]。

典型的民家以泥土地面或“土间”为特色，其夯实的地板位于地面一层，而不是像坑式住宅那样沉在地下。土间通常很大，是厨房所在地，许多家务都在这里完成。一些土间足够宽敞，可以容纳存储区域，甚至包含驯养家畜的马厩、牛棚。

民家的结构采用厚重木材，柱子置于石基之上，而不是像古代民居那样直接植入地面。梁架在柱子顶部连接，有时也连接在中部。梁支撑着桁架系统，继而承托屋顶。屋顶是民家最突出的建筑特征，体现出社会地位，也是对住宅所在地域的最清晰的表达。不同的地区发展出不同的屋顶风格（见第58页图10）。从历史上看，屋顶的大小和形式是一个家庭社会地位的证明。典型的民家屋顶是用稻草铺成的又大又厚的茅草屋顶，但有些屋顶上覆盖着木板，以木条和重石固定。其他的屋顶特征包括，屋脊上覆盖一排排瓦片，或是种植花朵。

民家的外墙通常覆盖着粗糙的灰泥，不过根据当地可利用的材料，有些外墙上还覆盖着木板。这些墙壁的内墙面和外墙面以相同的方式制成，由泥土、稻草和沙子组成灰泥肌理。当内墙作永久性使用时，也覆盖灰泥或镶木板。

用于分隔生活空间的可移动室内隔断，最初是简单的木板，后来发展成覆盖手工纸的木格栅，显示其受到上流住宅建筑的影响。

上图：一个可调节的悬壶挂钩（自在钩），配以简单雕饰的木鱼和覆盖灰泥的炉灶（灶），这是民家厨房的典型元素。

右图：一个单层民家的特点是，悬挑的屋檐由一个简单的木柱结构支撑在基石上，保护了房子的升举地板。

下图：三层楼高的合掌造民家有着厚重且陡峭的茅草屋顶，保护农舍免受冬天恶劣气候的影响。

神道神社

神社是一种人们对神明信仰的自发表现[17]。早期的神社是建在自然中的简单结构，在这里人们可以留下供品，向当地神灵表达敬意。这些当地小神社通常是临时搭建的，由四根竹竿或贤木（日本常绿树木，杨桐）与一根注连绳相连，以折叠纸条和长树皮纤维进行装饰。这种类型的神社要么是围绕着敬拜的对象建造的，要么是建在它附近，中间有一个小的木祭坛[18]。第一批神社建筑用木头制成，以升举式仓库的形式为基础，因为这是当时最常见的非住宅建筑形式。通往圣地的入口是由简朴梁柱构成的大门，被称为鸟居，至今仍沿用这一形式。

当神道教变得更加系统化，大规模神社开始被建造，以向重要神明致敬，并增强皇室和神道教神的传统联系。皇室与神道教的纽带可以追溯至日本创国的神话故事。正如成书于712年的《古事记》所记录的，伊邪那岐和伊邪那美男女两位神明，将一根长矛插入海底，滴下泥土形成岛屿，从而创造了日本群岛。然后他们从天上下凡，把一根棍子直直地插在地上（日本第一柱），绕着它跳舞，而后结合。他们的后代包含日本的八个主要岛屿和诸多神灵，如太阳神天照大神。而天照大神神圣的后裔是皇室传说中的祖先。

由于神道教和皇室之间的紧密联系，重要的神社以巨大规模和最精良的材料工艺建造。日本最受推崇的神社建在伊势的原始森林，被划分为两个截然不同的区域，内外神社的建筑群都基于日本古代盛行的升举式仓库形式。伊势神社的内宫供奉着太阳神，人们普遍认为内宫建于3世纪晚期。而外宫建于5世纪晚期，供奉的是农业女神。伊势神宫的建筑几乎完全由生长在圣林中的日本柏树建造而成，采用茅草屋顶和木板墙壁，屋脊用木条和木片特别加固，地板高出地面两米以上。神宫坐落在一个由白色砾石构成的庭院里，四周环绕着四层栅栏。

在神道教信仰里，由于净化仪式是一个重要的元素，于是每隔二十年，内外伊势神宫都在相邻的地方完全进行重建，这一仪式一直延续到今天。这一更新方式保证了建筑中使用的秘密工法代代相传，但这并不能保证建筑形式在过去的几个世纪里没有发生细微的改变，尤其是在佛教传入日本并变得强大的时候。

对页图：这是一座位于中轴线上的木构鸟居大门，与主入口大门及主殿相连。它是东京明治神宫的入口。

上右图：出云神社的装饰屋顶既体现了与重要神道教神社相符的宏伟，也体现了对早期建造方法的继承和保留。

中右图：四根竹竿承托着注连绳，勾勒出宇治上神社前有着两个锥形沙丘的神圣空间。

下右图：一个巨大的注连绳标志着出云神社的入口。游客们投扔硬币，试图将其嵌入巨大的流苏里。

下图：穿过一扇宏伟的鸟居门，庄严的石阶通向第二扇门，在那里，风掀起了暖帘窗帘，从四扇门中的第三道可以瞥见伊势神宫内宫的大神宫。

神道神社在日本有着多种形式。一些显示出来自伊势和升举式仓库的直接影响，另一些则明确遵循佛教寺庙的形式，这类寺庙被辨认为属于神道教仅仅是因为有鸟居代表着神道教圣域的入口。大多数神社都反映了当时流行的建筑风格。神社形式的急剧变化显示出建筑形式其实缺乏特定的宗教意义（除了几个如伊势神社的例子）。建筑物被认为是神圣的，仅仅是因为它们的功能——“为一个或多个神灵提供居所，神灵可以栖息于此”[19]，而不是因为它们的特殊形式。

佛教寺庙

佛教在6世纪中叶传入日本，至6世纪末，以其自身深刻的宗教教义而为日本统治者所接受。佛教还蕴含了一种当时在日本尚不存在的书写体系，以及一种似乎可与日本人的生活方式兼容的宗教哲学。传入日本的佛教是以印度大乘佛教为基础，在中国发展起来，并与中国儒家、道家思想相调和，亦曾传播到朝鲜半岛。随着佛教教义的传入，日本人引进了中国佛教的寺庙形态。中国寺庙最初源于印度寺庙的形式（最为明显的是印度塔转变为中国塔），继而根据中国皇家建筑的形制和规划进行了改进。这些早期的寺庙建筑群以一系列从南面进入的封闭庭院为特色，沿着南北轴线布置。建筑群的布局依据中国风水的原则。特别的是，建筑根据朝向太阳或特定视角进行布置，被认为“与环境的宇宙力量相协调”[20]。

宏伟的寺庙建筑由厚重的木材建造而成，其特点是巨大的屋顶上覆盖着陶瓦，暴露在木梁柱间的墙壁涂盖着的白色灰泥。层

层装饰性陶瓦列于屋脊线上，从粗大圆柱的顶部延伸出一层层雕花斗拱，支撑着屋顶的深檐。最辉煌的建筑，如7世纪奈良药师寺金堂，有着数层楼高和层层屋顶。最初，暴露出的木结构、镶板门、栏杆涂画着色彩鲜明的红色、绿色和黄色（如重建于1976年的药师寺金堂一样）。明亮的白色灰泥，生动的多色木结构和装饰十分引人注目，强化了建筑的宏伟之感。

建筑坐落在石基座上，离地面有数阶之高，气势雄伟，深具纪念性。它们很好地体现了佛教的力量，以及日本政府所允许的宗教的权利。虽然佛教最初以一种与神道教共存的方式被引入日本，但不难想象，随着时间的推移，强大的佛教影响了神道教神社的形态，甚至包括日本最重要的和最古老的神社建筑，如伊势神宫。[21]

日本早期的寺庙建筑与当时的中国佛寺完全一样，因为中国和朝鲜半岛的工匠被带到日本专门建造寺庙。然而，几个世纪以来，随着佛教理念的改变，建筑形式的强烈对称性和纪念价值开始瓦解。随着寺庙形式的变化，这种转变反映在贵族住宅建筑中并得以发展，尤其是平安时代的寝殿风格的建筑。

顶图： 奈良东大寺的前院石庭前，在一个金属香炉中备好了熏香。这座寺庙始建于8世纪，是日本佛教教学的总部，曾遭受多次火灾和地震的破坏。现存建筑可以追溯到19世纪早期，虽然只有原大小的三分之二，但清楚地表达了一座宏伟佛教寺庙的形式体系和里程碑式的意义。

中图： 东大寺食堂展现了典型的佛教寺庙建筑特色，呈现出对称的、正式的建筑元素构成，包含石基座基础、一个由厚重木梁柱构成的铰接结构以及一个弯曲的瓦屋顶。

左图： 多个水平的、呈现出多层次的空间融合，并向另一个空间开放，同时保持着空间层级性，这对佛寺功能至关重要。

寝殿建筑群

“寝殿风格”得名于“寝殿”或贵族府邸的“中央大殿”，这种类型的建筑在平安时代得以发展成熟。寝殿建筑风格反映了当时盛行的佛教思想教派——净土宗。“培育丰富的灵性，赋予人们无尽的能量和无限的生命力……它挑战人们，使其在无知的黑暗深渊中发现生命的终极意义。”[22]它强调“此时此地被珍视为生命本身的一份礼物，要活得有创意，充满感激”[23]。寝殿风格的建筑反映能量、活力和创造力，相比于以前的佛教建筑，其形式更轻盈、更开放，与设计的景观有着很强的联系。

这些建筑依旧壮丽宏伟且令人印象深刻，但它们并不像早期中国佛教建筑那样壮观。寝殿风格的建筑规模略小，木骨架结构较轻，屋顶曲率更大，带给人一种失重的印象。其大殿位于院落的中心，保持了早期建筑的对称性，并建于石头基座之上，带给中心入口一种宏伟的印象。大殿的两侧通常是L形或I形走廊，其尽头是置于花园的亭子。走廊和亭子通常没有墙壁，更增强了轻盈的感觉。

上图：精雕细琢的木围护结构和雕花栏杆是寝殿建筑的装饰和功能元素之一。

左图：池塘中映出的曲屋顶增强了11世纪中期寝殿风格建筑——平等院凤凰堂的轻盈感。

近右图： 京都银阁寺花园前庭沿着轴线精心组合的空间是书院风格建筑的标志。

上右图： 书院院落借鉴了早期佛教寺庙的对称形式，显得正式且庄重，比如图中的法隆寺。

中右图： 奢华手绘、宽大的隔扇滑动隔断将仪式会客厅与仁和寺御室御所皇居的相邻空间分隔开来。

下右图： 正门的石阶通向京都皇居紫宸殿礼仪大厅的升高的木地板。暴露的木框架和灰泥覆盖的填充墙，以及由结构柱上斗拱支撑的深远挑檐是典型的书院建筑特征。

寝殿建筑用作房屋主人接待客人和起居的空间。在某些情况下，比如宇治平等院（寝殿）后来转换成佛殿，阿弥陀佛位于大殿正中，人们能够眺望花园（见第118页图29）。其他供居住的房屋则通过与寝殿相连的廊道到达，总体上保持了院落的对称性。

在当时，不仅建筑不如早期那样气势雄伟，而且景观的应用也更为非正式、更有趣，与建筑有着强烈的联系。寝殿的侧亭延伸至主要庭园，位于院落的前部。庭园用于举行仪式和休闲活动，其典型设计包含一个大池塘，倒映出寝殿的形象，其上建有桥梁连接着一座中心岛。游客从正门第一眼便能看到院落（正门通常位于南面），继而他们穿过或绕过庭园到达正殿的入口。这种穿越庭园的行动成为后来建筑风格中建筑与庭园关系的重要组成部分。

总体上看，平安时代的生活是和平的，在寝殿院落的建筑和景观中，特权和繁盛的标志显而易见。11世纪初，紫式部所著的《源氏物语》对贵族阶层的日常生活进行了细致入微的记载。紫式部详细勾画了寝殿府邸内的活动细节，描述了宫廷生活下的阴谋和显赫，比如以下场景："浓雾笼罩庭园的清晨，侍女半升百叶帘，似乎是邀请女主人看到情人源氏的离开。"[24]

书院建筑群

时光荏苒，日本的社会政治形势发生了转变，起初政府体系高度受中国风俗和思想影响[25]，带来了平安时代相对的和平与繁荣，继而转变为12世纪晚期具有强烈尚武精神的封建制度。自然而然，日本贵族的生活方式，他们的住宅和宗教场所的形式都反映了这种变化。简洁和克制成为重要的美学概念，自然在建筑中的重要作用也是如此，尤其是随着禅宗佛教的出现。寝殿风格的建筑已经开始从早期中式佛教寺庙重视对称、严谨的形式发生转变，继而发展为早期书院建筑风格。

和寝殿式风格一样，书院风格也是以居住空间中最重要的场所命名的。作为一间书房，书院中含有一张书桌，被称为"付书院"（房间的名字也是由此而来）。这种低矮的桌子常常向外凸出到游廊，面朝庭园，坐在地板上即可使用，颇具典型性。除了书桌，书院还有几个重要而别具一格的特征，它在13世纪和14世纪发展起来，并在15世纪形成最终形式（见第119页图30）[26]。这些特征包括装饰性凹室（床之间），交错式博古架（违い棚）和一个装饰性入口（账台

左图：桂离宫是庭院中布置数寄屋风格建筑的美丽案例。在这里，月波楼茶亭向庭园开放，远眺水面另一边的笑意轩。

下图：从左到右：修学院离宫的正式生活和接待空间，其地板上覆盖着榻榻米垫（左图）。楼层和天花板平面的变化显示了空间等级。桂离宫（中图）的木质缘侧高出地面很多，伸向庭园，且其下空间也构成了景观的一部分。滑动的纸覆障子屏可以过滤进入室内的阳光。而将不透明的纸覆隔扇隔墙（右图）滑动打开后，穿过分层的室内空间，即可展示庭园风景。

右下图，图5：此图为数寄屋风格的书院会客厅，内含“床之间”（装饰性壁龛）和“违い棚”（交错式博古架）。

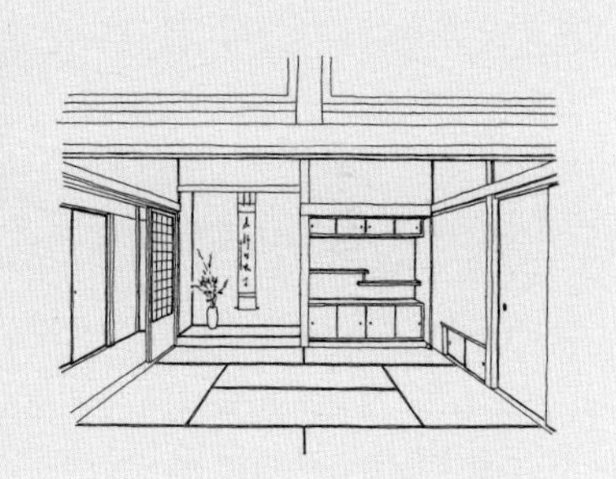

构）。书院风格其他典型特性包括方格形内凹天花板、直角柱子、榻榻米地板、滑动障子板（覆盖着半透明纸的木格屏）、隔扇（覆盖着不透明纸的木格屏）以及雨户（用来保护外墙开口的木百叶窗）。

书院风格建筑群包含了早期中式佛教建筑的元素，比如南侧的正门通向围墙石庭及其北侧的礼仪性接待厅。在寝殿风格的院落中，石庭被园林所取代，而书院院落重新加入了仪式性入口庭院，并将园林移到了更私密的空间，朝向建筑群的两侧和后方。书院院落的仪式性通过建筑的庄严形式和精致装饰得到了加强。然而，与早期的佛教寺庙相比，书院建筑的装饰和仪式感都有很大的不同。典型的早期风格是数层的木斗拱支撑起弯曲的瓦屋顶，之后转变为直线或微曲的屋顶，覆盖以木瓦或树皮，并由最小的斗拱支撑。另外，许多书院风格的建筑并非建在石头平台上，而是由石基上的木立柱支撑。

与早期风格相比，另一个重要的变化是建筑对称布局的转变。书院建筑不再严格布置于南北轴线上，也不再仅仅通过有顶走廊连接。相反，一些房屋通过附于角部的小建筑相互连接，在平面上创造出曲折的动线。这种形式在私人院落中得以延续，公共建筑的仪式感也随之减少。尽管私人住宅仍大规模建造，但它们变得不再那么华丽，而是更注重与景观的紧密联系。这些建筑通常面向庭园，散步小径、供休息的亭阁、供划船的池塘位于庭园中。建筑的曲折连接以及建筑与园林的联系成为下一阶段代表性建筑风格——数寄屋风格发展成熟的两个要素。

数寄屋院落

数寄屋风格建筑群往往被认为是日本传统建筑的缩影，其发展的最完整形式，最能体现日本文化、环境和品位。原因有两个方面：首先，数寄屋风格是日本建筑在6世纪引进中国风格之后，在寝殿和书院风格基础上不断发展的形式。它是19世纪末日本开始工业化之前涌现的最后一种历史建筑风格。在江户时代，日本政府对外封闭了两百多年。在这段被称为“闭关锁国”的孤立时期，政府的严格统治带来了相对的和平与繁荣。在这样的社会政治背景下，日本的建筑和其他艺术蓬勃发展。江户时代结束后，日本政局出现重大变革，迅速走向工业化并模仿西方，传统艺术和建筑的发展也戛然而止。

第二个原因是，在20世纪和21世纪，日本和国外的建筑师从数寄屋风格中找到灵感，并与彼时的当代建筑风格和理念产生联系。这种影响在结构网格的规律性、材料的表现力、不拘礼节的审美（与书院风格相比）以及内外之间的强烈联系上表现得尤为明显。数寄屋风格继续蓬勃发展，这体现在将传统的建筑形式用于一个新的茶馆或餐厅，或用于适应当代品位和生活方式的住宅或旅店。

数寄屋风格通常译为“空的住所”或“文雅的住所”，它舍弃了早期建筑的对称性和礼节性风格，以书院风格最先隐含的“之”字形布局建造，同时与景观密切联系，这样的方式始于寝殿建筑而发展于书院风格。虽然在江户时代，书院风格继续被用于正式的建筑，但不拘于礼仪性的数寄屋风格在贵族阶层的住宅建筑中受到青睐。数寄屋风格的宏伟建筑群被建造在精心设计的园林之中，这点与当时的佛教寺庙并没什么不同。然而，尽管许多寺庙的主殿都面对着围墙庭园，但贵族府邸往往拥有更广阔的园林。在这两种情况下，建筑和园林之间的关系都非常重要，房间向庭园打开，园林借景被设计成建筑重要空间的一部分。

和以往的风格一样，这类建筑以木结构为特色，但框架更轻，材料的使用方式以最佳的形式展示了它们的自然特征。屋顶上覆盖着木板、木瓦或厚厚的雪松树皮，给人一种柔软的感觉。永久性的墙壁用纯净的白色灰泥或粗糙的肌理泥浆粉刷。其他墙壁由活动隔板填充，不透明覆纸滑动隔断被称为“隔扇”，不透明覆纸的木格栅被称为“障子”，用于过滤外界的光线。而地板上覆盖着榻榻米或木板条，滑动障子将其与缘侧分开，后者是一个与室外相连的游廊，从室内地板向外扩展，伸向园林，被悬挑屋檐遮蔽。

数寄屋风格建筑的室内也反映了自然建造材料内在美的变化。数寄屋风格的书院（即数寄屋书院，见第29页图5）仍然包含了付书院书桌、博古架和床之间，但是这些的建造特征不像书院风格那么正式，且有更大的创作自由（见第119页图30）。这种创作自由在床柱中得到了最好的体现，这个柱子将床之间凹室与包含博古架的凹室分隔开来。一根精致的床柱可能是一根樱桃木柱子，上面完好无损地保留着美丽的树皮；或者是一段极好的多节松树，用来表达木头年深日久的古老特性。这种对材料的创造性使用和对其自然属性的表达是数寄屋建筑的两个独特且本质性的特征。

茶室

数寄屋风格建筑中最令人回味的案例是茶室，它的设计体现了那个时代的美学理想，将美学理念蕴含于小空间之中，辅以配套的园林。大多数茶室都是单独的建筑，位于园林之中，专为茶道而建。也有个别的茶室设置于较大建筑的房间中，拥有独立入口。为了强化茶仪式的理念，茶室的审美理想得以发扬，从最早的中国茶会直到16世纪日本茶道大师千利休，日本茶文化至此迎来高潮。

茶树可能是随佛教从印度传入中国的，也可能是在当地自然生长的，但它在中国的最初用途是药用[27]。8世纪中叶，随着中国茶鉴赏家陆羽的三卷本《茶经》出版，茶受到了上层阶级的欢迎，茶开始具有社会功能。这种社交饮茶的习俗最早从飞鸟时代通过高丽传入日本，但其流行的时间很短。

茶在12世纪重新出现，当时它被僧侣用作药用饮料和兴奋剂，后来成为上流阶层的社交饮品。从14世纪开始，权贵们专门为喝茶而举行聚会，这是一种有数十人参加的盛大活动。继而这类聚会发展成为品鉴比赛，客人们试图品鉴茶的地理来源。随着品茶比赛的受欢迎程度减弱，喝茶转变为茶道仪式——由14到16世纪深具影响力的茶道（大师如村田珠光、武野绍鸥和千利休）所传播。随着侘茶美学的发展和完善，当时的茶的风格影响了大多数当代的茶道仪式。绍鸥、利休等人设计用于展示茶道的景观和建筑。

这些茶道大师促成了非正式和不对称风格的形成，这成为数寄屋风格的特征，并受到了乡土民家建筑的质感粗犷之美，以及森林中隐士原始棚屋遗世独立思想的启发。为了发展出精妙版本的民家和原始棚屋，茶道大师试图创建小型的园林建筑景观，使其在有限的空间内包容整个宇宙，“尽管只是一个简陋的角落，一个人可以超越相对极限，甚至瞥见永恒”。[28]虽然这些建筑和景观的灵感来自粗糙、甚至原始的形式，茶室却是复杂和高度精练的。园林被小心地设计和维护，以模拟自然并强化建筑。

茶室通常采用裸露的木结构建造，墙面涂覆带有肌理质感的灰泥，屋顶则覆盖着茅草或木板。木材和其他建筑材料在使用上尽可能地展示它们的自然品质。例如，结构柱可能只去掉树皮，露出下面光滑却不平整的木头表面。柱子放在粗糙的基石上，柱底一般经过雕刻，以达到与石头形状完全吻合。如此这般，所有用于茶

上图：茶室中典型的建筑元素包括低矮的躙口、暴露的木结构与灰泥填充墙（墙的下表面覆盖着和纸保护）。障子屏用以遮挡视线、过滤阳光，地板覆盖着榻榻米垫，嵌入式炉灶用以加热热水。

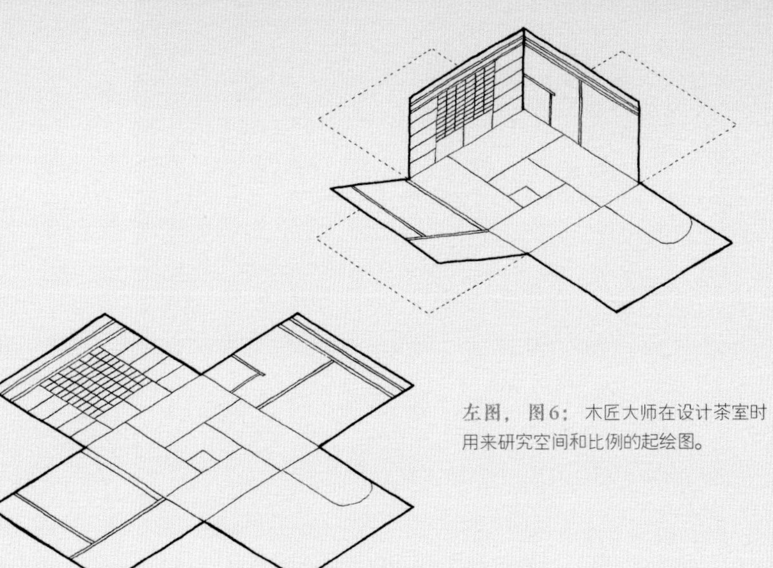

上图：在“床之间”的一侧，展示着卷轴和插花，滑动隔断被打开，以展示主人的准备空间。

左图，图6：木匠大师在设计茶室时用来研究空间和比例的起绘图。

顶图：粗糙的茸草屋顶半掩着巨大的圆窗，反映了数寄屋风格茶室常有的游戏之心。

中图：传统的茶室设计能够表现出其建造过程中使用的自然材料的内在品质。石基上的树干被用作柱子，墙壁上覆盖着粗糙的肌理灰泥。

上图：通过在通往茶室的小径上洒水，指引客人走向茶会。进行这一仪式的空间被精心准备，向客人的到访致敬。

室建造的材料都根据其自然美来选择，并以强调这种美感。材料强化了室内空间，后者采用了一种特定的比例系统，用以确定每个元素的尺寸。设计者们经常使用一种叫作“起绘图”的特殊类型绘画，在平面图边缘绘制起四面墙立面，这种绘图可以被裁剪和折叠，帮助设计者以三维角度修正茶室空间（见第31页图6）。

町屋——商人住宅

除了城市中的贵族府邸，另一种城市住区建筑类型——城市民家建筑也得到发展。所谓的町屋，字面意思是“市町房屋”，这种典型的城镇商人房屋通常包括一个小商店和住宅。虽然很难确定这种住宅风格是什么时候发展起来的，但是在12世纪的卷轴画中已出现单层的町屋，而两层町屋则出现在平安时代末期，但直到室町时代这种建筑才变得普遍。[29]在京都和其他一些城市，土地被分割成狭长的地块，短的一端面向街道，町屋通常是并排建造的，在公共后院区域有共享的水井和卫生空间。虽然仍存在一些优秀的町屋案例，特别是在京都等保存完好的历史城区，但与民家一样，町屋也是一种“濒危物种”。

町屋填满了地块空间，建筑的前部用作商店，直接与后部的住宅空间相连。早期的町屋规模相当小，建造简单，但随着江户时代商人阶层变得更加富裕，他们的町屋发展到容纳多个房间，附带浴室、厕所和一个或多个仓库。这些区域通过后院及劳作的开放空间与生活区分开，通常包含家庭水井。一片长长的泥土地面走廊将房子的前部与后部的开放区域相连接，并贯穿厨房、浴室和卫生间。

町屋商贩住宅采用了在高级住宅中出现的形式和材料，包括木结构、泥灰石灰墙、陶瓦屋顶和榻榻米地板，但这些形式需要与城市场地的大小和形状相适应。由于地块狭窄，房屋紧挨在一起，房子和商店不能被建成包括大型园林的独立建筑群。相反，小庭院花园或坪庭（“坪”是一个相当于两个榻榻米帖大小的度量单位，约3.24平方米）的设计被引入建筑之中，带来阳光和空气，与自然建立联系。町屋中包含坪庭的设计使之前成熟的住宅范式发生转变，可谓将“园林中的房子”转变为“房子中的园林”。

左图：高山吉岛家住宅的街道立面，以精致的格子细工为特色，这是当地著名的熟练木工工艺的体现。

下图：这是家位于飞驒古川的清酒酿造厂，其入口通向一个泥土地面的空间（土间）。商家在这里出售清酒。通过这里可以看到远处的半公共空间。

上图：从室内到室外的多层空间由滑动的障子屏划分，障子开向庭院，展开视野。

底图：园林将光线和空气带入四周的房间，每个房间都有观看园林自然美景的不同视角。

上图：杜鹃花灌木丛经过精心剪裁，形成温润小圆丘。它与砾石层白色平面，以及园林墙壁并置。墙外远处的比叡山被带入园林景观，作为借景。

右图：开阔的视野以及倾斜的砾石和自然植栽的对比，可以从长长的压缩空间（有顶廊道缘侧）上观看。

右页图：在宇治三室户寺的园林中，倾斜的砾石、石群、修剪过的灌木和精心培育的树木构成了岛屿和海岸线的意象。

景观与园林

尤其是像数寄屋风格这样的日本传统建筑，被一些人认为是日本宫殿风格建筑的高峰，它们与周围景观有着强烈的联系：建筑的出挑屋檐和回廊似乎与周围的环境相呼应，加上暴露的结构梁柱，而园林借景将审美情趣与宗教奥义结合。除了原始状态下的自然，珍贵风景还以精心设计的景观为特色，精雕细琢以创造理想的自然。即使是建在狭小空地上的町屋，其建筑内部也设计了小型园林，使得空气和光线流动，并保持建筑与自然的紧密联系。这些小庭园并非纯粹的自然状态，但仍是对自然环境的精致表现。

在日本，塑造土地始于农业，特别是在梯田上种植水稻这一行为。同时标记土地用于宗教目的，如界定神道教的圣域。在古代，

上图：白色石灰灰泥墙壁与陶瓦屋顶构成了修剪的灌木、多彩树木和巨大岩石的背景。

当人们改造自然景观时，对自然的尊重和推崇，经过几个世纪发展成为日本园林的艺术。和建筑一样，日本园林的设计最初也受到了中国的重要影响，尤其是在中式皇家住宅和佛教寺庙建筑群中的建筑与土地的关系。这些景观的特点是礼仪性和对称性，比如一系列白石覆盖的庭院，兴许种植了少量具有象征性的树木，院子周围环绕着建筑。相比之下，早在7世纪经朝鲜半岛传入日本的中式园林属于广域山水景观，其特色是蜿蜒的小溪、岛屿湖泊和富有表现力的外露岩石。随着日本园林的发展，中式园林的许多特征被保留下来，但随着时间的推移，它们逐渐转变，变成包容水体、植物和岩石的艺术形式。水体、植物和岩石的组合微妙却又精心，有时显得微小而克制。日本最著名的园林风格是“枯山水”——水和山都用岩石来表现，几乎没有植物被纳入设计之中。

到江户时代末期，两种主要的园林风格已经发展形成——有小径与亭阁的广阔园林（也被称为“洄游式园林”）和供坐观及冥想的园林（有时也被称为“卷轴园林”，因为它们从固定位置观看，就像卷轴画一样）。在这两种类型中，建筑在观看和欣赏园林方面都扮演了重要的角色——尽管角色不同。随着景观和建筑设计的长足发展，园林与建筑之间的关系变得内化，以至于它们不再能够被单独理解或体验。

第三章

传统的作用

日本建筑的许多不同方面都反映了传统的建筑形式可以是“传统的”，其空间概念、建筑材料和建筑方法都是如此。在日本，材料、施工方法、空间、形式这些我们今天定义为“传统性”的因素，直到明治时代之前，都没有被日本人贴上同样的标签。当日本经历江户时代自我孤立两个多世纪后，终于开放港口，与外界进行贸易往来。历史学家指出，明治时代的突然变化要求日本人用“他者”的眼光来审视自己，并为之前可能被内在理解、但未被定义的概念命名。“传统”很可能就是这些未命名的概念之一。[30]

英语“传统”一词起源于14世纪的拉丁语“traditio”（传统）。其普遍为人接受的含义是“不经书面说明，通过口头或实例将信息、信仰和习俗代代相传”[31]。在近代化前的日本（1868年以前），虽然可能没有一个词语来形容它，但具有“口头传递信息”这一意味的类似概念是普遍存在的，且详细记录了各种美学和技术追求，包括建筑和园林的设计与建造。

这种信息交流的一个重要例子是木匠学徒从师父那里求教手艺的方式。技能和信息口口相传，经常与师父的示范和徒弟长时间的练习相结合。然而，许多技能都是通过“偷学”传承下来的，学徒看着师父工作，并通过自己的实践学习技巧。[32]

在近代化以前的日本社会，“信息、信仰和习俗的传承”这一普遍概念得到了很好的理解。然而，目前还不清楚日本人是否有专门的词汇对应这一概念，或者他们在特定的场合是否使用了不同的词汇，比如偷学。近代以来的日本学者，包括民俗学家柳田国男于1937年发表了具有影响力的著作《民间传承论》，相信现在作为“传统”（字面意思“传输控制”）的表意文字组合，是从中国的《论语》和书法手册传到日本的。这个词汇创立于4世纪初的中国，大约与拉丁语“tradito”一词同时代，比日语中相同的词汇早了一千年。柳田国男解释，在日本孤立主义时期后的明治时代，当许多外国文字和概念被引入日本并翻译为日语后，“tradition”这个词被翻译为“传统”。[33]

1858年，日本的港口得以重新开放，随着外国人的到来和外国事物的出现，人们对新词汇的需求也随之而来。为了赶上西方国家，日本开始寻求快速工业化。当时，一位日本公民曾对德国医生说过一句名言：“我们没有历史，我们的历史从今天开始。”[34]封存一个国家的历史以及传统和习俗，重新开始的想法在建筑艺术中尤其明显。

顶图，图7：隈研吾为安藤广重博物馆绘制的设计草图，从日本传统建筑中汲取灵感，强调地面和屋顶之间的空间。

上图：滑动障子屏将榻榻米编织的室内生活空间与传统日本住宅的周边走廊——缘侧分开。

设计和施工这些以前属于木匠领域的工作，像西方一样被分离出来，与设计及其相关学科组成一门被称为“建筑”的学科来教授。“architecture”一词最初在明治时代被翻译成“造家术”(“建筑艺术”)，后来成为“造家学”(“建构研究”)，最后变为“建筑”(这也意味着“建构”或“建造”)[35]。随着直接建立在西方范式基础上的新专业和新学科的出现，也涌现出基于西方模式的新建筑风格、施工方法和材料。日本政府宣称西式建筑是表现新兴工业化的恰当建筑。不久，日本主要城市的民用建筑出现了真正的新古典主义风格。[36]

外国专家被引入日本，协助骤然兴起的工业化进程，其中包括一位年轻的英国建筑师——乔赛亚·康德。他于1877年来到日本，成为日本第一位建筑学教授，负责“工部大学”(现在的东京大学工学院)新建立的大学建筑课程。除了教学工作，康德还从事建筑实践，接受了许多重要公共设施和住宅建筑的项目委托。

公共领域的变化异常快速（尽管私人领域的变化要慢得多），而建筑形式和材料恰恰体现了这种变化。康德所教授和设计建造的建筑得到了日本政府的批准，尽管与之前日本建成的任何房屋都不一样。这些建筑通过模仿当时在欧美盛行的宏大新古典主义建筑形式，进一步推进了政府的工业化进程。尽管康德有时会用充满异域情调的亚洲风格图案装饰这些建筑，或者将这些装饰动机与源自法国第二帝国或其他风格的元素进行结合。然而，厚重的木结构仍让位于宏伟的砖石建筑，壁柱和锈蚀的底座则取代了木柱和石基。

顶图：姬路城有着陡峭的石基、白色的灰泥墙壁和层层弯曲的瓦顶，是日本短暂而多产的城堡建筑时期的特例。

上左图：东京明治神宫虽于1920年建成，但其却采用有着数百年历史的神道教神社风格。

上右图：纸质和木质的滑动障子屏，铺有榻榻米垫子（由稻草填充）的地板，纹理粗糙的土灰泥墙，木板和板条构成的天花板构成了典型的数寄屋建筑。

左图：这座园林庭阁将现代形式、技术与传统材料进行结合。

顶图： 佛教寺庙通过宗教仪式的延续以及对建筑和园林的维护来保持传统。

上图： 京都法然院将新旧建筑结合，传统的滑动隔扇板上描画着大胆的现代绘画。

右图： 京都八坂神社的一名侍者展示木制的牌匾，上面写着近期捐赠者的名字。

康德设计的一个重要公共建筑是鹿鸣馆，这是一个巨大的“游乐亭”，有着宽阔的草坪和日式小花园，日本人和外国人可以在这里举行社交活动。[37]这座建筑于1883年完工，象征着当时的“鹿鸣馆政治”（即宣扬欧化主义，积极学习西方的政治倾向）。在当时外国人与日本人保持距离，住在不同的街区，在专为社交功能而建造的房屋里与日本同行会面和社交。

有趣的是，当主导一种文化的思想突然转向时，很典型的会出现一种新老范式的替代品。“拟洋风”建筑首次亮相于重新开埠后，当木匠大师意识到他们作为设计师和建设者的角色必须改变时，他们引领了这种建筑。为了跟上时代的步伐，许多木匠开始结合新旧形式来设计建筑，但仍然使用历史悠久的方法和材料来进行建造。这种新的建筑风格，有时也被称为开化式（“回归式”），是西方和日本元素兼收并蓄的建筑典范。[38]它们大多采用西式的尺度和比例，但其细节和装饰往往非常具有日本风格。这些由木结构建造的建筑，巧妙地伪装成砖石建筑。

拟洋风最好的一个例子是由木匠大师清水圭介二世在1868年建造的筑地酒店。这座酒店专为外国人设计，其特点是陶瓦覆盖的屋顶以及精心设计的圆顶，其顶部矗立着风向标。建筑内部的重木构架完全被覆盖，外部则采用海鼠壁风格——由灰泥和瓷砖构成的对角网格，中间点缀着一排排百叶窗。

在日本建筑史中的这一特殊时期，建构形式和施工方法突然急剧变化，西方建筑师和历史学家以及新培训的日本建筑师和历史学家们开始从外部观看日本的历史，于是传统的概念开始被定义。然而，当时帝国工部大学的建筑课程则侧重于新的西方形式和建造方法，没有包含任何对日本历史建筑风格或方法的研究。

直到西方开始出现一个新的建筑风格——现代主义建筑，利用如钢铁、混凝土和玻璃这样的工业材料，以及旨在利用这些材料特质的新施工技术——年轻的日本建筑师开始质疑新古典西式风格在日本是否合宜。当时，许多日本年轻建筑师都渴望超越大学里教授的西式建筑，而是以现代风格工作。1920年，一个自称为“分离建筑派”（字面意思是“分离主义建筑师团体”，但在英语中通常被称为“Bunriha”）的团体成立，推进了这些建筑师的发展。

分离派小组试图打破“过去”，因为后者已经在近期的建筑实践中完成建造。与此同时，他们提议用根植于当下的建筑来取代这个充满问题的“过去”，同时与更重要、更鲜活且真实可信的“传统”概念产生共鸣。[39]分离派的旗手之一堀口舍己宣称，“一个人”的传统是不可能打破的，对他来说，这意味着日本建筑要早于明治时代的西方风格设计，同时，有必要在现有的新技术和理念的基础上推动建筑的发展。[40]

当堀口舍己和分离派正在迈向20世纪日本的新建筑风格时，建筑师和历史学家伊东忠太则提倡工作应基于日本的历史建筑形式——一种植根于传统，反映最新的建筑技术进步和风格，但却不切断与过往联系的建筑。伊东建议历史风格可以与西式风格结合，从而产生一种适合日本的建筑。他认为适合20世纪早期日本建筑界的历史先例包含重要的佛教建筑和伊势的神道教神社。1921年，伊东所写的日报文章中，将伊势神宫的简洁性冠以“真正的日本品质”之名。[41]而这些关于传统之于建筑作用的观点，是日本建筑师就民族身份和建筑形式展开艰难辩论的核心。

当建筑师们在思量传统的意义时，日本政府则在推广民族认同的理念，并推动部分回归历史风格，以确保海内外代表日本政府的主要建筑能够体现日本特色。日本政府在20世纪20年代和30年代呼吁爱国主义。[42]日本政府对爱国主义的愿望，被体现在“帝冠样式”的新建筑上，其关注点在于日式的屋顶。这种风格的最佳体现是1931年渡边仁的东京帝室博物馆（Imperial Household Museum）的竞赛获奖计划案。这是一座带有壁柱和门廊的新古典主义建筑，采用日式屋顶，弧形屋檐上覆盖着陶瓦。

当第一代日本建筑史学家完成大学学业时，他们用受过西方方法论训练的新眼光来审视日本的传统建筑。受20世纪30年代历史学家、民族学家柳田国男的“传统”理念影响，他们对自己所理解的日本传统建筑进行了观察和重新探索。[43]作为建筑师的东京帝国大学教授岸田日出刀在1929年底发表一组现代主义照片——《过去的构成》。这组日本传统建筑图像在1936年由日本交通署发行为英语小册子，标题简化为《日本建筑》。在书中第一章“日本建筑的特点”中，岸田表示，他的目的是解释日本建筑的“独特特征”，以便读者能够“认识到日本建筑特有的发展历程并理解这些特征背后的必然性和合理性”。[44]

岸田继续列举了他所理解的七项日本性本质特征：（1）基于柱结构的建造；（2）天然木材；（3）屋顶的功能和表现；（4）显著

的挑檐；(5) 支撑屋檐的斗组（“方形框架”）结构细节；(6) 建筑材料的原色；(7) 基于欣赏自然美的建筑感受。他继而谈到，日本人“能够敏锐地欣赏到精致、优雅、简单、清晰和坦率，我相信，这些都充分体现在我们的建筑之中”[45]。和伊东忠太以及其他前人一样，岸田选择伊势神宫作为“原初真实日本品位的最纯粹的表达”[46]。“任何图片无法复原其美丽，它应被全世界的建筑师所朝圣，关于日本土地的这种真诚而原创的表达，使其属于整个世界”[47]。

当时的许多外国建筑师都同意岸田对伊势神宫的评价，尤其是德国现代主义建筑师布鲁诺·陶特，他在1933年的日本之行中参观了这座建筑。“伊势神宫是日本最伟大的、完全原创的世界性建筑……一旦造访了伊势，你就知道日本究竟是怎样的了”[48]。但是先前看到伊势神宫的建筑师并不一定苟同。拉尔夫·亚当斯·克拉姆1898年曾访问伊势，并以一位受过古典传统训练的建筑师的眼光来观察它。他写道，“伊势的粗鲁发明”是“丑陋和野蛮的”[49]。但是对于日本新现代派建筑师和历史学家来说，伊势神宫为本质上的日本现代派建筑提供了重要的历史根源。

在日本，布鲁诺·陶特被一群热衷于推动现代主义的年轻建筑师款待，他们正在寻找一种方式，将现代建筑描述为日本建筑历史连续性的一个部分。他们不仅将陶特带去伊势，还去了桂离宫皇家别墅，这是数寄屋风格的优雅案例。当一位德高望重的欧洲建筑师承认桂离宫和现代主义思想之间的联系之后，无疑将增加这种壮志的可信度，且陶特被要求“确认桂离宫是功能主义建筑的杰作”。[50]

20世纪30年代末和40年代初，随着日本政府国家主义和殖民主义倾向的增强，建筑材料被用于军事目的，建筑师设计大型项目的机会大大减少。

丹下健三是传统—现代主义辩论的关键人物，也是岸田日出刀以前在东京帝国大学的学生。在《建筑的日本式》中，建筑师矶崎新讨论了丹下健三赢得的竞赛计划方案（第二次世界大战后）——广岛和平纪念中心（丹下在竞赛中使用了数寄屋风格桂离宫的比例体系以及其他历史元素）[51]。

战后，当日本和其人民为社会政治改革和国家重建而挣扎奋斗时，丹下等人继续思考着“传统问题”。再一次，日本哲学家、作家、艺术家和建筑师的核心问题是，面对巨大的变化和现代化，如何寻找和保持一个真实的日本身份。尽管一些日本建筑师和历史

学家在他们对“日本品位”的理解中涵盖了伟大的中国佛教风格寺庙和后来的寝殿风格建筑，但大多数人主要关注伊势神宫和桂离宫等建筑，以限定他们所认为的本质日本性。在丹下健三1960年的著作《桂——日本建筑的传统与创造》(与德国现代主义建筑师合沃尔特·格罗皮乌斯和日裔美国摄影师石元泰博合著）中，他将桂离宫“扭曲”，称其风格为“通常描述的日本性”，并以强调网格立面构成和透视变平的现代主义图像图解这种品质。[52]

丹下的桂离宫和岸田的早期日本建筑的相关著作，是专为英语读者出版的日本建筑学术著作的两个例子。自从日本结束江户时代的孤立，西方人就对日本文化的诸多方面产生了兴趣，其中包括建筑，于是日本的建筑师和历史学家出版了关于日本建筑的英文随笔和书籍，来满足这种求知欲。当然这也给了他们机会去推广其对日本传统的看法，并利用国际舞台来证明他们的观点，尤其是像“伊势神宫和桂离宫这样的建筑是日本现代主义的根源”这样的想法。

1954年，纽约现代艺术博物馆在其庭院中展出了一幢“传统的”日本住宅，进一步印证了日本建筑师的观点，即日本传统建

左图：作为神道教徒力量的象征，出云大社以其巨大微曲的屋顶和外围游廊为傲。

下图：桂离宫见月台，朝向池塘延伸至园林，在清澈的夜晚可以看到月亮的倒影。

右图，图8：神长官守矢史料馆的早期设计草图，由藤森照信设计。

筑与现代建筑有着紧密的联系。策展人阿瑟·德雷克斯勒在1955年伴展出版的《日本的建筑》中指出了他认为“与我们（美国）建筑活动持续相关”的六个要素。[53]其中包括（1）梁柱骨架结构体系；（2）通过大屋顶表达遮蔽性；（3）结构元素的装饰性使用；（4）对叠加空间的偏好；（5）平面的灵活性；（6）室内外的紧密关系。[54]

这种在历史建筑中定义日本本质元素的追求一直延续到20世纪60年代及以后。在1965年出版的《伊势——日本建筑的原型》一书中（建筑师丹下健三、建筑评论家川添登、摄影师渡边义雄合著），川添登注解成就“日本性”的要点：（1）集中以木材作为建筑材料；（2）结构偏好于依赖水平和垂直网格构件，避免对角线和曲线；（3）在不过度关注实际建筑本身保护情况下，延续建筑形式的趋势；（4）欣赏任何事物的可变性；（5）认识到建筑实践应与自然过程相协调。[55]

在同一本书中，丹下注解到，“后来的整个日本建筑始于伊势”[56]，它们基于：（1）以自然方式使用天然材料；（2）对结构比例的敏感性；（3）对空间布局的感觉，尤其是传统建筑与自然之间的和谐。[57]历史学家乔纳森·雷诺兹在写丹下相关的书中解释道，伊势“与人们珍视的日本文化假设产生了共鸣”。伊势已成为一个剥除不必要装饰的典范建筑；一个对建材反映出极度敏感性的建筑；一个与自然融为一体，而不是强加于自然之上的建筑。[58]

20世纪60年代中期的另一本著作试图定义日本传统建筑——《日本建筑的根源》（历史学家伊藤贞司、日裔美籍艺术家野口勇和日本摄影师二川幸夫合作），伊藤列出了“使日本建筑行之有效的底层系统[59]”的十个元素：（1）木材、石头和土等材料；（2）设置无尽的限制；（3）动态空间；（4）作为微型宇宙的园林；（5）自然与建筑的联系；（6）柱子与榻榻米；（7）茶室、竹子、更多的柱子；（8）借用空间；（9）垂直平面的节奏；（10）屋顶作为一个象征。

西井一夫和穗积和夫在他们1983年的著作《什么是日本建筑?》中解释道，“共同特征之核，使我们可以谈论一般意义上的‘日本建筑’，而不是孤立的日本房屋。”[60]他们继续说：“考虑到日本列岛气候的多样性，以及这个国家最初的和最近的传统建筑之间，存在着千年甚至更长时间的差异，于是这种根本一致性尤其值得注意。”[61] 西井一夫和穗积和夫接着列出了以下十个“特征”：（1）材料的选择（木材、纸张、稻草、灰泥和黏土、陶砖、只用于寺庙基座的石头）；（2）梁柱结构体系；（3）宏大的屋顶以及挑檐；（4）室内核心空间，以此辐射出的次级空间；（5）倾向于直线而不是曲线；（6）由于深深的屋檐，形成了昏暗的室内；（7）室内分区的流动性；（8）室内外的流动性/建筑和景观的整合性；（9）比例系统；（10）基础建造的装饰是修饰性的，而非伪装性。[62]

在1996年出版的《岛国美学》一书中，建筑师矶崎新并未遵循罗列形式元素的典型范式，而是将构图和对空间的感知视为日本建筑的特殊属性。[63]他强调“扁平性”（flatness）这一日本空间的感知方式，以及使用“非组合”“非层级”的构图原则。矶崎新写道：“在日本，传统建筑几乎没有表现出对三维立体空间构成的关注，而是更喜欢将时间分割成片段，将空间划分成楼层区域，并以间隔来组织这些碎片。”[64]

20世纪末至21世纪初，矶崎新和其他的日本建筑师用许多不同的方式处理传统的概念。“间”的时空概念是传统的一个方面，矶崎新认为这是日本性本质，且持续具有重要性。“我们日本人不需要解释‘间’或‘间隔’的概念，它渗透在我们的生活和艺术中，也渗透在我们的情感、方法和艺术意识之中。”[65]

和许多日本建筑师一样，矶崎新也认为茶室或茶道空间在本质上是日式的。在《当代茶室：日本顶级建筑家重新定义传统》一书中，他写道：“日本茶室演变成了一种其他地方都找不到的建筑形式。”[66]茶道是日本延续至今的审美传统之一，伴随而来的是设计适宜茶空间的需求和愿望。考虑到茶室类型作为数寄屋风格建筑的缩影，这种当代习语对建筑师具有很强的吸引力。藤森照信明确表示：“当被要求设计一个茶室时，今天没有一个日本建筑师会拒绝这个机会。”[67]当今日本建筑师对茶室的设计和想法很好地说明了，传统在当代建筑中呈现的诸多不同方式。

茶室设计蕴含了创造之挑战，用安藤忠雄的话说，“一个无限扩张的宇宙纳入封闭狭小的空间。”[68]在这种情况下，矶崎新希望“探索现代日本形式化茶室建筑的最大边界”[69]。他的“茶室”范围广泛，从将“传统的”木头和灰泥茶室置入当代建筑，到一个矩形石灰石独立茶室由一片起伏钛墙分隔。安藤的茶室围合了“无限扩张”的空间，不仅采用他著名的精细混凝土工艺，还有胶合板、藤条、不透明玻璃和和纸等其他材料。

右页图： 灵宝殿博物馆坐落在山坡上，与京都鞍马寺建筑群融为一体。

下图： 倾斜的砾石与前景精心布置的石头植被形成对比却又统一的构成关系，墙一般的围篱为园林划界，却借景比睿山，使其成为园林的一部分。

对茶室设计来说，建筑材料的选择至关重要，隈研吾将“茶室”理解为一种激进的批评形式。[70]他批判建造茶室以混凝土作为建筑材料。“……目前为止，混凝土是日本传统建筑文化严重衰落的主要原因。”[71]除了对材料的深思熟虑，他还指出其灵感来自历史案例，特别是千利休的设计。隈研吾的茶室展示了巨大的材料包容度和独创性——从石质百叶和榻榻米改建的仓库，到轻便的和纸茶空间，再到由建筑织物制成的充气茶室。

藤森照信也以令人惊讶的方式使用材料，他指出：“我的茶室最明显的特点是用尽各种材料。”[72]他的茶室由灰泥、树皮、木头、金属和玻璃组成，充满质感。藤森宣称：“我的设计并没有试图创造出一种用于茶道的传统空间。”[73]相反，他通过在树干上“栽植”茶室来打破设计的界限，树干高达6.5米，并与业余工匠一起建造。

从茶室这个单一案例中可以明显看出，当今许多日本建筑师从传统中汲取灵感，将传统与现代的形式、材料和概念融合，应用到许多不同的建筑类型之中，而同时，其他的建筑师则有意识地选择打破传统，寻找新的建筑表达方式。

几十年来，许多建筑师研究日本的历史建筑，努力理解传统元素和空间概念，并界定传统在其建筑设计中的潜在作用，无论建筑类型如何。随着建筑师对新形式、新施工方法和新材料的不断尝试，传统在日本当代建筑中的作用也在不断变化。似乎在当代日本建筑中，传统的角色已经不再“传统”。

第二部分

形式与材料

邻院微风过
闻香沁脾常思忆
古檐遮梅树。[1]
更级夫人（1008—1064年）

第四章

基本原则

自然是日本传统生活的核心，也是日本传统建筑形式和材料的基础。而传统建筑也是日本文化基础概念的一种表达方式，它在一个时而异常严酷的环境中发展而来，但自然环境也提供了大量适合建造的材料。

传统日本文化建立在对自然强烈的尊重和敬畏之上，尽管地震、台风和火山爆发等自然灾害不断威胁着日本，但其文化并没有与自然形成敌对关系。相反，构成了人与自然的关系却是日本人对自然力量的本质性敬畏和崇拜。日本文化不与自然斗争，而是拥抱自然的华美与神奇，以及其无法抗拒的力量与严酷。人类被理解为自然界诸多生物中的一种，是自然界的一部分，从未与之分离。

人类不能与自然分离，这种观点是日本信仰的核心。日式传统生活随着季节的变化而发展，但也包括了每天对大自然力量和恩赐的致谢。除了种植和收获农作物以及发展与这些重要活动相关的文化节日和仪式，在日本，尊重自然是日常生活的重要部分，从每天对当地神明的简易晨祭开始。

神道教有两个基本信念，一是相信神明与自然界紧密联系，事实上许多神明就住在自然之中，比如在树木、石头、山丘和瀑布里。二是神有地方性的，也有普世性的。因此，一个当地神灵甚至可能居住在一块怪异的露头岩石上，于是建造道路时会绕开岩石，以避免干扰其神性。同时，太阳神、风神、农神，以及居住在像富士山这种国家级圣域的普适性神明，在传统生活中也具有同等的重要性。最初的神道教信仰认为，神灵生活在人们之间，与人并无障碍，他们并不可怕，而要受到尊重，这些信仰强化了人与自然不可分割的观念。

道法自然是神道教的基准，与佛教教义也非常吻合。当佛教思想在6世纪被传入日本时，它能够与长期存在的神道信仰相互兼容。

44～45页图：熊本城，熊本，九州岛。

对页图：京都二条城二之丸御殿的屋顶山墙上，花卉图案的木格雕刻，装饰性金属封檐板，以及层层的陶瓦，华丽而统一地组合在一起。

上图：在靠近伊势神社的二见浦，注连绳将神圣的夫妇岩石连在一起。

和神道教一样，在佛教中自然一样受到尊重，人的生命被理解为万物自然循环的一部分。“让我们摧毁自然和自身之间的所有人为障碍，唯有它们被移除时，我们才能看到自然的生机之心，并与之共存，这才是爱的真谛。”[2]

尊重自然，人类生活只是自然的一个片段，这样的观念被神道和佛教信仰所支持，并反映在传统建筑的选址、建造方式以及对建筑生命周期的理解之上。早期的营造者回应了这种需求，比如冬季抵御寒风，酷夏提供通风，并在建造时铭记这些条件。伴随着佛教进入日本，中式建筑也被引入，它结合了程式化却又神秘的风水

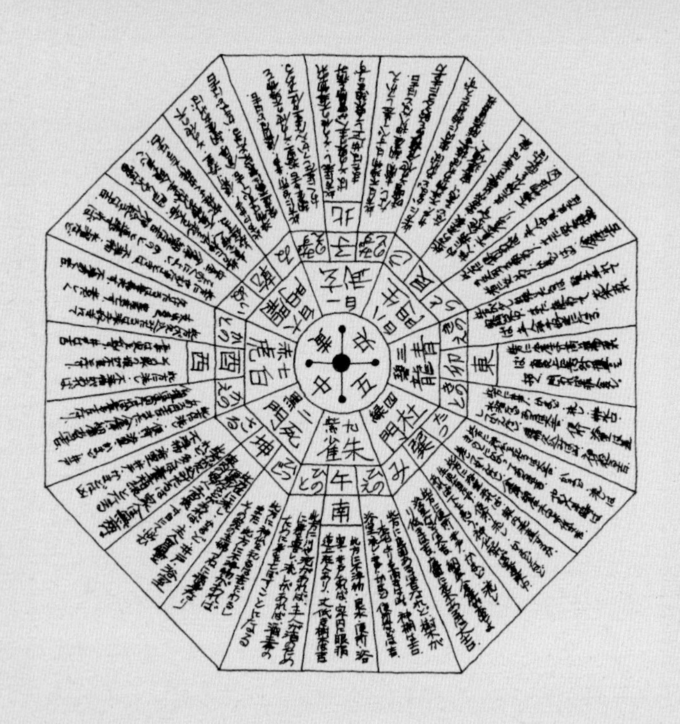

上左图： 村民们联合起来，为白川乡的一座民家更换茅草。秋收稻谷后，家家户户将稻草晒干，用于公共建筑维修。

上中图： 将木窗支起，让有限的阳光进入京都修学院离宫穷邃亭，亦遮挡了望向园林的视野。

右页上图： 在白色的多维场景中，三千院寺的雪景表现了园林充满动感的设计。

左图，图9： 将风水图与房屋平面图一起使用，以显示不同类型房间的功能和吉凶。

原则，呼应相同的环境问题。

风水被定义为“一门依据地球隐藏力量，对景观进行积极管理的审美科学”[3]。在中国被称为“风水”，在日本则是“風水”，两者字面意思都是“风”与“水”。风水学重视气候，并赋予其一种神话意义。主要方位由东青龙、西白虎、南朱雀和北玄武四神指代。对于房屋用途或建筑元素来说，灾难或疾病与特定的方向有关（如寒冬里，风吹来的方位），而正能量和健康则与其他方向（如朝阳的方向）有关[4]。风水图（见本页图9）是为了帮助建筑物选址，房间之间以及其在土地上的布局。“风水将人类起源的结构与自然的巨大力量结合起来，使之成为当时的‘生态学’。”[5]

除了通过形式和选址来应对当地的气候和环境，日本传统建筑的建造还使用当

地可得的材料，而可用材料的种类完全取决于气候和环境。在日本大部分地区，温和的气候和丰沛的降雨为不同种类的植物和树木生长创造了极好的条件。这里绝大部分土地上布满森林，所以选择木材作为建材是一种显而易见的选择。诸如竹和芒草等材料十分常见，有着多种用途，可用作为多种建筑材料使用。

日本许多地区都盛产石材，对于像地基和挡土墙这样的特定建筑元素，石材显然是首选。由于日本地震频发，石头并不适合用于结构墙，所以大多数采用木框架建造。日本的泥土也很丰富，在许多地区，土壤中含有足够的黏土，可用作制作灰泥的骨料，灰泥用于填充木框架间的墙壁。泥土也可以被夯实，成为耐用的地板面层。

最早的住宅是简易房屋，采用常见的材料，如木头、茅草和泥土。这些房屋逐渐发展为“民家”，除了木材、茅草和泥土，还吸收了石头、竹子、灰泥和其他当地材料。在使用现成材料的基础上，还发展出了改良材料的方法。绳子由稻草或藤条制作，用来进行捆绑；木头被切成销子或楔子；竹子则被做成钉子。这些直截了当的处理方式最初在早期民家中被简单利用，但后来发展成复杂而优雅的细木工系统。传统日本建筑长期以来广受赞誉，尤其是其木工技法。

伴随着精神观念和风水原理的影响与处理自然材料的知识、技能的进步，日本传统建筑的形式与建造以及建筑与土地的关系都随之发展。这种关系从简单的气候防御需求，转变为复杂且内在性的室内外空间交织。若抛开与土地的关系，传统的日本建筑将无法被理解。

建筑空间的发展

我们并不能以空间的角度来理解日本的早期建筑，而应把重点放在空间所包含的物体和活动上，尤其是像平地住宅和坑式住宅这样的史前建筑，仅仅是保护栖居者免受天气影响的棚屋。[6]尽管人们饮食和睡眠需要一定的空间，但古民居更像是展开这些活动和其所需工具的容器。生活以生存为中心，几乎没有追求审美的动机、需求或时机。

从4世纪初到6世纪中叶，建筑形式（宗教建筑和上层社会住宅）得到发展，反映了早期日本人的生活变得更加舒适，但人们的注意力仍然集中在建筑空间内的物体，而非空间本身——但无论如何，这些建筑比早期的住宅更为复杂，更加舒适。一些房屋不再像是竖穴居那样沉入地下，或者像平地居那样直接建在地面之上，而是在地面以上架起地板。然而，每个建筑仍然只是一个大空间，其内部划分由可移动隔墙和平台构成，更像是家具而非空间分隔。这些建筑也缺乏与大地以及外部空间的紧密联系，因而强化了“建筑作为空间中的一个物体，其内部又包含物体”的概念。这种对“空间物体”的偏爱随着6世纪中式佛教建筑形式的引入而得以延续，因为大型寺庙群落建在封闭的庭院之内，并以雕塑元素的形式组织起来。[7]

左图： 在出云大社拜殿中，神道教神官的轮廓被悬挂御帘遮掩。

下图： 室内的各种元素都基于榻榻米的比例，住宅中的每处空间都形成宁静的组合关系。

右页图： 一根略微弯曲的床柱，一片简洁直挺的木搁板，和一处抬高的榻榻米平台，划定了床之间。

直到12世纪末平安时代结束，日本人的空间观念才开始转变。从那时起，随着寝殿风格建筑的发展，建筑开始向景观延伸，它并非是简单地被大地围绕，而是有意地塑造景观。建筑产生了根本转变，从“空间中的物体”变为“定义空间的形式”，并在13世纪至19世纪中叶的书院风格和数寄屋风格中得到了进一步发展。[8]

随着建筑与景观相互关系的发展，日本人的室内空间观念也随之进化。最初建筑被理解为“空间中的物体”，伴随其功能从单纯的遮蔽发展到关注舒适度和隐私，建筑的内部空间也变得更加复杂。地板和天花板水平高度产生了变化，内部空间划分和内外空间连接的新方法也表明了对室内空间的全新理解，室内被蕴含于水平与垂直块面之中，并延伸至外部空间。

地板上的生活

尽管建筑形式和内外空间的关系有了进一步向成熟的方向发展，但令人惊讶的是日本人继续生活在地板上，而不是研发家具或将日常活动提升到略高的水平面上。

如何在地板上开展生活是不难理解的，因为大多数原始文明都在地面上进行所有的日常活动，包括餐饮、睡眠、食物准备和游戏玩耍，而早期的日本人也不例外。于是一旦泥土地面被另一种材料覆盖，生活会像以往那样在其上展开。但是让人费解的是，在建筑发展的几个世纪里，特别是在中国文化的强烈影响下，日本人的生活方式为何没有改变？中国早在汉代已经开始为贵族提供高座，并延续至唐王朝。[9]

座椅在不同时期多次被引入日本建筑，最早在日本的史前时期结束时从中国引入，12世纪再次从中国引进，后来又在16世纪晚期从欧洲引入。每种情况下，座椅都在精英阶层中享有短暂声望，但却从未被平民接受。在许多文化中，椅子的启用至少符合三个目标之一：远离潮湿的大地，表达社会等级制度，或是仿效更先进的文化。[10]

起先日本人用“下铺约两英寸厚的麸皮，上铺草席”的方式铺覆夯土地面，使自己远离潮湿土地。[11]后来，他们用竹竿或木板架高地板，并最终创造了厚厚的填草榻榻米垫。房间中并不需要诸如床或椅子这样的专用家具，只要添加一些便于移动和存放的垫子，人们就可以在地板上睡觉、吃饭或进行其他活动。对于贵族来说，社会等级是通过为尊者架设平台来表现的，从而消除了对特殊座椅或宝座的需求。

在仿效先进文化方面，日本人毫无疑虑地吸收了中国佛教寺庙的形式，并随着时间的推移使其适应本土审美，但建筑与家具不一样。也许座椅本就是精英们的玩物，“这种装饰性物品从来没有进入人们的日常生活”[12]，又或许“与舒适坐姿配套的所有因素都不可得，反而只能带来尴尬和不适，于是不难想象，人们在经历许多尝试之后，会放弃努力，明智地选择坐在地上”[13]。

空间中少有家具，故房间不必指定诸如卧室或餐厅的专属用途，它们通常成为灵活的多功能空间，而非用于单一活动。缺少大型家具更是强化了空间功能的灵活性，这是日本传统建筑中一个非常重要的特征，尤其体现在住宅建筑中。传统意义上，住宅不仅用于日常活动，还用于家庭和邻里间的聚会，以及举办婚礼和葬礼等特殊活动。而可移动隔墙让空间开放，以容纳大量人群，不使用桌椅则可以让更多的人坐在地板上共享空间。

尽管在这些灵活的室内空间可以容纳许多不同的活动，但随着舒适度的提升和房间数量的增加，某些区域被指定为发挥特定功能。通常来说，这些是通过构成地板的不同材料和其相对标高变化来强化的。例如，大部分食物的准备和烹调工作都在土间内完成，这个空间与室外地面处于同一标高。人们在土间里通常穿鞋站着工作，但当步入铺设木地板或榻榻米的起居空间时，则需要脱

左图：三合土夯实地面，粗糙的木制柱梁结构被搁置在不平坦的石头基础上，并被粗糙灰泥墙壁所填补，构成了纹理与阴影。

下图：在京都的诗仙堂，脚踏石将人们从升高的木制缘侧引入园林。

底图：在室内外的过渡空间，两块巨大的花岗岩块营造了一处停顿之所。

蕴含的日本传统建筑的特定元素是显而易见的，且这些元素通常都带有强烈的象征意义。

形式的象征

在所有文化之中，象征都是传统的一个重要方面。蕴含于建筑要素中的象征意义在其形式与功能结合的基础上发展而来。许多象征物最初在建筑中具有纯粹的功能作用，其象征意义从功能中衍生，而另一些则从远古时代起就具有相关的精神或神话象征意义。通常，一个符号“比其可感知形式更具丰富的联想意义，代表着一个群体或社区所寻求或共享的概念、思想或信仰。一些符号可能是图形化的，而另一些则是仪式化的，许多符号可能是短暂的，而另一些可能会延续千年。在某些情况下，它们是如此的古老和持久，以至于被视为隐藏于人们的集体潜意识之中”[14]。

日本传统建筑最明显的象征元素是屋顶。因为它们通常被建得相当高大，有着大大的挑檐，故屋顶几乎是所有日本建筑类型的共同特征。屋顶明确表达了“庇护之所”的含义并容纳多种活动。屋顶越大，它所包含的空间就越宽敞。于是根据其大小与形状，也可以看出居者的财富和社会地位。而建造屋顶的材料和细节装饰的数量更是进一步加强了这种象征意义。陶瓦屋顶是财富与永恒的象征，它们比茅草造价更高，且使用寿命更长。屋顶边缘的装饰性端瓦、屋脊上使用的陶瓦，以及屋脊末端华丽的鬼瓦，都是财富和权力的表现。即使是茅草屋顶，也可以通过屋脊的建造和构造方式，以及特殊情况下屋檐边缘的图案和符号雕刻，来展示社会阶层与财富。

从建筑外部看，无论是房屋、寺庙或者城堡，几乎任何建筑类型的屋顶都是最突出的象征元素。然而从室内看，最明显的特征则

鞋，各类活动都在地板之上展开。由于楼面标高的分离以及脱鞋的习惯，从室外带来的污垢都留在了较低的泥土地面上，而升高的生活空间则保持了清洁。此外，坐在高架地板上的人的眼睛与站在土间里的人保持持平，这样会便于人们的交流。

在生活空间内，地板材料和楼层的变化也表明了不同的用途。例如，床之间的地板通常由一块大木板构成，比相邻地坪略高。这表明床之间不被用来居住，且不能踩踏。建筑材料和其高度所

是显露在外的木质结构，尤其是柱子。由于柱子是建筑支撑结构最明显的表现形式，它们具有象征性作用也就不足为奇。然而它们的象征意义也可能源于古代的神道净化仪式。在这些仪式中，圣柱被竖立在神社的中心位置，“它们被放置于此，作为接近神的一种手段……这些柱子散发出的力量光环被认为是蕴含在其中的神权，散发至周边的空间”[15]。毕竟在日本创世故事中，神道教神明伊邪那美和伊邪那岐最早在日本建造的建筑元素就是柱子。特别是主要在住宅建筑中出现的大黑柱和床柱，有着最强烈的象征意义。

大黑柱（“财神柱”）是一根中心柱，其尺寸经常被夸大，以表现其力量和重要性。不同于其他结构柱，它常常由一种特殊的木材——榉木建造，且其构造和完成面经常与其他柱子不同。随着时间的推移，它在建筑中的中心地位逐渐发展，尽管它的实际结构作用与其他柱子没什么不同，但大黑柱成为力量和地位的象征，并献予财富之神——大黑。

床柱（“壁龛柱”）是标记一侧床之间的装饰柱。它通常由不同的木材制成（例如樱桃木或竹木）。柱子的表面更增强了其独特性，树皮可能完好无损，或者自然形成一种不同寻常的完成面。尽管床柱通常会略小于结构柱，但其形状和完成面赋予其重要性，并加强了它作为空间焦点的作用。

第三种带有象征性的柱子是中柱，只在茶室中出现。这是一种异形木柱，靠近地炉且朝向空间中心，它被连接到薄薄的片墙之上，这片墙壁限制了客人观看主人出现的入口。中柱强化了小房间内的动态空间层次，同时也是一个视觉焦点和装饰性构件。它可能是由粗糙的红松或山茶木制成的，表现出自然的力量。而带有纹理的表面更强化了这种与自然的重要联系。

远左侧图：装饰主题与自然世界紧密相关，精雕细琢的二之丸御殿显示了居者的权力和威望，同时保持了与自然的强烈联系。

上左图：京都御所承明门，明亮的白色灰泥墙与朱红色结构构件形成鲜明对比。

左图：结构柱梁的复杂组合连接到支撑地板和屋顶的层层斗拱之上，通过其复杂而精致的细木作技巧形成装饰。

第五章

区域差异

区域变化

像民家这样的日本乡土建筑形式，在不同区域有着很大的差异。这些建筑变化的根源在于特定地域的环境和文化，而许多文化差异本身也源自一个地区独特的自然环境。影响民家形成的主要环境因素包括气候、地形和可得到的建筑材料。

由于建筑物首先是为遮风避雨而建造的，因此气候会影响到建筑的围护墙壁的面积、框架的结构强度以及施工方法的选择。在日本，气候是一种影响力极强的因素，从北海道北岛到冲绳岛最南部，气候差异巨大。北方民家的建造是为了抵御充满暴雪的漫长寒冬，其设计颇为密闭，外墙开口前是滑动的木质雨户百叶。由于每年地面上大量地积雪，许多北部民家的高层开口比底层更大。相反，在热带气候的南部岛屿，民家的屋顶很低，屋檐很大，可以遮蔽内部空间，并引导微风穿过建筑物。其外墙几乎全部由活动隔板构成，从而使建筑空间更开阔，引导自然通风。

地形是建造民家的一个重要因素，在平地上建造建筑的根基要简单得多。但由于日本是一个多山的国家，许多村庄都位于丘陵地带，当地的地形影响着民居的规模和建设，同样也影响着地块的塑造。例如在斜坡上建造建筑，通常需要先平整土地。最简单的方法是开挖斜坡，修建挡土墙挡住高土地，并利用挖出的土壤填充低洼的场地，同时用挡土墙将其固定到位。由于这一过程牵涉到非常密集的劳动，以这种方式改造的地形一般只限于小块土地，这自然会影响到适合平地的建筑物的大小。在一些地区，为了避免填挖土方，房屋沿着斜坡向下模仿地形，高坡部分有一层建筑，而低坡部分则是两层。这类房屋通常有两个入口，一个是面向街道的主入口，另一个是不同标高的次入口。

对页图： 在飞驿地区被森林覆盖的群山中一座高大的民家农舍前，阳光下晾晒着一捆捆稻草，这座农舍充分利用当地可得的材料，有着镶木板墙和覆盖厚厚稻草的屋顶。

上图： 低矮的屋檐遮盖了冲绳传统住宅的入口。当木格子门打时开，微风得以进入单层室内空间。

能否获取可用于建造的自然材料是日本本土建筑形式的另一个重要决定因素。过去，日本的山地地形使旅行变得缓慢而艰苦，因此很难远距离运送建筑材料。人们需要花费尽可能少的额外劳动来建造庇护所，于是他们学会了充分利用当地现成的材料。

在日本，大部分乡村中布满森林，于是木材随处可见，并通常用于建筑结构以及许多建筑覆层（地板、墙壁、天花板，甚至屋

左图： 仙洞御所的室内外空间在房屋边缘位置交融。其缘侧游廊高于室外地面，等高于室内地坪，被屋顶遮蔽，但同时对园林开放。

上图： 珊瑚砂巧妙地扫过一根木柱。柱子和珊瑚石墙暗示了充满强烈阳光和大风的恶劣气候。

顶）。在大多数区域里，竹子、茅草和芦苇也生长良好。竹子可用于次级结构和其他用途，茅草和芦苇可用于修葺屋顶或编织百叶窗或制作其他覆盖物。而米饭是主食，稻秸则可以晒成稻草，并具有诸多用途——可以捆扎修葺屋顶，拧成绳子，或者作为黏合剂添加到灰泥中。黏土含量高的土壤是灰泥的主要成分；海贝可以燃烧产生石灰，制成亮白色的灰泥。石头通常用于基础、非结构性墙体和道路。虽然这些材料在许多地方都唾手可得，但在类似小岛屿的一些地区，森林和竹木很少，所以木材和竹子只用于主要的结构元素，而其他如石头或泥巴更为普遍的材料，则在建筑中得以广泛使用。

文化因素

除了各种自然因素影响民家的形式与建造，文化因素对其塑造也因地而异。日本群岛由三千多个岛屿组成，其中一些岛屿虽小，但仍以人口聚居为荣（约六百个岛屿有人定居），因此我们自然会发现，不同岛屿在习俗和生活方式上存在差异。

遥远的日本北方发展出一种独立的文化，主要集中在北海道、本州北部等地区。这些地区的土著人被称为阿伊努人，被认为是日本的原住民。爱德华·莫尔斯在他1886年的著作《日本房屋与其环境》中记录了日本人的日常生活，他将阿伊努岛的遗存房屋描述为木质结构，其屋顶上覆盖着层层茅草，墙壁上围着编织过的苇垫，低矮的正门通向昏暗的室内。[16]莫尔斯还指出，当他探访阿伊努领土并记录其观察时，阿伊努已经吸收了主流日本文化的诸多方面，所以很难知道莫尔斯所看到的有多少是19世纪以前阿伊努房屋的原貌。阿伊努住宅的居住空间中有一处中心灶台，当地人认为火之女神居住其中；还有一个面向当地河流源头（即食物来源）的小型圣窗。这扇窗户可以与外界自然中的神威（kamuy）交流，且面向一处小型室外神龛。火炉和窗户是阿伊努住宅中最重要的精神和象征元素。“在房屋内部，依照火炉与圣窗的位置，居住区域和家具的排布得以在空间中合理分配”[17]。

特定的建筑形式也与当地生活方式相适应。这方面的一个很好的例子是位于日本海伊根渔村的民家类型（详细描述如下）。房屋建在水面之上，而渔船则停泊在上一层的遮蔽下。这种建构充分利用了村庄所处的区位——山海间的狭长地带，不仅能在暴风雨期间保护船只，还提供遮蔽空间来维修船只。

乡土建筑形式

“日本房屋之所以有如画的外观，正是因屋顶赋予了建筑的新奇性和多样性。屋顶在日本不同地区的房屋中都非常引人注目。”[18]无论对乡土建筑的影响是自然性的还是文化性的，这些影响最显著的结果是屋顶的形式，日本各地民家屋顶的大小和形状差异巨大（见第58页图10）。由于屋顶在建筑元素中占据着主导地位，以及屋顶风格与结构在建筑类型中存在很大差异，所以民家通常根据其屋顶形式进行分类。

以屋顶形式命名的民家案例有合掌造、兜式屋顶（“头盔”）和四方盖。[19]每种不同的形式都在当地的环境与文化中发展而来，是对房屋与当地气候关系的清晰表达。

合掌造民家在日本飞驒地区盛行，位于本州中部名古屋以北的山脉。其巨大屋顶以陡峭的斜面而著称，就像是双手合十进行祈祷，故取名合掌造。这些民家往往相当巨大，内部有三层甚至更多楼层，可以容纳一个家族的几代人，且通常在建筑上层空间养蚕。由于飞驒地区有着美丽茂盛的森林，于是民家以厚重的结构木材为特色，常常使用木板进行围护。其陡峭的屋顶通过厚厚的稻草修葺填充，以抵御严寒。

盔式屋顶又被称为“兜屋根”，是一种不同寻常的屋顶形式，在日本主岛本州中部山区发展而来。这种屋顶造型被认为像是日本传统的头盔，是四坡屋顶的变体，其四个坡面微微弯曲，其中两面切削，以使光线和空气进入上层阁楼，后者在历史上用于丝蚕养殖。为了加强采光和通风，一些兜屋顶的长边设有天窗，而另一些的

上右图： 民家的屏风墙阻止了邪恶鬼魂进入房屋，而厚重的低矮瓷砖屋顶十分坚固，能够抵御台风的侵袭。

中右图： 民家建筑有着诸多用途。在这幅图中，农民的衣服和萝卜被挂在建筑山墙上的竹竿上进行晾晒。

下右图： 就像从树上长出的白纸边缘，不吉的运势被折叠并捆绑起来，这样坏运气就会被抛在身后。

山墙则有着不同形状的切削。这些复杂而富于表现力的屋顶形状表明：村民以他们房屋的独特形式和精细工艺而自豪。

四方盖风格的民家有着厚厚的茅草坡屋顶，四周环绕着屋檐。由于其屋顶的四面有着相同的下檐，故被命名为“四面盖”。无论家庭的社会地位如何，此类房屋下檐通常用陶瓦覆盖。然而屋顶的大小却与主人的社会地位相对应，更大的屋顶展示出更大的财富和权力，这是许多民家的典型特征。[20]

在历史上，民家由村民们与木匠合作建造。木匠们会走遍一个区域，设计建筑平面图并建造民家的主体梁柱结构。其余的建造工序由每个村庄的居民完成。“男女同心协力，本着种植和收割水稻的团结精神，完成施工和定期维修任务。”[21]村民们大多使用农具来处理木头、茅草和灰泥，并盖起地板、屋顶和墙壁。随着生活方式的改变，民家被塑造为“关于生活、时代、品位和建筑技艺的有趣记录”。[22]同时保持了对当地环境的表现力。

乡土景观形式

民家的建造不仅顺应当地环境，同时还会改变周边景观，适应气候与地形。大多数民家几乎不设观赏性庭园，土地需用于农业而非娱乐。然而紧邻民家的用地常常用于遮蔽或改变微气候。在炎热的夏季，树荫遮蔽房屋；而在开阔的平原上，高高的树篱庇护房屋，免受冬季寒风的侵袭。

例如本州南部日本海一侧的岛根县，村庄里的每个住区都被高大的树篱围护（见第60页图11）。绿篱被修剪，排布为彼此垂直的高墙以形成交角，厚重得足以阻挡冬季的寒风。而由于树篱仅位于房屋两侧，朝向夏日微风的另两侧则被打开，树篱之外就是农田。通过这种方式，土地被合理调整以提高民家的舒适度，如同对农田的修整那样小心。农业是乡土社区景观变化的最重要元素，特别是在湿稻耕作的梯田和崖径。在日本的许多传统社区中，由于平坦土地稀少，所有的土地都被谨慎且经济地使用。通常稻田等农田就修在房屋旁边，散布至所有可耕作土地，直到地面变为陡坡。灌溉渠道遍布村庄，分水渠和水库可为每片田地、每个家庭提供充足水源。各种资源和基础设施则由全体社区成员共享和维护。

在日本，水资源并不稀缺，但必须加以控制，并用于像水稻

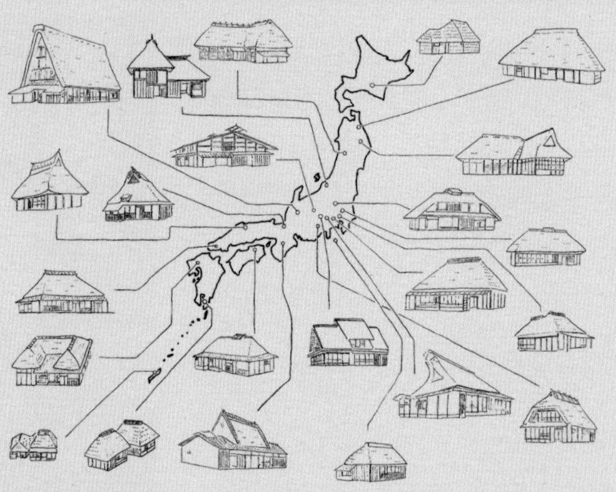

上图，图10：区域性民家风格地图，展现了在日本发现的各种类型的民家。

右图：高高的干砌石墙保护房屋免受频繁的强台风袭击，这些台风曾袭击宇和岛上的爱南町村。

左图：秋收后，一位农民在收集和捆绑稻草，等待在冬季将其晾干储藏，以备来年春季之需。

上图：炎热气候下，芦苇编织帘挂于檐下，遮蔽室内房间。

种植这样的农业生产。因此乡土景观的一个重要方面就是基于水资源利用的土地改造。随着冰雪融化，水从山坡流下，继而进入汇通乡村的沟渠之中。而稻田边缘的堤坝可以蓄水，并借助重力作用，利用通道和水闸控制进入稻田的水流和水量。

通过改造土地可以创造农业场所或营造庇护之地，而具体的方法在整个日本呈现出诸多差异。由于地形、气候、可用材料以及当地生活方式的区别，改造土地的方式各式各样，如同不同形式的民家一般。

传统社区形式

在以下四个迥然不同的传统社区示例中，可以发现民居和景观巨大的地域性差异。其中两个是岛屿社区，一座是四国岛西南海岸外的一个小岛，另一座是竹富岛。另一个社区伊根町渔村仍聚焦于海洋，但位于本州主岛的日本海沿岸。第四个是白川乡，是本州中部飞驒地区的一个山村。

在这些村庄中，房屋的方位、建筑形式和社区生活都与气候及环境紧密联系。它们的样态被详实地记录着，并作为日本传统社区典范被研究。[23]尽管随着时间的流逝，它们已经发生变化，并显然受到当代便利设施的影响，但直到今天仍基本保持其最初形式，并延续诸多的传统公共生活方式。

四国岛西南海岸外的小岛，位于四国与九州之间，是太平洋中的山地小岛。一年中的大部分时间里，小岛上的陡峭山坡都直面强风，岩坡上的少量树木难以长得高大。由于陡坡、强风且缺乏足够的木材，岛上的建筑形式也因地制宜。其房屋被排布成阶梯状，狭窄的步道和流水的沟渠位于台地屋舍之间。山坡下部布满了房屋，沿着水道直至满是渔船的港口，农业梯田则位于村庄之上。单层房屋的屋顶低矮，覆盖着厚重的陶砖以抵御强风。每栋房屋的前面都有一块工作区域，狭小、平坦且面朝大海，而房屋后面接临高大的石材挡土墙，两者间形成狭窄通道。公用步道和阶梯依山就势，位于房屋之间。由于屋舍分布于不同的高度，村民不再围合彼此的房屋，而是建造竹台甲板，扩大屋前平地，并通常延伸到公共步道。甲板为邻近的家庭提供了夏夜聚会的场所，人们在这里享受凉爽的海风。

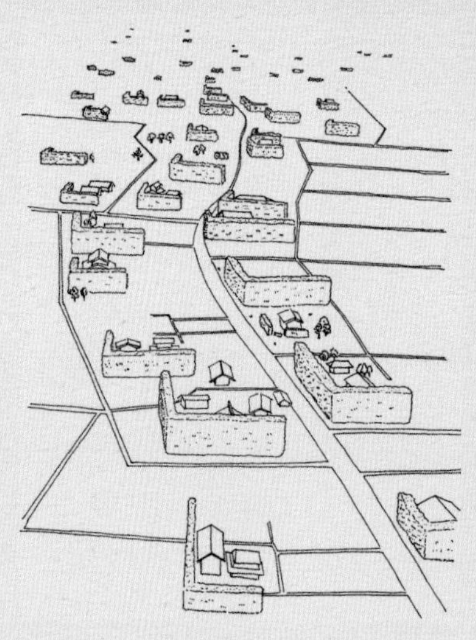

左上图： 在稻田丰收后，一束束扎好的稻草被放在竹架上晒干。

左图： 简洁的石像优雅地矗立于神圣的王之鼻山顶，可以俯瞰周边广阔的山脉。

上图，图11： 高大的篱墙不仅可以阻挡冬天的风，同时也界定了各私宅的居住空间。

右图： 就像这个工具棚，注重实用性遵循了当地久经时间考验的私宅形式的要求。木材围墙取自广袤的森林，而屋顶则铺有一层厚厚的稻草，用于抵御冬天的大雪。

竹富岛的环境与气候则截然不同，建筑形式也表达了当地的气候和文化。这座岛平坦而酷热，常常伴有强风、季节性台风和持续的烈日。岛上有一些林木区，但分布不广，树木也往往细小。于是房屋使用小尺寸木材，尽可能经济地建造。单层住宅有着低矮而厚重的陶瓦屋顶，以抵御台风和酷日；红砖和浅色砂浆黏合，具有典型的冲绳风格。大部分房屋外墙可以打开，以形成自然通风。居住单位通常由住宅、单独的厨房建筑以及一两座小型辅助房屋构成。房屋周边以干砌珊瑚石（一种当地常见材料）墙壁围合。每天清晨，村社成员都会清扫屋前街道，分享见闻，聊天对话。

伊根町是沿着浅浅的海岸线建造的渔村，位于本州近畿地区丹后半岛的东端。由于山地阻隔了周边村落，在伊根町形成了一种与当地生活方式密切相关的独特建筑形式。缺乏平坦的土地，山顶附近的农田不复存在，村庄则直接建在山海相接的海岸之上。

道路与海岸线平行，木板建筑沿着道路两侧排布。沿海一侧的房屋既长又窄，临街且面海；而山坡侧的房屋通常占据较宽的沿街界面，但进深较浅。沿海一侧的二层船屋建在水面之上，一楼是家庭渔船库房，楼上用于存放捕鱼设备。船库、宅间狭窄的步道以及屋前空间都被用于悬挂鱼盘和晾干渔网。而这些家庭居住在马路对面的房屋中。在汽车出现之前，街道所在处则是花园空间，村民们可以坐在屋前修理网具，并相互分享当日的见闻。

右图： 在高山山村的历史街区，有精心构建的两层木质结构，代表了该地区最高水准的林业及木工专业程度。

左下图： 曾经以铁矿著称，吹屋的房屋以涂盖弁柄色灰泥的墙壁为特征，其土壤中富含氧化铁。

中下图： 传统的寺庙主要为学习场所，也是社区的精神中心。17世纪的法隆寺建筑群恰如其分地展示了其象征性存在。

右下图： 伴随着6世纪佛教的传入，陶瓦从中国及朝鲜半岛引入日本。冲绳群岛的房屋即利用屋顶重量防晒抗风。

白川乡是一个小村庄，位于本州中部飞驒地区的连绵高山之中。像伊根町一样，多山的地形将它与其他村庄隔开。然而与伊根町不同的是，白川乡远离海洋，深处内陆。这座村庄沿河而建，位于森林茂密的狭窄山谷之中，河流源源不断地提供水源和季节性食物，居民则依靠传统农林产业为生。巨大的合掌造住宅高达三层以上，其旁则是稻田与菜地。由于木材充足，建筑采用重木框架和实木板墙，数代人在一起生活。在过去，当冬雪过厚，人们无法进行户外作业时，房屋的顶层被用于饲蚕。

厚重的茅草屋顶采用稻草修葺，稻草被存储并干燥，用于替换或修复房屋及当地庙宇上的茅草屋顶。每年，都会有两座建筑物的茅草屋顶进行更换。依照传统，修葺茅草是由社区共同完成，每个人帮忙并融入节日般的气氛之中。这项活动将人们召集在一起，共同完成任务，为村民提供了交流信息和分享故事的机会。

这四个例子清楚地表明了传统社区如何与当地文化、气候和自然环境紧密相连。从改造土地到建造和维护房屋，村民设计用地和建筑，共同行动以维持和改善当地的生活方式，并促成社区意识。

第六章

工具与技法

建造行为需要几个相互依存的因素：对庇护所或其他用途的功能性需求，建造者的创造动力，建筑的场所，建筑的材料以及加工材料的工具。需求、场地和材料提供了建造的背景与基础，但是构建者和工具则是建造行为的核心。工具是建造者身体的延伸，让双手去完成心中所想。

传统的日本工匠非常珍视自己的工具，因为没有工具，就无从谈及工艺。俗话说“工具是日本木匠的灵魂，就像剑是武士的灵魂”[24]。每种工具都经过精心调试，以适合工匠的身体，并根据每天的大气条件和特定的建造材料进行了精确调整。工具被细致维护，以维持良好的使用状态和更长的使用寿命。

日本工具的历史

尽管日本的很多建筑形式都起源于中国，但在6世纪中国和朝鲜半岛的工匠被引入日本、建造寺庙之前，日本本土已经发展出建造第一座佛教寺庙所需要的大多数重要工具。已经在使用的工具包括凿子、斧头、锛子、锥子、木槌、楔子和矛头刨或刨刀。[25]最初的工具由石材制成，带有木柄，许多石刀可能从亚洲大陆引入，但是大约从250年起，铁刀开始占主导地位。[26]尽管中国佛教建筑形式更加复杂，但随新建筑形式引入的仅仅是横切推锯、墨罐和弹线。[27]

江户时代前的七百多年里，从中国引入的其他重要工具还包括15世纪的双刃框锯，以及16世纪的单刃推刨。在这段时间里，在日本本土设计的工具包括：木匠的方根尺（带有里目的矩尺）和12世纪的叶形横推锯（木叶形锯）以及16世纪单人粗齿锯（前挽锯）。[28]与建筑形式一样，最初从中国引进的工具也被复制和原样使用。但是随着时间的流逝，为适应日本的工作方式，尤其是像推锯和推刨这样的工具被改进，产生巨大变化，以至于如今它们已与最初的中国版本大为不同。

对页图： 东京市中心一处临时建筑围墙上的图。作为江户时代木版画的复制品，画面中工匠们正在齐心协力抬举并连接厚木骨架。

上图： 手与工具人器合一——一位木匠大师使用他的凿子将桧木顶梁上的接缝变得平滑。

右图： 木匠们仔细地保养凿子和刨子。通过长年的使用，木柄和刀片散发着柔和的光泽。

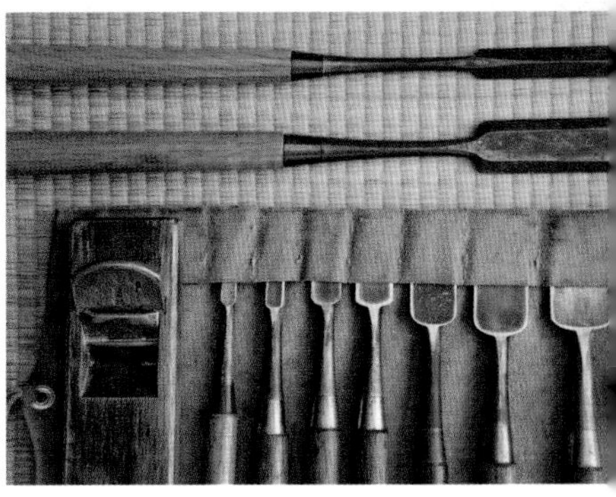

在日本，有两种与中国及世界其他地区截然不同的工具，它们是锯和刨。在中国、亚洲其他国家和西方，锯和刨通过推动实现剖切。与之相比，在日本则通过拉动实现剖切。日本拉刨的发展可能是基于本地的工作方式，例如人们坐在地面上从事某些劳作。通过推动而非拉动来刨光木材看起来是个微小的差异，但通过推锯而非拉锯来切割木材则非常不同。推动会使锯片承受很大的压力，并可能使其弯曲，而拉动则会使锯片承受张力并保持直挺。叶形横切锯在14世纪初发展为推锯，后来所有的日本锯都转换为拉锯切割。[29]到16世纪末或17世纪初，日本人将早期的单刀片推刨改进为无手柄拉刨，剖切由推力变为拉力。[30]在江户时代甚至在明治初期，工具进一步衍化，出现了两项重要发明——榫或背锯和双刃刨子(带有附加断屑槽的短刨)。[31]

在金属锻造出现两项重大发展之后，日本的工具制造也取得了长足的进步。首先，16世纪日本的铁匠开发出一种方法，将铁砂融化成铁块，继而锻造和加工，直到其获得适量的碳成为碳钢，然后将其层压，以产生用于刀、锯、凿、刨的高品质的刀片。第二个重要的发展是用于凿子和刨子的钢制刀片——在铁芯上附加高碳钢。较软的铁易于加工，而较硬的碳钢更脆但可以保持锋利的边缘。与较早的锻铁刀片相比，钢尖刀片更耐用，边缘存留的时间更长，而铁芯则为工具提供了柔韧性。[32]

日本传统建筑以精细的木质结构和细部著称，尤其是其复杂的细木工工艺。伴随着工具制造技术和质量的提高，木匠的技艺和创造力也在进步。工具的质量和多样性增强了木匠大师的能力和知识。在江户时代初期的木结构建造高峰期，木匠大师们拥有大量的工具。直到1949年，一项调查表明，一名传统日本木匠通常需要多达一百七十九种工具来完成其工作。这些工具中包括四十九种不同的凿子、四十个刨子、二十六把锥子、十二把锯，以及矩尺、墨斗、刻度尺、钳子、夹子、锤子、槌子、扁斧、磨刀石、锉刀等。[33]每个工具都有特定的用途和使用方法。一般而言，传统的日本木工工具可以分为两种：用于测量和标记的工具，建筑史学家

左图：木匠沿着木材表面拉动横纹刨，使其表面光滑平整。

左下图：日本传统建筑的主体结构是在工场而非建筑工地上制作的，像这些已经完成的连接构件，将会被送到建筑工地快速装配。

右图：刨子和凿子用于加工木构件的完成面。

威廉·科德拉克恰当地称其为“心之工具”；另一种是用于切割和精加工的工具，即科德拉克所称的“手之工具”。[34]

用于测量和标记的木工工具

用于测量和标记的工具类型包括木匠的角尺、测量杆、图板、墨盒和弹线、竹笔、量规、记号规和铅垂线。[35]木匠的角尺非常独特，采用几种不同的度量表进行标记，从而使木匠可以计算角度和曲线并轻松完成精确计量任务，例如确定从圆形树干上切下的方柱尺寸。所有的尺度都采用传统测量系统，该系统基于一个结构开间（间，等于180厘米）的距离，1间可分为6尺（1尺为30厘米）。1尺可分为10寸（等于3厘米），1寸分为10分，1分可分为10厘。现在的指矩由金属制成，通常使用公制单位。但最初则是用竹子制作，正面标记寸和分的单位增量，背面则标有两种不同的刻度。一种是将寸增量乘以2的平方根，另一种是寸乘以π的乘法逆元素（即1/3.1416，丸目）。丸目尺度在12世纪的发展使以前复杂的计算变得简单，因此角尺对于任何木匠来说都必不可少。

上图：木匠门的墨壶是较为珍贵的工具，通常木匠会精心雕饰使其更加贴合手形。

左图：一位工匠正用木工角尺和竹笔对构件进行测量和标记。

右图，图12：木割比例体系是日本传统建筑的度量基础。

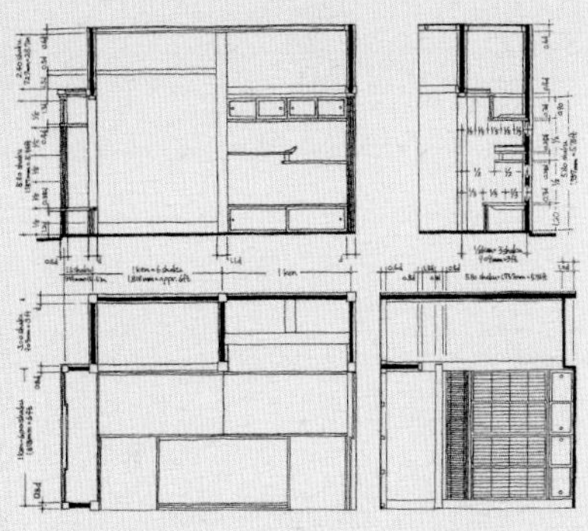

尺杖是一根长木杆，通常高10尺（1丈）或6尺（1间），上面标有建造特定房屋的重要高度。高度基于被称为木割（字面意思“木材分割”）的比例体系，该系统可以确定不同元素高度和宽度的比例关系（见本页图12）。木割系统基于单位“间”，这个单位没有统一标准，直到19世纪后期才标准化。1间是一个开间的长度（从一个柱中到下一柱中的距离或柱间距离，取决于区域）。通常，住宅房屋从基础顶部到主结构梁顶部（在屋檐处）的高度为两间。[36]

将间划分为6尺，可以在木割比例系统内灵活使用。例如榻榻米垫子的尺寸为6尺长乘以3尺宽，最终成为确定房间尺寸的模块。一所特定房屋的所有元素都基于设立的比例关系系统，其具体尺度显示在尺杖之上。

除尺杖之外，另一种计量建筑物的传统方法也被使用。木匠们在薄木板上绘制建筑物的平面图（被称为图板或绘图板）。同样是基于木割比例系统，图板上会记录主要结构柱的位置以及重要构件的高度。由于历史上建筑物的设计上基于木割系统，所有工种的所有工匠对此都很熟悉，且建造由“栋梁”监督（字面意思是“脊柱”或首席木匠）。于是传统意义上，薄木板上的平面图是用于建造房屋的唯一设计图，已经为建造者提供了足够的信息。

墨壶和弹线通常由木匠本人用一块木头制成，其木材常为榉木。墨盒大小和形状恰合木匠的手掌，且可用华丽雕刻进行修饰。在不同的时代，不同的设计融以流行元素并各具其象征性关联——心形代表菩提树叶的形状，而释迦牟尼佛在菩提树下开悟佛法。19世纪末期的流行设计包括仙鹤和乌龟，长久以来，这些在亚洲文化中都是长寿的象征。[37]

墨壶经雕刻后，可以被舒适地握于手掌之中。其中部凹槽上有一团棉絮，浸入黑色或红色的墨汁。黑色墨汁与海藻胶混合使其不溶于水；而红墨汁则由颜料与水混合制成，因其主要用于可见标记的地方，所以必须易于清除。用一根针将长丝线固定在要标记的木材上，穿过墨絮将其拉出。把绳子绷紧，弹击，使其撞击木材，并留下直线墨迹。

当木匠需要画线或做标记时，他使用一支用竹子雕刻而成的笔——墨刺。墨刺被设计为一个扁平头和一个尖头，从而使木匠可以进行各种标记。扁平头端用于线条和刻度线，而尖头用于书写数字和汉字等字符。木匠将墨刺浸入墨壶，然后根据需要用墨刺在木材标记。木匠的标记种类包括线段和刻度，以表示如何切割或精加工木材；还有字符和数字，以表示不同构件之间的相互连接及它们在主平面中的位置。指示部件如何装配的标记通常是字符，也用于表示向上、向下，基本方向以及其他表示构件正确放置的方式。

切割和精加工工具

用于标记和测量的工具在整个施工过程中都会用到，但用于切割和精加工的工具却具有非常专门的功能，并且仅在特定时间使用。扁斧、锯子、凿子、刨子、手锥、锤子和槌具有许多不同的尺寸和样式，可以满足工匠在施工各个阶段的需求。

伐木者采用传统方法，使用砍斧和单刃横切锯（例如圆鼻粗齿锯或鼻丸锯）在森林中砍伐树木。其树枝被除去，树干用雪橇拉至山下。木材往往是从河水漂到堆场，在那里进行切割和干燥。切割木板的传统方法是使用框锯，通常由两位锯手操作，或由单人使用宽刃粗齿锯进行。框锯或单人宽刃粗齿锯还可以将树干切割为圆柱和横梁。在15世纪从中国引入双刃框锯之前，由木匠从事劈锯工作。框锯的引入产生了锯木工职业。[38]今天，木板、横梁和立柱通常堆叠在场地中干燥，直至被木匠购买并使用。在过去甚至直至今日，对于像庙宇或茶室这样特殊的建筑所使用的材料，木匠往往深入森林并选择他们想要使用的特殊树木。

木匠们使用不同齿形的各类锯子，可将木材切割为所需的尺寸，可顺纹切割或横切木纹，形成清晰或粗糙的切口。横切锯横切整个纹理，而纵割锯沿木纹隔开（见第67页图13）。这两种锯型都有多种尺寸，锯齿的长宽各有不同。构件一旦成型，则需进行精细加工，可以按其形状和表面所需光洁度使用各类工具进行处理。在诸如圆柱的曲面上进行光滑处理可采用矛头刨，平坦的表面则采用横纹刨进行精细加工，以实现极其光滑的平面效果，而圆形和平坦表面都可使用扁斧进行加工，从而使完成的一面具有纹理。

日本木工工艺以复杂的细木工为主，它的制作工具主要为锯、凿子、锤子和刨子。凿子主要用于做槽、开榫眼（开小洞主要使用手钻或锥），或将表面修整平滑。凿子的不同用途衍生出两种具有明显区别的类型。用于切割的凿子需和锤子一起使用，手柄端会包有一个金属环以防止木头裂开。而用于修整外表面或开榫眼的凿子通常具有长手柄但未包金属环，因为在不适用刨子的地方，刮削木材表面仅需借助手的力量。

同时使用锤子和凿子的时候主要是用于切割或塑形，此外也会用于打钉。锤头体现了不同的用途。玄能的锤头两侧均可使用，一边是平的而另一边则为凸起，平头这边主要用于敲打凿子或钉子，而略圆的这头则用于平整木头的外表面或用于轻敲钉子以完成最后的步骤。曲面这头可以确保钉子完整契入，且捶打的力量不至于损坏周边的材料。与之相似，当平头端打入部分钉子后，金槌略尖的头部主要用于完成最后的打钉工序。当连接结构构件时，则使用木槌敲打紧合连接，固定木图钉、钥匙、暗销以及用于保护连接处的楔子。相比于金属槌，木槌不易使木材凹陷。

刨子有多种尺寸，可用于平面或曲面。工匠根据要刨的木材和所需的光滑度选择合适的刨子。典型的日本平刨由一块木头（通常是橡木）和一两片刀片组成，通过小金属杆固定。如果使用两个铁片，外面的铁片则是断屑器或压盖铁，在内部铁片对木材进行刨光之前，它可以使不规则木材变平滑。木匠在使用铁片后会非常小心地将其打磨锋利，并不断调整铁片以确保其切割厚度正确，这种厚度因多种因素而有所变化，包括木材种类、尺寸和密度、气候（尤其是湿度和气温），以及最终成品所追求的工艺质量。

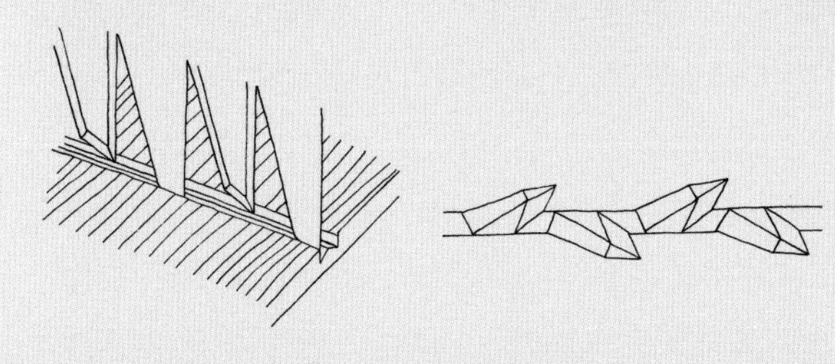

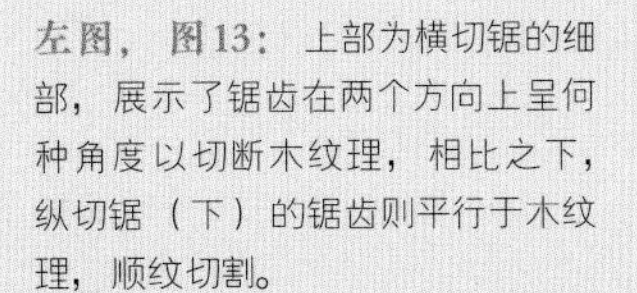

顶图： 木工工坊中的一个特制柜子，用于盛放众多的木工工具。

左图，图13： 上部为横切锯的细部，展示了锯齿在两个方向上呈何种角度以切断木纹理，相比之下，纵切锯（下）的锯齿则平行于木纹理，顺纹切割。

上左图： 对于每一把锤子，锤头的大小和形状使其适用于不同的特定用途。

上中图： 砍斧及扁斧主要用于粗加工木材，很少用于最终的外表面完成工序。

上右图： 在伐木、劈木、细分尺寸的过程中使用到的各种类型的锯。

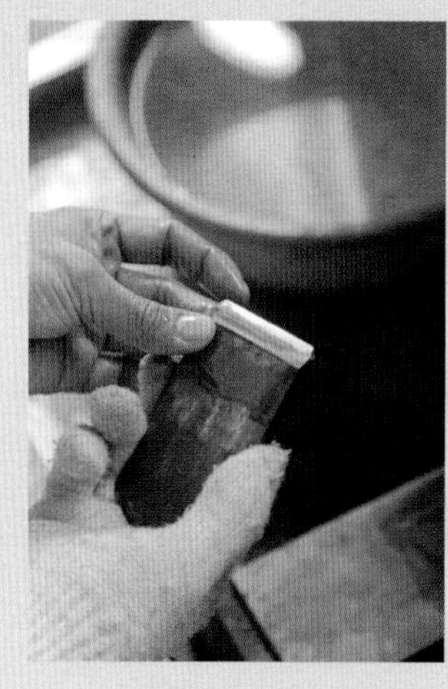

左图：漆匠平木矢三郎（Hiraki Yasaburo）正在选取合适的工具刷，为精美的檀木佛龛进行最后的润色工作。

上图：为使工具能够正常使用，需小心维护和保管。木匠们时常清洁并打磨工具上的薄刃，例如这里所展示的刨刀。

如前所述，木匠们必须精心保养他们的工具，既充满爱惜又包含尊重地对待它们，以确保工具在尽可能长的时间里维持良好的状态。为了达到这个目的，木匠们还需要依靠其他保养工具，包括打磨锯齿的锉刀以及用来使凿子及刨刀保持锋利的磨石。木匠们拥有许多大小不同的锉刀和磨刀石。通常在每天工作结束的时候，他们会清理和保养工具，然后小心存放，以备第二天的工作之用。

其他技工的工具

前几页讨论的是传统日本木匠造屋用的主要工具，其他工匠（尤其是参与建筑的工匠）使用着部分相同的工具，但也有一些非常不同的工具，专用于他们特定的工作。建造传统建筑时涉及的其他主要技工是石匠、石膏工匠、门窗木匠和屋顶工。

石工使用凿子、楔子、槌和大锤切割石头；使用杠杆、独轮车、滚、滑轮和风机移动石头；并用凿子、双头槌、凿石锤、锤子塑造石形。[39] 石膏工匠使用被称为“鹰”（镘板）的木质调色板来承托灰泥，用无数大小形状各异的金属泥刀进行抹面。“建具屋”是专门制作门、窗和屏风框架的木匠，他们使用一种类似于指矩（木匠的角尺）的特殊工具——卷矩，一种类似于竹笔的金属工具——白书，以及用于测量和标记的小型标记刀。为了进行切割和精加工，他们使用各种类型的锯、凿，包括镡凿和镰切凿（或镰凿），还有切留之类的刀具，以及钳夹和长柄清洁凿。屋顶工也会根据不同的材料类型使用不同的工具，柏树皮屋顶用竹钉固定，且需要使用带有特殊短方头的锤子。他们还会使用不同类型的刀具，包括屋顶整体建造结束时用来修整边缘的桧木刀具。然而传统瓦屋顶则用泥浆黏接（现在使用钉子），屋顶工使用的是泥刀和细绳，而非锤子。

每种技工都发展出适合其特定工作的工具。尽管一些工具由工匠自己制作，例如墨壶和竹笔，但大多数由专门的工具制造商加工，尤其是金属工具，像锯片、锤头和凿子都是由锻冶工精心制作而成。许多工匠干脆与锻冶工一起工作，以确保工具质量与合意结果。由于工具是工匠的命脉，他们与制造商之间相互尊重和信任的关系变得不可或缺。

左图： 有着200年历史的纸灯笼制造家族仍然延续着其工艺传统，学徒的女儿正在为装饰图案施彩。

上图： 使用宽刷子在灯笼竹框上涂胶，并用和纸将其包覆。

传统建筑技工清单[40]**：**

木工	切木工，伐木工
	木匠
	为桧木葺去除树皮
	木雕师
	屏风门扇木匠
刨工	榻榻米工
	造纸工
	裱纸工
	装裱画匠
	漆工
石工	石匠
泥工	陶瓦工
	鬼瓦绘工
	石膏工
金工	金属铸造工匠
	装饰金属工匠

制作工具的工具

数百年间，日本已形成了制造高品质工具的艺术，并生产出世界上质量上乘的刀片，尤其是用于锯、凿和刨子的钢尖刀片。尽管日本生产的精良锯片或凿刀非常昂贵，但可以不断磨尖并持续使用数十年。精湛的手工艺人十分了解精良工具带来的益处，因此会找寻特定的锻冶工师傅，而他们也需要用来制作工具的工具。

日本传统锻冶工使用的主要工具是锻炉、风机和铁砧。铁矿石在锻炉中加热，风机用于加快燃烧、增加热量。当矿石达到所需的温度，铁匠掌握其色泽，并用长钳将炼好的金属取出。金工大师将热铁置于铁砧之上，而后学徒们用沉重的钢头锤将其锤至扁平状，并通过刻刀的击打将金属切割为基本形状。当金属成形时，师傅通过左右翻转来控制金属形状，同时三位学徒连续击打，并通过水中淬火或回炉锻造来控制温度。师父和学徒间通过富有节奏的敲打，共同合作完成锻冶。

在最后阶段，钢被浸入秸秆灰中以降低温度。刀片被放在特殊平台上通过刮刀平滑，或先后用锉刀和磨刀石将其磨平。在锐化过程中，钢会覆盖刨花涂层，与水的混合使冷却加速，而后再次加热，并通过在水中进行冷却。当刀片冷却后，再次用磨刀石磨锐。这种历史悠久的锻造过程可以生产出品质优异的刀片。

第七章

材料

日本传统建筑中的主要材料——木材、干草秸秆、石头、泥土和金属，都对应着特定的工具和施工技术，并取决于材料的特殊属性。尽管不同的工匠可以在施工各阶段使用相似的工具，但是工具并非完全一样，使用方式也不尽相同。例如石材工人、木匠和建具屋（屏风、窗扇匠人）都使用凿子，但其制造方式和使用方式相异，这是由于石材和木材的加工方式不同，其尺寸和精度要求也相去甚远。

由于不同工种之间需要密切合作，且一些工作相近，大多数从事建筑行业的工匠都熟悉诸多不同的工具、技术和材料，但行业专业化要求他们尤为精通本行业的特定工艺。除了石工、伐木工、木匠、泥工、屋顶葺工和锻冶工等主要工种，还发展出许多专门行业。其中包括门窗工（属于建具屋）、造纸工匠、榻榻米制造商、漆工和金属叶工匠。对于每种行业，工匠们都会研究材料，学习其独特品质和最佳使用方法，并练习使用工具处理材料，以了解工具的潜力并成为该种材料的使用专家。

传统的建筑行业在工作中学习，一位木匠学徒独立执业前需与建造大师共事约十年之久。在这十年间，学徒通过观看和练习来进行学习。对于木匠学徒来说，这意味着他需要经常在白天清理施工现场并搬运材料，并花费夜晚时间来练习自己的工艺。很少有课程是直接讲授的，大部分技艺需要通过学徒的敏锐观察，从师父那里“偷走”。如此，工具和材料的传统技术知识一代一代地传承下来。

木材

传统的日本建筑尤以精致木构闻名，它们高度适宜，而又时常采用粗糙强健的木材（见第74页图14）。在日本，大多数岛屿都有着茂密的森林，因此建造者可以使用许多不同品种的成熟树木。选择木材时，要考虑其强度、颜色、纹理甚至非同寻常的形状；在加工和使用时，则需要以最佳方式利用其内在结构品质和美感。

上图： 桂离宫的松琴亭，其茶室结构体现了数寄屋风格。柱子和横梁之上保留着粗糙的树皮，支撑着由竹子和芦苇构成的屋顶结构。

日本传统木匠能很好地了解树木及其生长方式，以及生长方式和地点如何影响其结构强度，并规划好如何使用树木。生长在山坡顶部的树木往往直挺且结实，木匠们为建筑主体结构（圆柱和梁）所选择的正是这些树木。在山体中部低坡处生长的树木笔直但相对较细，因此不如较高海拔处生长的树木那般坚固。但它们结节少且表面细腻，仍可用于暴露在外的建筑元素。在山间、山谷中生长的树木被认为结构脆弱，并且水分含量高，这使其仅适用于建筑中的非结构部分。[41]一些生长在陡坡或大风地区的树木较为弯曲，但熟练的木匠可以将它们“编织”成类似织物的梁架结构（见第

左图： 连绵曲折的禅林寺卧龙廊木梯，坐落于京都永观堂，是佛教寺庙中运用复杂木构的优秀代表。

顶图： 缘侧木地板的一端，留下了时间和季节的印记。

中图： 一根圆柱子与圆梁紧密地相连，托起另一根长梁和屋顶椽子。

上图： 诸多梁架穿过并连接着同一根圆柱，可见端头暗示出复杂的木工艺。

139页图36）。带有弧度、弯曲及扭曲的较小尺寸的树木可被用作精美的装饰柱，例如“床之间”边缘的床柱。

当用作柱子时，木材始终按其在森林中生长的方式放置，根部朝下，树冠向上。在朝北的山坡上生长的树木最适合在建筑物北侧使用，而南坡生长的树木则用在向南暴露的地方，效果最佳。木匠观察一块木材时，可以通过其纹理和变形趋势来了解其在森林中的生长方式。木匠们深知树木的生长方式会影响木材内部的自然作用力，因此会充分根据其自然作用力来使用木材。例如当两种木材被接合在一起以制作长梁时，木材的根端永远不会被接合在一起，因为那些随着树木向上生长而产生的自然力会使得木材分离，但如若将树冠端的木材连接在一起，则会利用木材推力，彼此咬合接头。将根端木材连接到冠端木材也是未尝不可，因为受力会沿相同方向传播。无独有偶，当垂直连接两种木材用作圆柱时，木匠通常将下部木材的顶冠端与上部木材的根端相连，从而使自然作用力在单个方向上延续。

大直径的树木可以切成木板或大块木头，用作辅助结构，来构筑地板、墙壁或天花板上的面板和开口。切割木材时，其应力起着重要作用，因为木材会天然地向一个方向弯曲，具体取决于其自身纹理、空气中的温度和水分含量。木板的质地也非常重要，人们观察木板时会发现木纹图案。垂直于年轮切开的木板具有紧密、均匀的直线纹理，而顺着年轮切开，则呈现具有更富表现力的木纹图案。

由于木材的延展性，可以将其轻松切割为各种尺寸与形状，比如通常将椹柏切成条状薄条，“编织”至天花板之上。木头可以被雕刻成复杂的形状，例如多种造型的横梁，且其表面可用许多不同的方式进行抛光，如使用扁斧产生波纹装饰；或使用刨子带来丝滑光洁；或将木材表面碳化成深黑色的烧杉板面，以驱除虫害并增加抵御雨雪的耐久性。甚至某些树木的树皮也被用于建筑，例如屋顶的桧木皮层和用于制作传统和纸的纸桑树内皮。高级木匠会根据所需的建筑效果和结构需求来选择木材及其切割和精加工的方式。

不同种类的木材具有独特的纹理和不同的结构强度。传统木匠将木材分类为针叶树和阔叶树。在数寄屋风格流行之前，通常用于建造传统日式房屋的针叶树包括赤松、斧叶柏（一种常绿的松科植物）、桧树、黑松、松树、白松、一种被称为椹柏的日本柏、日本松或柳杉树和铁杉。而所使用的广叶树木材包括橡木、榉和樱桃木。[42]

数寄屋风格建筑融合了多种不同类型的木材，并以之闻名。工匠根据每种木材的特定品质进行选择，并以最能体现这些自然特征的方式来使用。数寄屋建筑与早期传统建筑一样使用了很多软木，其中包括赤松、翌桧、鼠子，椹和杉树，但也将更多硬木整合到设计之中，包括银杏、桐木、乌木或红木、栗树、黑柿、核桃、樟木、桑、白枞、日本橡树、绉绸桃金娘、白蜡树、紫檀木或红木、印度铁木、橡树、山茶、杜鹃、梅等。

桧木主要用于传统日本建筑的主体结构，它易于加工且结构坚固，具有细细的直纹、诱人的均匀色彩和宜人的香气。日本雪松也经常用于建筑，与桧木相似，但其更为柔软，因此更适合于滑动木板门和柜橱。桧木和杉木在日本全域广泛生长，耐腐且耐用。

榉树因其强度和尺寸而备受推崇，且被广泛应用于住宅建筑中的大黑柱，即“财神柱”或中柱。榉木的美丽纹理和色泽使其在尺寸、形式上的优势更加明显。作为一种硬木，尽管其加工更为困难，但比起桧木，它非常耐用且更具弹性。通常榉木并不会用于房屋中的所有主要结构，而是仅用于例如大黑柱这样的重要结构。此外，榉木是柜橱的首选木材。

松树在日本广泛生长，被应用于建筑物和庭园，尤其是赤松和黑松。松树是一种软木，因此也易于加工，但通常会弯曲或扭折。相比于杉木或柏木，松木具有更多纹理，有时由于波纹和结节而表现得非常不均匀。尤其像是赤松，可用作屋顶结构横梁和其他不需要完全笔直的构件。松木有时也用于装饰元素，例如床柱（壁龛柱）。由于松木树脂起到保护作用，故其常用于建筑外部。

在日本，樱树因其美丽的花朵而备受推崇，但樱木在日本传统建筑中并不常见，主要用于装饰而非结构。微红的色彩和诱人的纹理是樱木的独有特色，斑驳的红褐色树皮因其独特的纹理而被珍视。树皮完好无损的樱木柱常被用作“床柱”和其他装饰用途。

桐木以其连续一致的纹理和奶油色而闻名。虽然是硬木，但它既轻又软、易于加工。尽管桐木有时用在数寄屋风格的建筑之中，但由于这种木材具有防潮性，结实而柔韧性好，因此它最常用于打造家具，特别是用于存放和服的箪笥箱。

桑树木材仅偶尔用于数寄屋建筑，但楮树通常用于制作和纸，或用以覆盖障子和隔扇隔板。

为了制作和纸，需要在大木桶中蒸制楮枝，使其外皮松解并将外皮去掉，然后将内皮剥下。这种纤维状的树木内皮就是制纸材料之一，可使纸张坚固。但树木内皮仍须干燥、冲洗、清洁，然后和碱一起煮沸数小时，以分解纤维。接着需要用木棍将煮熟的纤维捣碎成浆，与黄蜀（捣碎的木槿根）或一些其他黏性植物材料混合放入水桶中，在被称为“流漉”这一独特的造纸工序中，这些黏性材料可以减缓纸浆混合物的排水速度。待纸浆充分混合后，将竹筛放在可移动的木框架中，然后将木框架深深浸入桶中以拾取纸浆混合物。

初始浸渍后，将纸浆倒掉，然后再次将筛网浸入，这次筛网前后交替、从一侧到另一侧来回摇动。一旦水从滤网中渗出，便重复此过程，以建立沿不同方向延伸的纤维层，从而赋予纸张强度和厚度。当纸张达到了所需的厚度，便将筛子从框架上取下，然后将湿纸从筛子上剥下并放在平板上。当叠放多张纸后，水分便可从纸中挤出。继而将纸张取走，刷在银杏木板上进行干燥。

对页左图： 墙上凸出的圆形梁柱带来了光影，同时勾勒出竹格窗口的形状。

对页中图： 木质镶板雨户窗采用成对的水平薄板条加固，装在木地板上的滑动木轨上。

对页右图： 斜向木质压条形成了醒目的十字图案，不仅起到加固的作用，同时装饰了简洁的对接木板。

左上图： 在一块木板上雕刻的枫叶与螺旋状的水波。

左中图： 手工劈开的香柏木板堆叠在一起，以备修建屋顶之需。

左下图： 标记好的香柏原木堆放在一起，等待装运，位于四国岛的宿毛港。

和纸也可以用不常见且生长缓慢的灌木制作，比如日本称为雁的“纸树”，或者“三桠”灌木（巨叶纸植物），以及例如竹、麻、稻和麦之类的禾草。

在日本传统建造中，另一种很重要，但并非使用木材本身的树木是漆树。漆常常被用作保护和装饰木头的涂料，例如障子和隔扇框。

获取漆汁需要在漆树树皮上切口，并用容器收集树液。这些汁液要陈放三至五年的时间才能进行提炼。在用刷子涂抹之前，它可能会被着色或添加黏合剂（例如海苔胶）。根据大小和样式，漆刷采用动物毛（马和鼬鼠毛较为很常见）或人发（传统上用日本女孩的头发）制成。

与日本传统木工工艺一样，造纸和制漆的细致过程显示出了同样的匠心和艺术性。尽管表现材料或节点的方式看起来简单，但是通常外表的简洁性掩盖了内部的复杂性。

禾草、芦苇、蒲草和秸秆

在日本，各类禾草、芦苇、蒲草和秸秆都能够在野外生长，也进行人工栽培。日本整体气候温和，湿度较高，环境优越，于是植物种类丰富，且生长迅速。它们易于收获和运输，劳作简单，用途广泛。从传统的建筑构件到精致的装饰屏风，禾草、芦苇、蒲草和秸秆被广泛应用于传统日本建筑之中，具有多种用途。在被用作建筑材料之前，大多数禾草等都会被精心干燥，但在少数情况下，会用生长中的芦苇或竹子制作围栏。

在日本建筑中，最为常见且至今仍广泛使用的禾草是竹子，也是唯一一种在建筑结构中使用的草本植物。日本种植了许多不同种类的竹子（超过一百种，其中八十四种为土生土长的品种），但在建筑中最常用的是真竹（一种长竹节，用来做椽、水槽、栅栏、屏风和板条）、孟宗竹（日本最大的竹子，用于屋顶和床柱）和淡竹（一种易分裂的浅色竹子，用于制椽、篱笆、板条和钉子）。[43] 竹子生长很快，日本的一些种类甚至一年内可以生长1.2米。竹子还有网状的根状结构，或丛生的枝状结构可供食用，被认为是当季的美味佳肴。然而它还具有很强的侵入性，故经常被认为是杂草，尽管竹竿很容易用锯子或重刀切割，但其根部却很难去除。

竹竿坚固，壁厚而中空，沿着茎杆间隔有牢固的竹节。它既灵活又轻巧，坚固耐用且结构合理。大竹竿可用作建筑结构，最常用于屋顶椽子或次级屋顶结构。因为竹子既圆又空，用典型的细木工工法无法进行加工。它通常用绑绳与其他构件连接，绑绳往往用稻草制成。

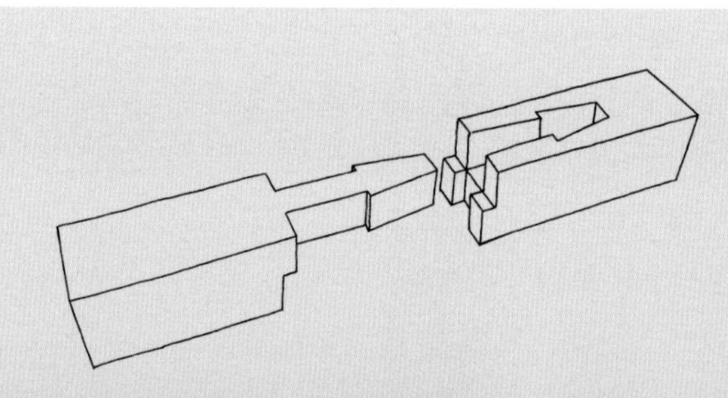

左图：销钉连接垂直和水平结构构件，并以一种夸张的方式表现，相互交叉，其接头通过木楔固定。

右上图，图14：鹅颈榫卯将两块木材拼接起来。

右下图：木匠用厚重的木槌敲打楔子，以永久性拼接两根顶梁。

异形的竹竿，可以是自然生长的，例如龟甲竹，其关节显现出交替的对角线，茎部呈斑驳或龟甲状。人们也可以在生长过程中对其进行塑形，将其栽培为方形或扭曲状，通常用作床柱或其他类似的装饰用途。而小到中等直径的竹竿则用于地板和天花板，当圆形竹竿被排列在一起，其光影非常美丽，但表面很难入座，通常被用草编成的榻榻米垫或坐垫覆盖。

在日本庭园中，小口径竹竿常用作围栏和大门，或在亭台建筑中用于暴露的屋顶结构或装饰性格子窗开口。有时将生长中的竹子或竹草成行种植，并与水平细竹竿绑接，形成一个以生长的植物构成的栅栏。

竹子被劈成两半，将其四分之一或更细的小条用于庭园和建筑内的各种非结构性功能。竹条以网格状绑在一起，制成板条，则被称为“木舞”，并在其上涂抹灰泥（见第107页图26）。而在神社、寺庙、宫殿和贵族住宅中，则用细麻线或丝线编织水平的细竹条，制成被称为“御簾”（日文）的纱窗，它们悬挂在屋檐的末端以遮蔽阳光。这种细条也可用在滑动隔断或横梁上形成装饰图案。在庭园中，各种宽度的竹条被弯曲或编织成精美的栅栏和大门，它们也可用绳子和藤蔓捆绑成密集的围篱。

当竹子被切得更小时，可以制成薄而锋利的钉子，用于将桧皮葺或薄木瓦联结到屋顶。自己刻钉的屋顶工开发出一种不同寻常

传统日本木工典型的木材和植物材料

针叶树：软木（*也用于数寄屋风格建筑）

红松*
崖柏，罗汉柏*
一种日本柏
日本柏
黑松
松
白杉*
日本花柏*
日本柳杉*
铁杉

阔叶树：硬木（*也用于数寄屋风格建筑，只用于数寄屋风格建筑）**

银杏或铁线蕨*
橡木
榉树
桐木**
乌木、红木**
栗木**
日本香柏**
黑柿**
胡桃**
樟木**
桑椹**
杜鹃**
白杉木或日本杉木**
日本橡木*
樱木
紫薇**
白蜡树**
紫檀、红木**
铁刀木**
七叶树**
山茶**
杜鹃**
梅
日本漆树

禾草，芦苇、灯芯草、灌木和稻草

雁皮灌木
淡竹
一种灯芯草
芒草，日本榧**
黑竹
真竹
雌竹
三桠或巨叶纸草
孟宗竹
（熊）竹草
稻草
芦苇

上图： 在京都洛西竹园，阳光穿过竹林。

右侧左图： 用绳将竹竿绑在一起，制成竹篱。

右侧中图： 将薄竹条编织成卷帘，以遮蔽冲绳炎热的日光，带来阴凉。

最右图： 堆叠的竹竿展示了中空的内核与每隔一段距离生长出的坚硬竹节。

的使用方法。他们坐在屋顶上，将一小撮竹钉放在嘴里，用舌头将其对准嘴唇排列，然后吐向屋顶，以一种流畅的动作抓住竹钉，并同时完成锤击。

另一种常见而通用的材料是稻草。在稻谷收割后，将稻草彻底晒干。传统上稻草的用途广泛，从衣物到编织草鞋和雨衣，再到建筑材料，例如粗糙的编织地垫和茅草屋顶。在这两种情况下，人的脚下和头上的材料是相似的。

稻草最常见的建筑用途是葺筑屋顶，尤其是民家的屋顶（见第79页图15）。这种屋顶在日文中被称为“藁葺”，字面意思是“稻草覆盖”。将干稻草捆成捆，然后绑扎在屋顶结构上，稻草上下叠压，以保护屋顶免受雨雪侵害。厚厚的茅草屋顶还为建筑物提供保温功能，且由于室内炉膛中火焰不断燃烧产生了烟雾，使屋顶保持干燥还没有昆虫。与之类似，在一些寒冷地区的建筑物侧面也使用稻草秆，它们被捆束绑扎在木框架上，继而联结至房屋，以保护住宅免受雨雪侵袭，并提供一定的保温性。

捆扎茅草或竹竿的绳子通常由稻草制成，稻草可被编织或弯曲成各种厚度和长度。注连绳是一种将神社神圣空间与日常世俗空间分隔开的绳索，或许可以说以最完美的形式诠释了稻草绳的美丽和实用性。稻草可以细薄而简洁，也可以厚重且壮观，就像出云大社中巨大的注连绳所展示的那般。

藁也是常见的垫子材料，作为榻榻米的内垫或直接编织到坐垫中，例如通常放在木地板或竹地板上的圆形坐垫。至于榻

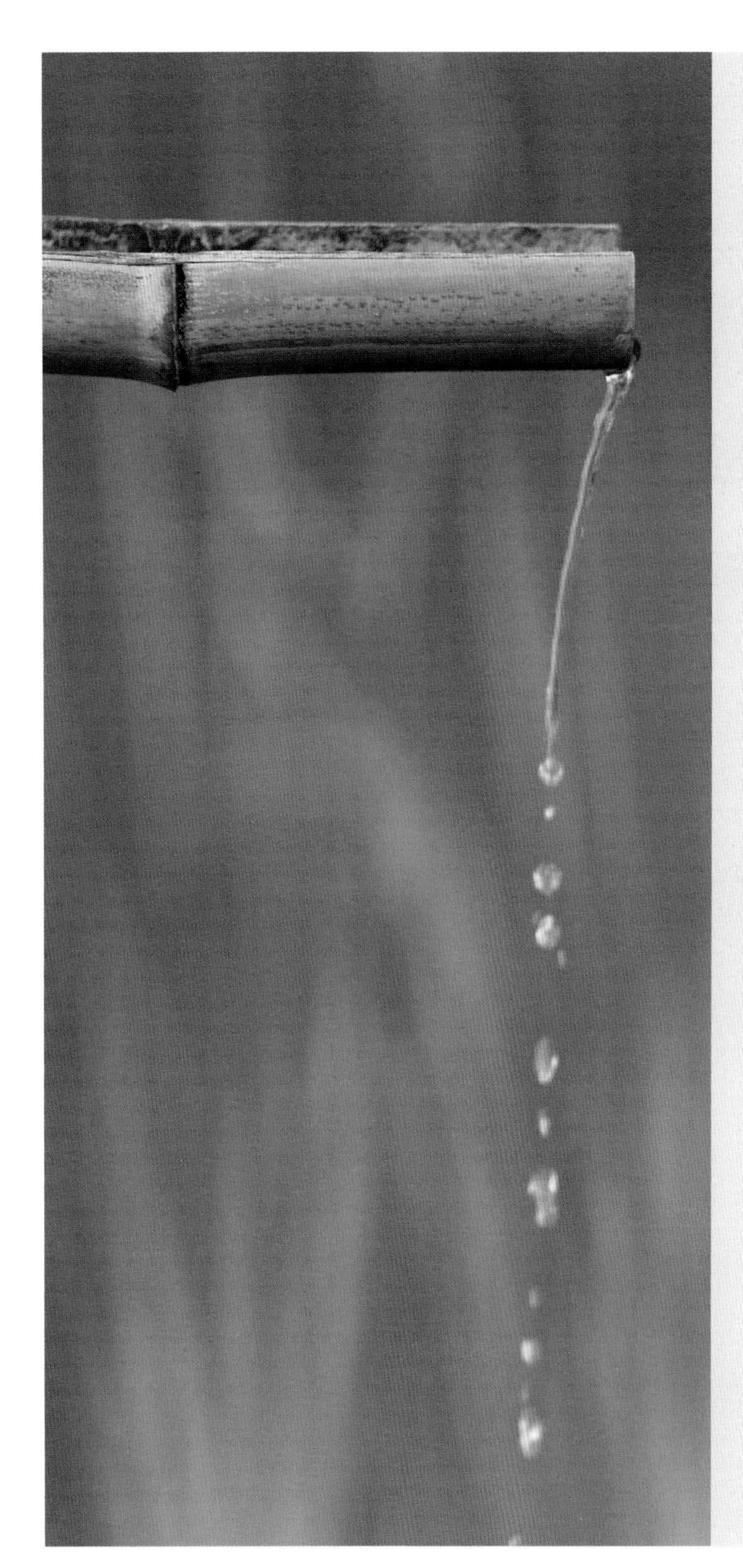

左图：将一段挖空的竹子做成简易的出水口，既易于制作也方便更换。把竹竿劈成一半并去掉竹节，可以做成流水渠。无论在视觉还是听觉上，滴落的流水都能使参观者意识到水在花园中承担的重要作用。

上图： 位于京都大德寺的高桐院。其中一个竹架撑起编织的芦苇席，为缘侧的阳台遮光。

左下图： 在秋谷若命家神社，一个巨大的流苏垂于秸秆做成的粗绳下，用于敲钟以吸引神道神灵的关注。

右下图： 工匠在室内使用的拖鞋，其表面材质类似于榻榻米。

榻米垫，是将稻草捆扎成一个厚实层，作为一个密实而轻软的垫子，其上面覆盖着一层编织的丛草。

兰草是一种细小的草皮，可以紧密地编织为织物状的垫子。如上所述，编织好的兰草片材被用以覆盖榻榻米垫，其边缘是彩色织条。刚制作榻榻米垫时，兰草的颜色是浅绿色，但随着时间的流逝，会逐渐变成淡黄色和米色。

薄编的兰草垫也可以单独使用，像帘一样悬挂以阻挡阳光，也可用作临时地板。这种垫子被称为“莫蓙”，重量轻，易于卷起存放。

如前所述，帘窗可以用竹条或莫蓙制成，但通常是用葭制成的，这是一种细芦苇，看起来像薄竹，也可以用于茅草屋顶或屏板。葭的细茎被水平放置，与麻绳一起编织，以制成帘。而在制作隔扇隔断时，葭通常垂直放置，通过薄竹或水平木材板条固定其位置。当用在茅草屋顶时，成捆的葭被绑在屋顶结构上，采用于稻草相同的摆放方式。与用稻草制成的藁葺屋顶相比，葭葺屋顶要少得多，但更为耐用。同样比藁葺更耐用的是用茅草盖的茅葺屋顶，主要用于小型数寄屋风格的建筑，例如茶室。

石材

在所有传统日本建筑材料中，石材是最耐久的：耐用、坚固、沉重且粗糙。但它也可以很轻巧、光滑和细腻。在传统日本建筑和庭园中，所有这些品质都被用来展示其独有的特性和表达其巨大的可能性。

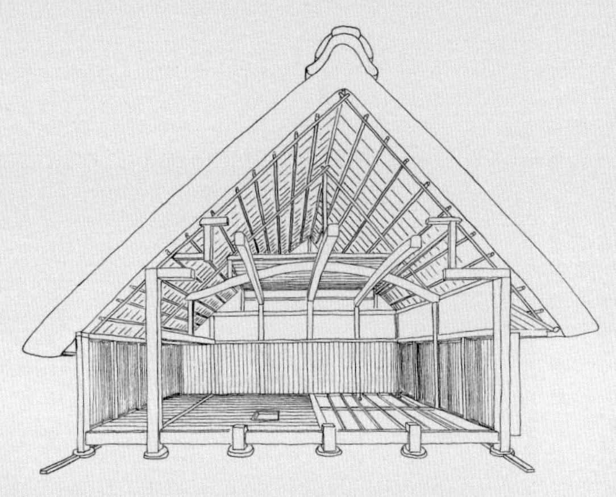

上图： 一位工匠在底层木地板上仔细地放置榻榻米垫。

左图，图15： 剖面图描绘了抬高的地板、实木板墙，以及山区民家农舍典型的厚稻草屋顶。

左下图： 间隔的竹竿搭配富有表现力的木纹板，组成了精致的外表面。

下中图： 对茅草屋顶一角的细节呈现，展示了稻秆的厚度和密度。

右下图： 稻秆拧成的一条粗犷的注连绳，采用“四手”折纸与蕨叶加以装饰。

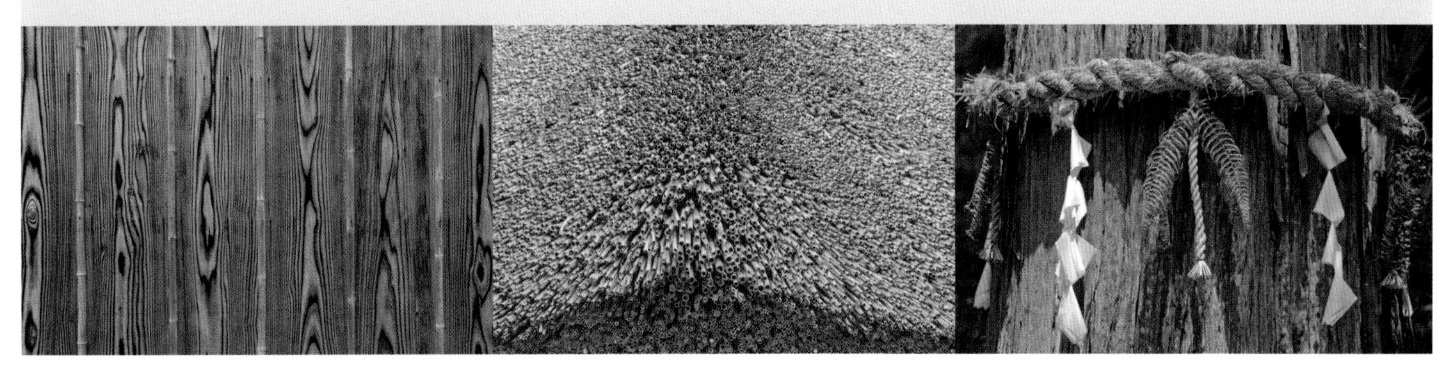

作为永久性耐用材料，石材可用作柱子或墙壁下的基石，或用作庭园和水稻梯田的挡土墙。这是一种轻巧的材料，用于代表庭园中的流水，或为夯实的三合土地面或灰泥墙赋予纹理和图案。建造者或园艺师会根据用途、质量和特性精心选择每个石块。

在日本，天然地存在着许多有用的建筑石材品类。由于成分和尺寸不同，某类石材作为结构元素的效果要优于其他类型。像花岗岩（强烈高温形成的火成岩，通常在火山活动中形成）致密且成分均匀，用于建筑主结构时性能良好，但可能难以切割成形。像大谷凝灰岩（大谷石，一种由流质火山灰沉积在深海中形成的多孔石）则是较软的石头，其密度较小，内部构成不连续，因此结构较弱，但更易于切割和塑形。这种石材更适合用于装饰，而不是建筑结构。

花岗岩是日本传统建筑和庭园中最常用的石材。日语中的花岗岩有许多不同的名称，包括本御影、生驹石、花岗岩、庵治石、御影石、奥州御影、大岛石等，这些名称反映了不同花岗岩的不同质量或产区。尽管因其密度较高，花岗岩难以切割和成形，但它是一种出色的建筑材料，是建筑基础和挡土墙的首选材料（图16）。花岗岩发掘时大小不一，有时是可以直接使用的中小型石块，但通常以大块出现。由于其尺寸和重量，大多数花岗岩必须先进行采石并切成小块，而后才能在建筑上使用。它既可以以粗糙的形式使用，也可以切割成干净的几何形状，其表面可以抛光或具有凿纹肌理。

大谷石以东京北部盛产此石的大谷镇命名，是另一种日本建筑中常用的石材。它的颜色较浅，通常带有锈色的沸石斑点（水合铝硅酸盐矿物）。随着时间的流逝，沸石会浸出，在石材表面留下孔洞。

由于其多孔的性质，大谷石很少用于结构，而最常用在外部挡土墙（包括1500年前的墓室墙壁）和装饰性石雕（例如著名的出自弗兰克·劳埃德·赖特之手、始建于1923年的帝国饭店）之中。

像花岗岩一样，大谷石必须进行采掘。但它比花岗岩轻得多，且更为柔软，因此更容易切割成形及在建筑中运输和加工。这种石材通常被切成规则的形状，其表面既可以被处理为略带轻微纹理的，也可以是完全光滑的。

中国的大理市以其高品质石材著称，日语的“大理石”也因

上图： 石台平面穿过知恩院的景观，被宽阔石阶分隔开来，形成一系列不同的层次。

右侧左图： 京都二条城东大手门的楼梯，花岗岩板带给人永恒的感受。

右侧中图： 在石质地面上营造出不断变化的几何图案。

右侧右图： 精妙的智慧！法然寺大门的立柱是一种巧妙的材料结合，其下部采用石材，上部则是木头。金属带加强了二者的联结。

顶图： 灵台桥是熊本县几座精致的石桥之一。

上图： 石雕基座的曲线使南禅寺山门正门的厚重木柱显得轻盈，金属带加固了柱子底部。

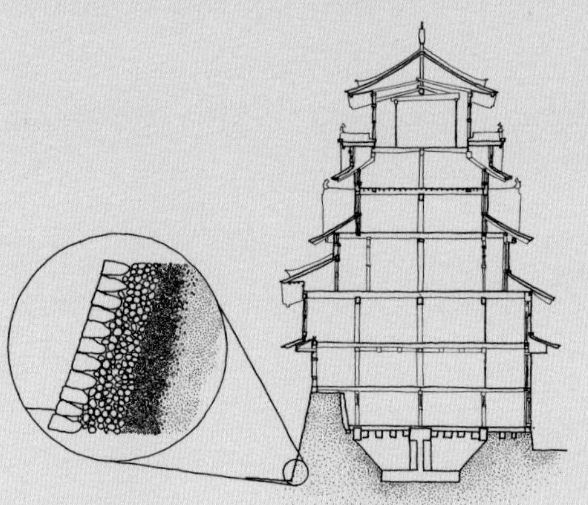

顶图： 在东京市中心，石砌的二重桥穿过了皇宫周围的护城河。

上图，图16： 剖面图展示了构建城堡基础的典型方法。

上图： 京都仙洞御所南池塘，河流岩石被用于营造洲浜石岸。

顶部右图： 熊本城主塔高高耸立在弯曲的“二样石垣”的基墙上。

右图： 干砌石墙由各种形状的石块砌成，顺应地形，划定出冲绳今归仁城迹的边界。

此得名。它在许多国家都是一种常见的建筑材料。尽管日本也有出产大理石，但并不常见且很少在建筑上使用。取而代之的是，历史上人们将大理石片用作装饰物进行展示。历史上仅在本州最西部的山口县的一个地区，大理石被用于鸟居大门、灯笼、挡土墙和庭园墙等。最初开采的山口大理石为白色，但经年累月即会褪色，类似于花岗岩。因此它从未在此地以外流行。[44]

铁平石（“扁铁石”，辉安山岩）用于建筑，但使用较少。它是一种类似板岩的石材，从江户时代末期到明治时代初期，在日本諏访地区一直用作屋顶材料，由于是分层构造，因此很容易分成板状小片，可以用作屋顶板或类似构件。

在日本传统庭园和景观中，可见的石材类型包括用于建筑的花岗岩和大谷凝灰岩，以及其他很少或从未在建筑物中使用的岩石。传统景观中有许多不同的元素——挡土墙、边界、桥梁、小路、踏石、庭院、装饰和象征性组合，以及例如水池和灯笼等装饰物。由于耐用性和普遍性，花岗岩最常用于挡土墙、边界、桥梁、小路和踏石，而其他类型的石材则可在庭院和装饰物中找到。

装饰性和象征性岩石组合是传统日本庭园的一大特色。人们依据岩石的尺寸、形状和标记进行选择。岩石组可能仅包含一种石材类型，也可能会强调不同类型的搭配。据此，庭园中常见的岩石类型包括各种花岗岩、凝灰岩、佐渡红石、石灰石、砂岩和安山岩，以及其他类型的火成岩，例如玄武岩和白云石（也称为辉绿岩），还有结晶片岩和板岩。从历史上看，具有良好比例和精美纹理的岩石极受追捧，当人们在自然界中发现此类岩石时，就会远距离运输以用于将来的庭园。[45]

日本的沙通常被称为“真砂”或“白川砂”，也被称为“细砾”。[46]砂利由碎花岗岩制成，在许多庭园中用来覆盖地面的平坦区域，并以此寓意水体。浅色的沙子或砾石可以堆砌成三维形状，例如圆锥或平台，也可以覆盖地面或倾斜，以比喻从水面产生涟漪到变为巨浪的运动。尽管碎石通常用于覆盖大片区域，但不同大小的碎石和其倾斜方式产生了纹理和视觉上的动感，于是可以创造出一定程度的细节，从而吸引观者注目。广阔的砂砾也反射阳光，将柔和的光线投射到建筑的屋檐之下，直至室内。

河岩是拳头大小的圆形软质花岗岩、砂岩或火石，在日本被称为玉石（字面意思是“球石”），通常用在庭园中遮盖水旁的低洼区域，以象征海滩（石滨），就像京都御苑仙洞御所庭园一样。它们还被用来代表蜿蜒河流中的流水，例如京都的真如苑庭园。河岩因其柔软的质地和均匀的大小及颜色而受到青睐。

泥土

在世界各地的许多文明中，人们普遍使用泥土作为建筑材料。它随处可见、取之不竭而且用途广泛。这是一种很好的绝缘材料，抗风性能强，根据使用方式的不同甚至可以挡雨。也可以将它与其他材料混合，以增加强度和耐久性，并增加材料的质感和颜色。

在日本，泥土作为建筑材料，最早被用于古代住宅的地面。坑式住宅的地面下约1米，土壤被夯实成光滑的硬质地板。即使房屋开始建在地面之上，夯实泥土地板的行为仍在延续：住宅的日常入口和劳作区域都采用泥土地面，并被称为“土间”（“由泥土构成的空间”）。

日本许多地区的民家都包含了大面积的泥土地面，可作为房屋的入口、厨房和一般性劳作空间。土间的表面是光滑坚硬的三合土，通过用水和盐卤（海水制盐过程中产生的副产品）夯实泥土而制成。盐卤有助于使泥土变硬，对其使用可能与神道教净化仪式有关，“将盐卤添加到三合土中的方式与将盐洒在相扑环上几乎相同——它净化了尘世间的泥土。”[47]

泥土也可以制成夯土墙，在木制模板中层夯实土层，以达到墙体所需的高度。这种夯土墙在日本很少见，表面原因是它在地震中不牢固，而且在日本很容易获得诸如木材这样的坚固材料。尽管如此，日本还是有很多优秀的夯土墙案例，例如那些用来包围奈良法隆寺地面的墙壁。

在传统日本建筑中，最简朴的民家和最精致的数寄屋别墅中都使用了泥土，其中很典型的是土壁（即泥墙）。日本工匠发展出数百种不同的泥浆混合物和饰面。大多数泥浆是不同土壤的组合，以获得适量的黏土和所需的颜色与质地。而土壤混合物中至少要添加沙子、稻草和水使其结合牢固。一些灰泥还含有古法黏合剂——海藻。待到灰泥充分混合后，用泥刀从镘板上取土，再将其涂抹在墙壁板条上（通常用竹条网格制成，称为“木舞”，见第107页图26）。

顶图：秸秆充当黏合剂，使粗糙的泥墙富有纹理。

中图：在桂离宫的赏花亭中，这种不同寻常的火炉使用了光滑的土质灰泥。

上图：涂鸦和剥落的泥浆赋予庭园墙壁以个性。

下图：准备用于修复墙壁的手工制作的泥球。

左图： 修学院离宫的乐只轩，细木柱之间填充了精致的泥墙。

右图，图17： 19世纪初的版画展示了工匠制作陶瓦的过程，从混合黏土到塑造瓦形。

下图： 始建于11世纪的平等院，其屋顶瓦片表现出不一致的颜色和形状，这是古法手制瓦片独有的特点。

墙面分层抹灰，第一层称为“荒壁”，字面意思是“粗糙的墙壁”，这样的表面纹理便于后续涂层很好地附着。荒壁采用厚实的灰泥制成，其中包含作为黏合剂的长条稻草和大量的沙子以增加质感。下一层泥浆被称为“中间涂层”，它虽然不如荒壁粗糙，但仍呈毛坯状，包含较短长度的稻草和细砂。“完成面”的字面意思是最终涂层，它可以富含诸多不同的纹理和颜色，从稍细的“中间涂层”到抛光且高度反射的灰泥，后者使用粉碎稻草，海藻或酪素胶将细磨干土黏结，并需要泥匠不断抹平，直至其表面变干。

在许多佛教寺院、寝殿建筑和书院建筑中，最后的灰泥层是薄薄的石灰砂浆和泥浆。石灰砂浆干燥后形成光滑、坚硬、亮白色的表面，由石灰（石灰石或贝壳中的碳酸钙）、粉碎的稻草或其他类似植物、海藻胶和水混合而成。抹面泥墙是一种通过普通材料营造耐候性墙面的简单操作，却在日本发展为一种高超的工艺。最好的墙面泥土来自特定产区，它们以其漂亮的色彩著称，或是添加了类似氧化铁的颜料，并且既可以平滑涂饰，也可以刷得略微粗糙，甚至能呈现光影。总之，泥墙颜色和纹理的组合是无穷无尽的。

灰泥还用作土间中的灶炉的饰面。炊炉由石头或碎瓦制成，并以灰泥覆盖以形成光滑的塑性表面。炊炉的便携式版本是“七轮”，这种小型炊具通常由烤制黏土瓦、泥浆或硅藻土（一种重量较轻但对水有排斥作用的沉积岩，由浮游生物和藻类的硅骨构成，可以在曾被海洋覆盖的区域开采）制成。硅藻土通长成块开采，将其研磨成细粉用于石膏混合料中，可以产生类似于石灰膏的光滑表面，并且具有粉红色的色调。

在建筑中有一种非常特殊的使用泥土的方法——将泥土与水混合塑造各种形状，并在火炉中烘烤使其硬化。日本使用最广泛的烧土材料是瓦。早在6世纪，瓦就从中国引入日本，并被应用于佛教寺庙建筑之中。不久之后，日本工匠就开始了本土化制作（见第85页图17）。屋顶瓦片先是应用于寺庙，继而传到贵族府邸，最后进入部分民家。尽管它一直是高层社会地位和财富的象征，但在江户时代，当拥挤的城市遭受毁灭性大火之后，瓦也被用作平民房屋的防火材料。

陶瓦是通过坚硬但具有延展性的湿黏土制成的，其过程先是将若干种类的干粉泥土混合，以达到适当的黏土含量，继而加水合成湿黏土。其古法是在木制模具中手工制作，以人工方式获得所需形

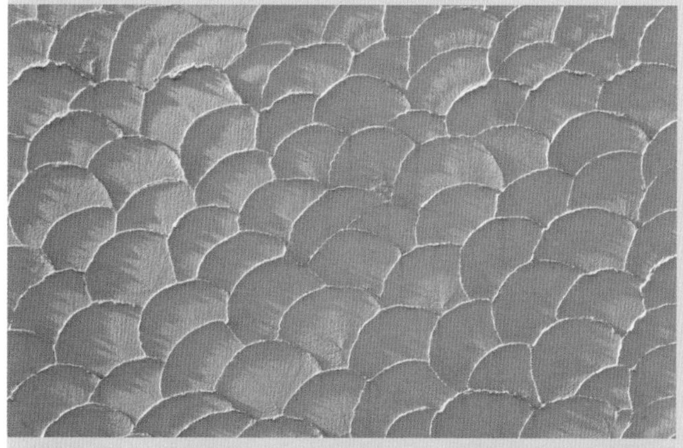

左上图： 在乘莲寺的陶瓦上，可以寻觅到古老的铜绿。

左中图： 波浪状的抹泥图案，在石灰墙上产生阴影和纹理。

左下图： 方形平瓦和夸张的灰泥缝构成了耐火的海鼠壁墙面。

右图： 围绕京都龙安寺的枯庭，天长日久，夯土墙沉淀出其横纹特质。

左上图：灰泥墙上的圆窗开口，裸露的竹格和草绳暗示了竹条一直延伸到灰泥墙中。

上图：泥匠把最后一层灰泥涂到墙上。

左图：光滑的泥面赋予了炊炉抽象的雕塑般的质感。

状和尺寸的湿黏土。而木浆用于使黏土表面光滑，待风干几天后，将陶瓦堆放在窑中烘烤直至变硬。典型的灰色日本屋顶瓦“熏瓦”并不上釉，而在烧制过程中从碳里获得其成色。不过带有釉料的瓷瓦在日本也有制造，但并不普及。

屋面瓦有诸多不同的形状，最典型的是彼此重叠的波浪块瓦，成对使用的半圆柱瓦（一个朝上，另一个朝下）和扁平方瓦。扁平方瓦可用于屋顶或部分海鼠壁表面（在这种情况下，通常陶瓦以对角网格图案摆放，通过角部洞口钉在外墙表面，瓦片间联结处填充石灰泥浆，产生防火效果）。而端瓦通常更为复杂，饰有家族纹饰浮雕或被雕刻成精美样式。那些用于屋脊末端的大型装饰瓦被称为“鬼瓦”或“魔瓦”，它们可以做得非常精美并被设计成多种不同的形状，例如恶魔、鱼儿或几何图案，还可以包含通常模仿自然物形状的家徽。广为人知的精致鬼瓦案例是虎鲸形屋面瓦，铺设在姬路城多层屋顶的端部。尽管瓦主要用作屋顶材料，但其在泥墙壁或花园小路中获得了第二次生命，形成了优美的图案和纹理。

金属

在日本传统建筑中，金属较早的用途之一是制造工具，至今仍然重要。由于日本建筑发源于木构文化，因此最初并未将金属用作建筑材料。传统上，所有的接头、连接件和支撑件是使用木材或其他植物材料制成，相比金属，它们更易于获取和加工，但唯有金属工具使加工工作成为可能。

金属既耐用又具有延展性，与传统日本建筑中使用的其他材料相比显得非常独特。石材坚固耐用，但难以延展——难以塑形且在拉力作用下表现不佳。木材易于塑造且具有一定的弹性，在拉伸和压缩受力时都表现优异，但其强度取决于大小和形状，只有大型构件才能发挥效用。大型木材可以使用许多个世纪，但必须保护其不受气候侵袭。其他诸如竹子和稻草等植物材料具有很好的延展性，但并非经久耐用且不能用于大多数结构。泥土具有延展性，在烘烤后持久耐用（不再具有延展性），但由于其抗拉和抗压强度均较弱，因此很难在结构上使用。然而，金属却兼具耐用性和延展性，提供了许多其他材料所不具备的潜能。但是历史上将金属矿

石加工成建筑材料需要巨大的工作量，从而使其应用极为困难，相比而言，木材更为普遍且更易于加工。

一般认为金属加工技术是在弥生时代从中国和朝鲜半岛引入的。尽管用于制造钢具的铁矿石数量不多，但矿石在日本许多地区自然存在。精炼矿砂的过程始于炉窑熔炼，以形成“坯块”（海绵铁）——海绵状铁和炉渣，内含一些碳素。若坯块的铁含量过低，则因玻璃微结晶体含量过高而强度变弱；而铁含量过多则会成为铸铁，太脆而无法塑形为工具。通过一系列的锤打、加热和淬火，坯块最终可转化为工具的基本形状，比如接下来可用于制作锯片、锤头、凿子和刨片。

日本发展出使用两种不同强度的钢来制造工具——在较软的铁芯上附着高碳钢，这成为日本金属制品的标志。其内芯柔韧可塑，而外部高碳钢越坚硬，其锋利刃口则更经久耐用。由于这种金属结合，加上日本研制的钢层压工艺，使其以生产高质量工具而闻名。也正是由于工具是工匠身体的延伸，日本工匠们得以磨炼卓越的技巧，因此工具也是传统日本建筑发展的重要组成部分。

从中国引入佛教寺庙建筑之后，金属除了用作制造工具，也被应用于建筑之中，尤其是青铜。中国佛寺建筑融合金属的方式既具有装饰性又包含了功能性。例如从早期的佛教建筑开始，木椽子的裸露末端有时会用装饰性金属板（小口金具或木口金具）扣盖，通常采用青铜材质。这些盖板有助于防止木材末端肌理吸收水分，可以延长木材的使用寿命并提高屋顶的装饰美感。从同一时间开始，装饰有青铜带的厚重木板门就用枢轴合页悬挂在金属座之上了，合页和金属带通常带有几何和花叶图案。另外，柱子底部的金工制品也体现了对细节的关注，这在传统建筑中尤为典型。

金属也被用于与建筑关系密切的雕塑，尤其是青铜雕塑。在某些情况下，雕塑甚至是建筑建造的起因，例如8世纪奈良东大寺的大佛殿。这座15米高的巨型镀金青铜佛像需要一个同样巨大的建筑来容纳。当1709年大火后重建这座建筑时，房子的长度已经缩短了三分之一，但为了容纳佛像，新建筑保持了其原有高度。尽

远左图：厚重的金属箍加固了巨大的木柱底座。

左中图：装饰性金工覆盖了京都二条城二之丸御殿的椽子侧端和接缝。

左图，图18：平等院凤凰堂瓦屋脊的两端装饰着精美的凤凰铜雕。

管其规模减小，但大佛殿仍然是世界上最大的木质建筑[48]。

佛寺由中式转变为寝殿风格，但建筑物中对金属的使用方式却并未发生明显变化，金属仍主要用作器具——合页和配件，以增强房屋的使用效果。但同时也增加了装饰性元素，金属杆和吊钩用来固定向上铰接的木格百叶窗，这种窗子最初出现在寝殿风格的建筑中，后来也用于书院风格建筑。金属继续被用于制作建筑物内外的雕塑，宇治著名的平等院凤凰堂设有两尊装饰性凤凰雕塑，位于屋脊两端（见本页图18）。铜雕精致，振翅欲飞，更强化了建筑的轻盈特质。

当日本建筑向书院风格和后来的数寄屋风格过渡时，金属装饰物继续用在上层阶级的府邸、寺庙和神社之中。铁、铜鎏金和铜等各种金属开始用于节点盖板和门环，既实用又具有装饰性。比如装饰性钉子盖板的日语为“钉隐し”（直译为“钉子隐藏器”），将其放置在金属钉头之上，而钉子的作用是将梁柱连接。由于这种盖板通常被装设在接近眼睛的高度，清晰可见，所以以某种方式对其进行装饰合乎逻辑。数寄屋风格建筑中的典型钉子盖板被装饰为半球形，或是四瓣、六瓣及八瓣的花朵。有时钉子盖板也用于覆盖木板门上的钉头。

与之类似，滑动门拉手以及一些铰链门配件开始采用金属制作，取代并不耐久的木质元件。装饰性门拉手过去用于书院风格建筑，但在数寄屋风格建筑中则变得更加精致。一些金属门拉手被做成简单的矩形，而另一些则采用程式化的花朵或叶片形式，有时具有与钉子盖板相同的主题，反映出在数寄屋风格建筑的材料和装饰中普遍存在的与自然的联系。

第三部分

建筑

障子密格网
且凑双瞳定睛看
屏外雪茫茫[1]
正冈子规（1867—1902年）

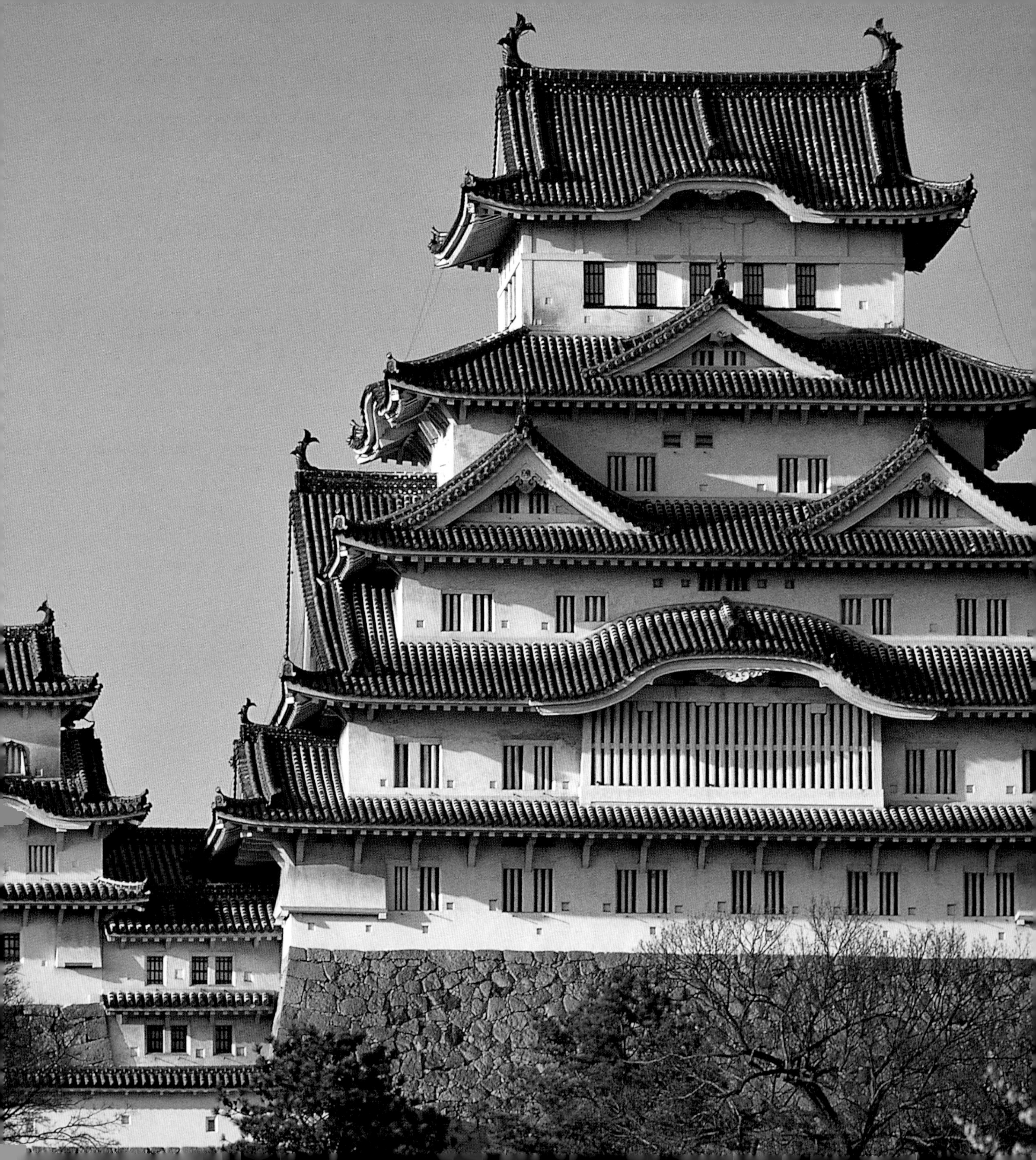

第八章

屋顶

在传统日本建筑中，屋顶是最主要的视觉元素，它通常非常高大，屋檐伸出部分较长并柔和地向上弯曲。它是庇护所和社会地位的有力象征——屋顶越大代表屋主财富越多，权力也越大。显而易见，从早期的平地式和竖穴式住宅到庄严的书院风格和数寄屋离宫建筑，屋顶一直是庇护所的必要元素。平地宅屋顶直接落在地面上，与竖穴式住宅的屋顶一样，既用作屋顶又用作墙壁，其室内柱子撑起高于地面的横梁，椽子倚靠横梁并直接落地。此时的屋顶纯粹为功能而设计，它围合空间，遮风挡雨，足够巨大，在其下人们可以维持日常生活。随着住宅的发展，屋顶从地面上移开，升举到梁柱木框填充墙之上。巨大的屋顶尺度和屋檐悬挑建立起了室内室外强烈的视觉联系。

房屋逐渐扩大，屋顶也随之增大，以容纳室内更多的活动。历史上，屋顶形式始终适应当地气候，并反映了当地可用的建材类型（见第58页图10和见本页图19），尤其是民家的屋顶形式。在寒冷多雪的地区，房屋有着高大陡峭的屋顶，其上覆盖着稻草秸秆，围合出二至四层的空间。

在多风气候下，修长且低矮的屋顶遮盖单层空间。屋顶经常以木瓦或木板覆盖，上压石块。在本州中心地区发展出独特的屋顶形式，例如“兜”或“盔”式，它们已成为独特的区域象征，体现了当地民众的富足与创意。

由于屋顶的主要用途是抵御气候（阳光、风、雨和雪）和自然（野兽、昆虫和其他生物）带来的损害，故其基本形式追随功用。屋顶大小需要容纳日常生活中所必需的功能，且最终融合深远的屋檐，从而为从室内地板延伸出的开敞式露台或游廊遮阳避雨。露台和长檐组合构成横向框架，以从建筑物内部观看庭园。

屋顶的坡度设计旨在抵御雨、雪并大风，且需有助于建筑通

90—91页图： 岐阜县高山市宁静的高山阵屋。

对页图： 宏大的姬路城层层叠叠的瓦屋顶。

顶图： 青莲院宽大的桧皮葺木瓦屋顶。

上图： 层层雪松薄木瓦勾勒出京都御所“诸大夫之间”屋顶的平滑曲线。

下图，图19： 典型的民家屋顶包括：（1）双坡顶；（2）四坡顶；（3）折线顶（4—6）组合顶。

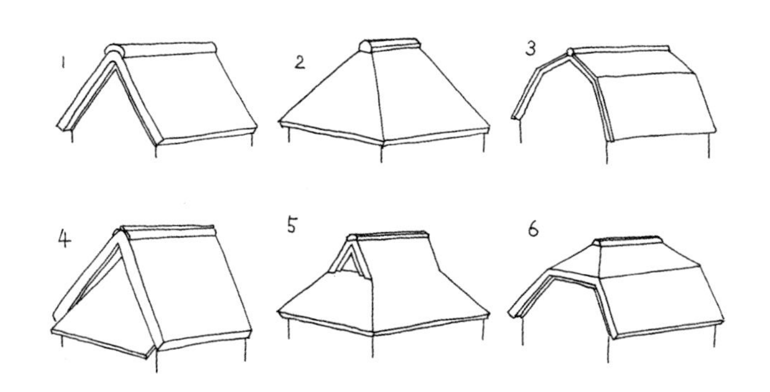

风。在寒冷的天气，烟雾聚集在高大屋顶的最上端。而在温暖的气候里，风从倾斜的屋顶下穿过敞开的墙壁。

最初的屋顶面既平坦又笔直，没有夸张的曲线，以便于建造。随着6世纪中国佛教建筑的引入，这种最初用于佛寺的弯曲屋顶受到贵族府邸的欢迎。但随着时间的流逝，曲线逐渐失宠，大多数屋顶都采用平直的坡度建造，尽管在一些贵族府邸中可以发现直顶、曲顶和尖顶的组合，例如京都仙洞御所的大宫御所入口（原建于17世纪，1854年大火后重建）。尖顶的屋顶（轩唐破风，见第216页图47）是在平安时代从中国引入的，被用于寺庙、大门和贵族府邸，特别是用作标志正门的一种方式。[2]

左上图： 昂贵的永久性材料（较低处的陶砖屋顶）与更经济的临时性材料（上层稻草屋顶）的组合。

左中图： 一座民家的屋顶，石头压在固定木瓦的板条上。

下图： 在这座修建于18世纪的冲绳建筑的屋顶上，一尊陶瓷狮狗兽守护着整座宅邸。

屋顶覆材因地而异，反映出当地可获取的材料。茅草、木墙和轻质木板是早期屋顶常见的材料。后来，粗糙的材料变得更加精致，例如桧树皮瓦和薄木瓦为寺庙、神社和贵族府邸增添了优雅气息。屋顶材料也反映了外来影响，特别是随着中国佛教建筑的出现，中国和朝鲜半岛的木匠在日本建造了第一座佛教寺庙，并带来了一种新型的屋顶材料——陶瓦。这种坚固、耐用且持久的材料适应日本气候，瓦屋顶已成为传统日本屋顶的典型代表，并沿用至今。

几个世纪以来，屋顶的结构和设计经历了许多变化，但当时间来到16世纪，产生了为茶道而生的“侘”风格，至此屋顶设计周而复始，兜了个圈回到原地。这些茶室溯源至民家和隐士小屋的“原始”建筑形式及材料，从树林莽原中的造型和构造中找寻灵感。这些小型构筑物通常以精美的茅草屋顶为特色，或是采用简洁的竹竿将大块茅草固定在屋脊之上。使用“原始”材料的想法是一种质朴的优雅，是对与大自然紧密联系的极简生活的回归。然而精巧的工艺和饰面质感又使得茶室呈现出卓尔不凡的境界。

结构

在日本，最早用来支撑永久性房屋的屋顶结构仅比简单的坡形结构略显先进。地坑式建筑（也是竖穴住宅）内置了简单的梁柱系统，其中四根圆柱被埋入圆形或长方形凹坑的中心（见第22页图3），用以标记地坑的角落，同时支撑四根梁。椽子从地上升起，倾斜地倚靠横梁。主要的椽子构成山墙立面，或许也支撑着屋脊横梁。次级椽子则在建筑物周围形成裙边，并提供结构以固定茅草屋面。随着房屋的发展和空间扩大，地板和屋顶被抬离地面，因此需要更复杂的结构支撑系统。但建筑物仍然基于梁—柱—墙系统，屋顶结构逐渐发展为各式桁架系统，有效利用了日本现成的木材供应。

上图： 高山市吉岛家住宅的室内空间，巨大的梁柱间呈现出复杂的结构层次和隐藏的细木工艺。

上部顶图： 西明寺群落中的庭园凉亭，有着不同寻常的伞状木制天花板。

上部中图： 大德寺子庙——兴临院的曲梁。

上部下图： 层层斗拱支撑着奈良东大寺南大门的挑檐。

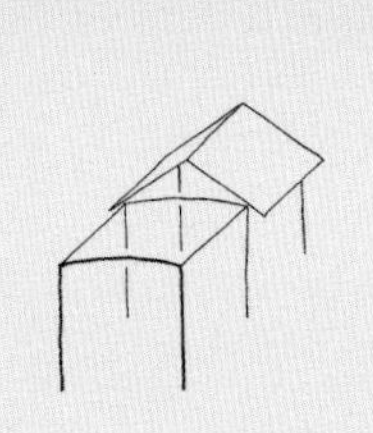

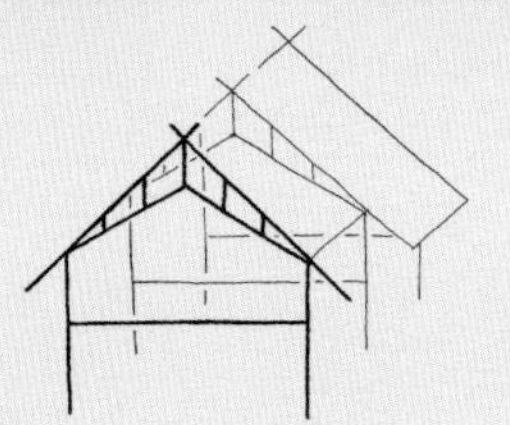

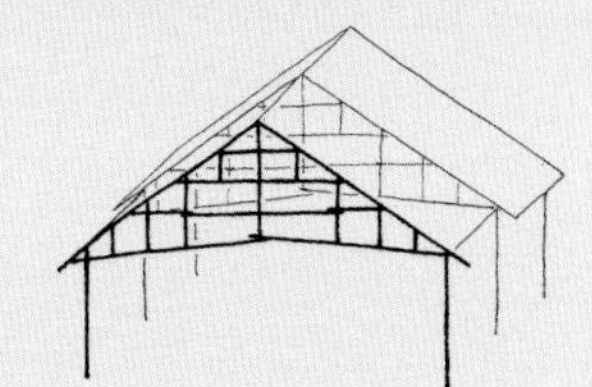

右图，图20： 典型民家屋架系统，从最简单的梁柱结构直到复杂的“和小屋”桁架。

两种最常见的屋顶结构形式（尤其是在民家中使用）是“倒U式”和“升梁式”[3]（见本页图20）。所谓倒U式结构，两根柱子支撑屋顶梁架，并由附加梁相互连接，从而创建倒U式的框架。每个倒U式框架都含有着较矮的支柱，其长度在梁中心处最大，(该处同时支撑着屋脊梁)，越向梁边则变得越短。短柱支撑檩条，檩条在结构的水平方向延伸，连接框架并支撑椽子（垂木），而椽子又支撑着屋顶的下部结构。

在升梁式屋顶结构中，首先，位于天花板的梁连通两根柱子，共同形成框架。柱子继续延伸到梁之上，支撑起贯通房屋的纵梁(垂直于剖面)，连接榀榀框架。这些平行纵梁继续支撑登梁，登梁从柱顶的纵梁延伸到内脊梁，地栋则由建筑物山墙端的高柱支撑。登梁继续支撑其上的束柱和檩条，托起椽子和屋脊梁。

在更复杂的“和小屋”屋顶结构中，桁架、束柱和檩条一起支撑椽子。低处束柱支撑中间檩，中间檩又撑起附加束柱。这些桁架系统的木构件不使用五金件连接，从而创建了灵活的柔性结构，可以抵御地震活动和风雪带来的冲击。

许多仓库有着不同寻常的屋顶结构。通常仓库具有双层屋顶用来防火，屋顶间是空气间层。这两层屋顶均由木材制成，内部屋顶完全涂覆石膏以进行防火，遮蔽其上的是外屋顶，覆盖陶瓦、木瓦或茅草。一旦发生火灾，即便外屋顶的木质结构燃烧，但内屋顶仍将完好无损。同时，外屋顶的荫蔽、屋顶的通风间层及厚实的抹灰墙壁能够使建筑物内部保持清凉。

建造

如前所述，典型的传统日本建筑屋顶往往覆盖陶瓦。自陶瓦从中国引入以来，日本建筑的瓦顶变得非常普遍，其耐久性使其流行于诸多不同的建筑类型，无论是在贵族府邸和仓库、寺庙和神社，还是在城堡和茶室，无论是单独使用，抑或是与其他材料结合。最初的陶瓦对普通百姓来说太过昂贵，而后来，江户时代的禁奢法令规定在许多建筑类型上不得使用陶瓦，从而强化了与陶瓦相关的特权意味。然而，还有许多其他材料也用于覆盖屋顶，且每种材料都有其独特的品质。

常见的民家屋顶面层材料是稻草，有时也采用芒草。成捆的稻草通过草绳（也由稻草制成）绑扎，层层覆盖后其厚度可达60厘米甚至更多，从而实现保温效果并抵御自然灾害。从历史上看，修建葺筑屋顶在社区中是一个重要事件。社区居民集体劳作，收集并干燥稻草，然后每年去葺筑几座房屋。铺葺茅草的日子里充满了节日般的气氛，此时村民们还得以交换信息。茅草屋顶通常可以续约使用约二十年，因此社区会轮换修葺房屋，以确保每栋建筑物都能够按时更换茅草屋顶。

其他经常使用的屋顶材料还包括两种木瓦，分别采用锯开和劈开的加工方式，它们常由桧木制成，有时也会使用柏木或柿木，并用竹钉固定在屋顶的适当位置。而压牢竹瓦则采用一种不那么精致的方式，通过木制或竹制压条固定，并用石块压顶。无独有偶，木板屋顶使用相同的石头压顶方式（见本页图21）。木板平行于屋顶边缘并彼此重叠，顺应屋顶坡度。还有一种更精致的是木瓦屋顶，它采用从活树上精心收集的柏树皮，厚厚的屋顶层以竹钉固定，可达18厘米。[4]而另一种杉树皮的使用寿命比茅草还要长，而且由于多层结构，其密度也远大于木瓦。另外层层树皮具有柔软的雕刻质感，更强化了屋檐的曲线。

通常，屋顶表面由多种材料构成，屋脊是抵御天气影响的最薄弱的屋顶位置。一个丰裕的家庭往往采用陶瓦加固茅草屋顶的山脊，并通过砂浆固定，木瓦和树皮的屋顶也可以采用相似的瓦脊。另外，茅草顶的屋脊还可覆盖草捆，并用竹竿或木板甚至植物固定。比如日本的屋顶鸢尾就因种在民家屋脊之上而得名，其用意或许是抵御邪灵和疾病。[5]此时厚厚的土壤和植物根脉的确吸收了雨水，并阻止其渗入屋顶。

当主要屋顶覆盖一种材料（例如树皮或陶瓦），而较小的辅助屋顶则可能覆盖另一种材料（木板或后来的金属）。从江户时代开始，铜这样的金属材料被用于铸造屋瓦，并且最初通常与其他材料结合，用于城堡、神社、贵族府邸等房屋类型。组合材料可以增

上图： 京都天龙寺的禅堂，屋顶光滑的圆柱形陶砖强调了屋脊和接缝。

中图： 东大寺大佛殿，高耸的屋顶仿佛飘在树尖之上。

下图： 京都清水寺楼门，复杂的屋架结构撑起层层紧密排列的椽子，而椽子支撑起厚重的楼门长屋檐。

底图，图21： 一个不同寻常的民家屋顶，它利用石头的重量来固定木条和木瓦。

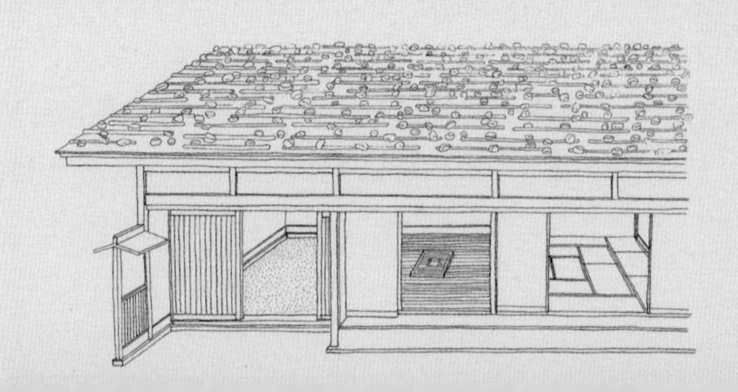

加建筑物的视觉趣味性，尤其当将其用在茶室中，几种不同的屋面材料可以表达空间的层次。

开口

由于屋顶的主要功能是抵御不利气候，所以开孔本质上破坏了其用途。尽管通风和采光开口具有益处，但也始终存在漏水以及损害屋顶耐久性的可能。因此尽管许多传统日本建筑过去经常发生火灾（尤其是民家），但屋顶上却缺乏排烟开口。对于一些没有屋顶开口的民家来说，烟雾往往聚集在室内屋脊之下，这样的好处是烟雾将昆虫拒之于茅草之外，积聚的碳也有助于保护木结构，但民家的室内却始终烟雾弥漫。其他一些房屋则在山墙的高墙处设置通风格栅，这种格栅也可以在组合歇山顶的屋脊下方安装。有时沿屋脊中心布置的天窗可以提供通风，但排烟口通常很小，在炎热的天气里，墙壁洞口的横向通风可能性更大，而非屋顶开口的垂直通风。

通常，专门用作采光的屋顶开孔甚至比通风口还要少。实际上，爱德华·莫尔斯在19世纪晚期对日本传统住宅的全面研究中，对“排烟口”进行了深入的分析，但并未提及任何一个屋顶采光孔的案例。[6]相反，对于传统的日本建筑，光线是通过墙窗从侧面引入室内的。有些建筑配有庭院，一些非常小的室内庭院被称为坪庭。这些庭院没有屋顶，所以光线和气流可以流通至邻近的空间。像这样的庭院是町屋联排别墅的一个共同特征——既长又窄、彼此相邻，在长侧墙（联排住宅共用墙）没有留下足够的开口空间。

在飞驒高山市的吉岛家住宅商店中，有一个很好的采光口实例。这是一座很典型的城市高阶商人住宅，改建于1905年的大火之后，其内部具有高宽敞的空间和令人难以置信的裸露木结构。[7]室内天窗并非置入屋顶，而被设置在屋顶下方的高墙上，由一个简单的格栅覆盖，并通过绳索和滑轮系统进行开合。当天窗降下时，柔和的光线从层层的束杆檩条中透过，更强化了这种令人惊讶的高大空间。

一些传统的茶室屋顶上开有天窗。其外部覆有紧密贴合的木质百叶，它们铰接在一起，使光线透过油纸屏（油障子或雨障子）进入。茶室偶尔有两扇这样的天窗（例如京都桂离宫的松琴亭），使滤过的光线进入室内的空间。

上图： 出产于当地的木材、茅草由稻秆绳索进行结合，组成一个既实用又美观精致的民家屋顶。

右图： 位于日本冲绳岛北中城村的中村家住宅屋顶的通风口，其屋顶陶瓦接缝经过精心设计以营造氛围。

底图： 吉岛家住宅位于高山市，由清酒酿造商店和住宅组成，在其高大宽敞的室内空间里，一个由绳索与滑轮构成的组件可以升降高窗处的障子门。

第九章

基础

许多日本古老建筑的地基都采用了最基本的材料——泥土。竖穴住宅的地坪下沉，支撑木柱直接埋入地下。弥生时代的一些房屋也许并未下沉，但立柱埋入地下，并以一堵夯土矮墙作为周边围墙的基础。[8]至于弥生时代的升举式仓库，它们的木地板远高于地面，被埋入地下的圆柱所支撑。三重县纪伊半岛的伊势神宫也采用了类似的结构，其历史可追溯至3世纪末。在其施工过程中，首先挖洞并准备岩石基础，然后用原始的打桩机将圆柱打入地面。

随着6世纪佛教及其相关建筑的兴起，一种新型的基础开始使用。石阶平台（见第100页图22）将木结构托离地面，其高度和坚固性增加了建筑物的纪念意义。尽管平台是这类建筑的主要基础，但却不是传统日本建筑中使用的唯一基础类型。大多数住宅的木柱放置在分离的石头底座（础石，见第102页图23）上，墙壁则落在连续石墩（见第103页图24）托起的木栈（土台）之上。后来，日本几乎所有类型的建筑物都使用这三种类型的石材基础，单独设置或组合使用。

对页图：京都金福寺的芭蕉庵茶室，覆有树皮的柱子置于形状各异的岩石之上。

顶图：夯实的土间地板上放有一块基石，支撑着粗木柱。

中图：滑动隔板的地轨置于成排的小石块上，形成了连续基座以及高低地板间的门槛。

下图：土台地板经过雕刻和切割以契合圆形的基石。

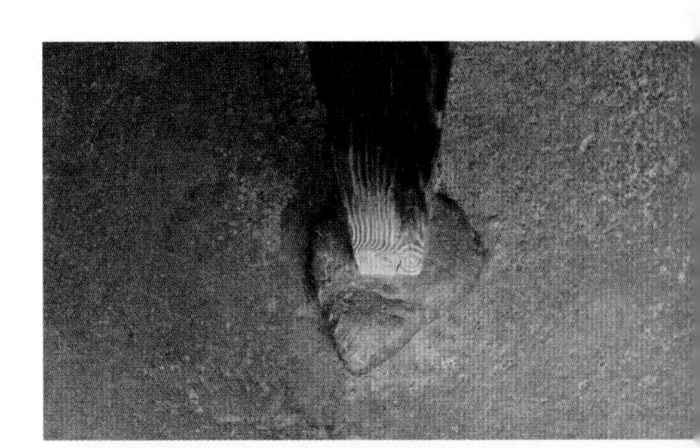

基座

从中式建筑衍生而来的日本房屋通常建在石制基座上（图22），尤其是重要的佛教寺庙，例如奈良的法隆寺和药师寺。这种由石墙支撑的大型高架平台既是建筑物的基础，也是日本最早使用的石材地基。[9]石墙通常从地表开始砌筑，由紧密贴合、不施灰浆的大石块组成，通常有几步之高，甚至可达两米以上，它们界定了基础的轮廓。在最早的阶段，石墙内部区域的土层会被挖出，然后填充夯土直到墙体顶部。但到了接下来的奈良时代，人们不再挖掘石墙内部区域，仅以夯实的沙子和黏土填充，接下来，要么在

左图：法隆寺大讲堂，高于地面，立于石基之上，基座中部设有楼梯，这些是佛教寺庙建筑的典型特征。

左下图：石基座上的圆雕柱础，支撑起厚重的木柱。

中下图：一个简单的圆形基石将木柱抬升到基础表面上方。

右下图，图22：石材基座剖面图，展示了土堆被保留在石墙和地板之内，石地板上设有础石。

对页图：熊本城主塔基座由大石块和用于填充的小石块组合干砌而成，呈现出向上弯曲的曲线。

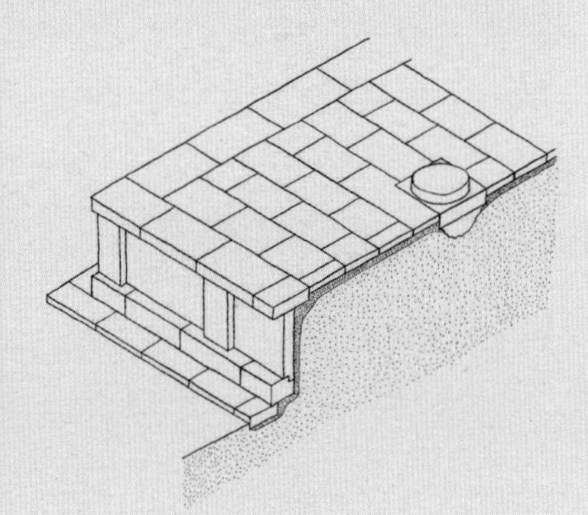

其上铺设一层石灰硬化夯土，要么在其表面铺设石块或方瓦。[10]

由于日本气候潮湿，有必要通过基座将建筑物垫高于地面之上，以避免木结构与潮湿的土地直接接触。[11]在视觉上，基座尺寸有助于平衡屋顶的体量感，从而营造出比例协调的建筑。基座不但强化了建筑的纪念性，同时也增强了佛寺这般巨大木结构所彰显出的力量感。由于基座使建筑高于地面，朝拜者需要走几级楼梯方可到达寺庙的入口，这种爬升的动作旨在增加朝拜者与建筑内部之间的距离感。基座的高度突显了寺庙建筑群中建筑和空间的等级，通常各个建筑的基座高度不等，表现了它们的相对重要性。通常金堂（字面意思为“金色主殿”）是基座最高的建筑，其中央大厅供有佛像。

石台基础因其较大的面积，需要使用大量石块，必须仔细加工以制成严丝合缝且形状完美的侧壁和顶面。由于大体积建筑物自重较大，大多数寺庙还在平台内，为每个主要柱子设置石质底座，并在所有墙壁下均设有石块连续基础。这种情况下，平台既是建筑基础，又相当于第二层的地面，更增强了信徒们“远离尘世，步入圣域”的意念。从结构角度来看，圆柱的重量集中在础石上，墙壁的重量则集中在连续基础之上。

日本建筑逐渐去除中国佛教建筑形式的影响，发展为纪念性减弱但仍充满正式感的寝殿风格，石台基础也随之发生变化。它并没有立即消失，但在建筑审美中扮演的角色逐渐减弱。中期寝殿风格建筑的基座高度降低，往往下降到离地面仅几步之高。此外并非每座建筑都设置基座。由于室内离地面更近，建筑内外的联系更加紧密，位于屋子内外的人可以方便地看到彼此，进行交谈。

在书院风格建筑中，石材基座的使用率明显下降，其高度减小到略高于（或等同于）地面。在一些书院建筑中，基座甚至整体消失了，取而代之的是视觉上更强调升起感的木地板。而在后来的数寄屋风格建筑中，石阶终于完全消失了，采用了其他形式的基础。

在16世纪末和17世纪初，日本城堡建造者采用了石基座的概念，并以夸张的方式大大增加其高度，从而增强建筑群的中央权力

感（见第82页图16）。日本城堡的多层建筑常建在山坡上，或是寻觅专属建造的高地来修建。由于这些城堡由封建领主（大名）建造，相比于其防御功能，更是为了彰显权力和财富，因此高高的基础具有重要意义，它不仅物理性抬高建筑物，更为增强人们感官上对高度的认知。

城堡石材基座的陡峭侧壁通常略微弯曲，从而形成了从地面到建筑的美丽过渡。尽管使用许多不同大小和形状的石头建造，但它们却紧密扣合、严丝合缝，这样的基座侧壁能够有效地阻止攀爬。基座还被建得非常高，如姬路城基座就高达15米。[12]基座之内通常被设计为错综复杂的路径，围合的死胡同和曲折转道能够诱骗入侵者。

由于基础墙壁太陡无法攀岩，侵略军只能沿着围墙勾勒的小路进入城堡中心区域。从而使得守军能够确切地知道入侵者将会如何行动，以及如何能到达比较容易防御的方位。尽管只有一些原始城堡保存了下来（大部分毁于大火或战争），但是石头基座仍然见证了建造工匠的高超技艺。

基石

用基石（础石，字面意思是“基础石”，见第102页图23）直接支撑圆柱的基础最早发展于7世纪，是日本传统民家最常见的地基系统。[13]在一些建筑中，基石与连续石基结合使用，而另一些寺庙、神社和类似建筑物的基石则设置在基座之上。由于其强度和耐用性，花岗岩最常被用作基石，尽管也使用其他类型的石材，尤其是安山岩和凝灰岩[14]。

基石的原理非常简单，每个主结构柱都位于独立基石之上。看起来像是嵌入地面或位于地面之上，但典型的基石其实落在深坑中的小石台上。而木柱则通过简洁的榫卯节点与石材连接。通常榫眼（用于容纳榫的孔）雕刻在基石内，榫（销状的突起）则位于基石圆柱底部，尽管相反的情况也会存在。由于日本频发地震，与底座缺乏连接的圆柱很可能脱离。榫卯结构具有弹性，同时保持了立柱和底座的紧密联结。

根据建筑物的仪式感等级，基石可以采用不同的形状。在类似庙宇和神社等正式建筑中，基石可以是纯几何形——正方形或圆形，其侧面或直或曲、精心雕琢，完美的圆形或正方形圆柱直接落在基石中心。在8世纪，基石的形状非常正式，但是到了16世纪，华丽雕琢的几何形和比较自然的形状已经都很普遍。雕石主要用于寺庙等正式建筑，而在非正式的数寄屋建筑中，基石则具有更自然的外观。人们通常会选择保持原始形态的石头，不对称且具有粗犷的纹理，并且每根木柱的底部都经过切割，以匹配基石的上表面。这个小细节显示了日本传统木匠的独特技能——重视材料的自然品质。

在日本，一幢传统建筑的建造始于垒放基石，然后在其上组装梁柱等主要结构框架。传统日本建筑中常将立柱放在独立基石之上，以便在地表以上设置地板。支撑地板的木头连在基石上方的柱子上，将地板抬离地面实现自然通风，从而使居住空间位于潮湿地表上方，可以远离啮齿动物和昆虫。当地板从8世纪末开始抬升后，大多数柱式底座变得不再可见，且底座的形式也得到了简化。[15]从室内看出去，地板通过游廊一般的缘侧延伸至室外，似乎是漂浮在大地之上。从外面看，整个景观在缘侧下方连续，给人以建筑物像是轻柔触地的印象。

在其他如连续石脚或台座的基础系统中，建筑物与土地之间的关系往往更加显眼，因为建筑墙壁直接和地表（或是像台座这样的人造地面）相接，其基础并未被缘侧隐藏。

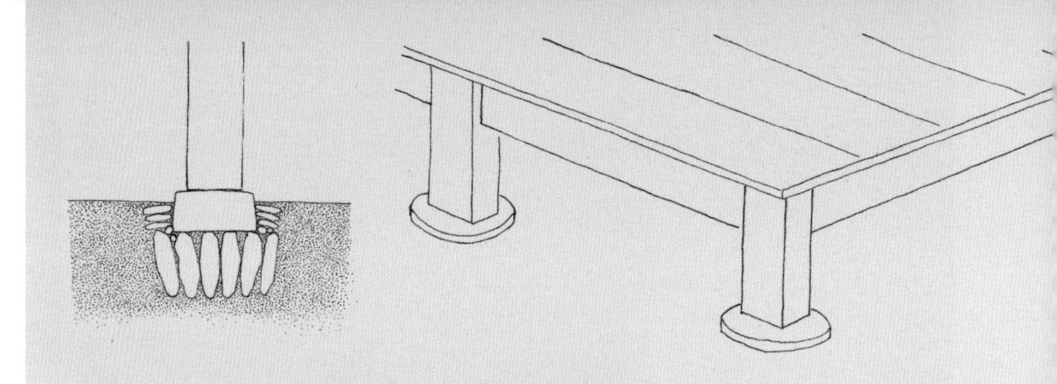

顶图，图23： 剖面图和轴测图展示了基石系统。

中图： 一块裸露的圆形基石将木柱从地面上托起，避免潮湿土壤的侵袭。

下图： 数寄屋风格的桂离宫松琴亭，茶室柱子基石位于一组石块之中，这些不规则石头的风格类似。

底图： 竹富岛，珊瑚石充当方木柱的基础。

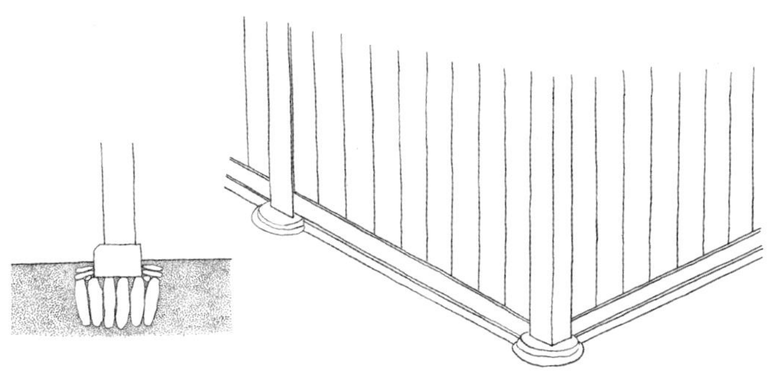

上图： 一排低矮石块构成连续基脚，支撑着宽大的木梁，并被承受结构柱重量的更大的石块打断。

左图，图24： 剖面图和轴测图说明了如何通过连续基脚来支撑柱子和底板。

右图： 粗犷石块和微小间隙构成了民家的基础。

底图： 光滑的矩形石头彼此相邻放置，形成寺庙中的连续基脚。

连续基脚

连续基脚（见本页图24）可由许多中型石块构成，或用若干切好的长条料石排成线，并使其稍稍凹入地面，形成墙基。通常，水平木地梁或门槛板直接放置在基石顶部。在某些情况下，用于灰泥墙的板条可以直接建在连续石材基脚上，而灰泥直接涂覆至石材顶部。连续立脚基础常用于独立式庭园墙壁或中小型建筑，与基石和地梁结合使用，以连接并稳定立柱。

这种基础与石基或基座系统的主要区别在于，建筑墙壁几乎降到了地面上而非悬于其上。但与其他基础一样，其实际地板仍被抬高到地面以上，地板结构位于底板上方，连接至立柱，这样就能实现架空地板远离潮湿地面的效果，但与此同时，建筑物似乎与地面产生了联结。

许多民家都采用这种基础系统，它们通常将较大的基石并入成行的基脚之中，以承载立柱的重量。由于居住于民家的村民经常自己动手建造，因此常常使用熟悉并容易获取的工具和方法来建造该基础系统。其构建简单明了，首先挖掘一条浅沟，并将石头排成一排。在石头底部填土使其固定在适当的位置。然后将主要结构柱立于基石之上，并把木底板坐在柱间的连续基脚上。

与基石和台座系统不同，这种基脚基础类型的一个缺点是，由于墙壁靠近地面可能会遭到损坏。通常墙壁上会涂覆泥土或石灰石膏，其抹平后光滑的表面可以阻挡一定的水分浸入。但当墙壁靠近地面时，大雨常常溅出并最终被墙皮吸收，随着时间流逝可能会损坏墙壁灰泥及木质底板。因此，在频繁雨雪的区域常用永久性木板或层层树皮保护墙基，由成捆茅草制成的临时性墙裙也会根据季节时令，倚靠在墙外。

第十章

墙壁

传统日本建筑以采用裸露的重木构架而闻名（见本页图25）。在这个建筑系统中，结构的构成得以清晰表达，主要的梁柱都暴露可见，实心墙或活动隔断墙填充了框架之间的空间。这种表现结构的方式通常会增加建筑物的纪念意义，例如像法隆寺和药师寺这样的大型佛教寺庙。这种结构还可以增加基于自然的美学感受，这在传统茶室和离宫别苑（如桂离宫或修学院离宫）的数寄屋风格建筑中显而易见。因此，建筑物的裸露骨架既是结构又代表着美学。

日本是一个森林茂密的国家，故木结构建筑得以广泛使用并发展成为一门非常精美的艺术。不同于佛教寺院、书院风格和数寄屋风格通常所采用的精致木材，一般民家只是粗略砍凿木料，这样不仅彰显了结构力量，也展现了树木的生命力与自然之美。为了支撑三层居住空间和较大的屋顶，大型民家通常具有比较复杂的结构系统。有经验的木匠可以营造出复杂的桁架结构，结合木材的自然弯曲与形态，顺应其天然应力并加以利用（见第139页图36）。

像伊势神宫这样区分内殿和外殿（内宫和外宫）的早期建筑，其设计也清晰地展现了木框架结构。在神社建筑二十年的寿命中，精美的日本桧木梁柱随着时间的推移变为优雅的银灰色。伊势神宫的建筑有不同寻常的特征，其支撑屋脊梁的主要柱结构并非像大多数传统日本建筑那样立于石基之上，相反，立柱直接嵌入地下。这一细节可以追溯至早期的穴居和高架仓库基础系统，却仍然很好地在伊势神社发挥作用，这是因为神社建筑每二十年就会完全重建一次，柱子的破损程度较小。然而由于柱子在嵌入地面的地方会不断受到湿度的影响，因此，若将其与潮湿的土壤分开，它会维持更好的状态。

尽管在中国佛寺传入之前，日本已经存在木框架建筑，但寺庙结构使以前的建筑技术发生了重大变化，帮助提高了木工技术水平。这些木匠在日本第一批庙宇中使用的技术，使日本木匠能够建造比以往更大尺度的建筑。[16]其特征是使用巨大的木材，给人以力

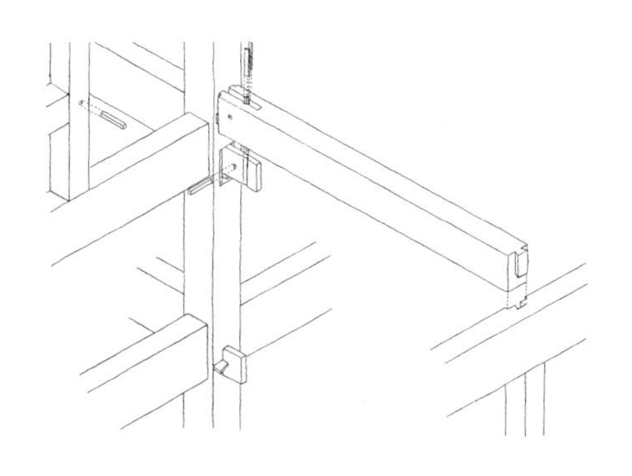

对页图： 柱梁组成了网格结构，这一框架内填入灰泥墙，并支撑起上下的滑门轨道，包括图中最左侧悬柱吊起的顶轨。

左图，图25： 一个典型的梁柱结构，将多种不同形式的联结件进行组合，有的通过接头构建固定，有的则使用木销。

右图： 透过一处私宅，可以看到层层的表现性结构。

左侧顶图： 精美的木纹板镶嵌在整齐排列的框架结构中。

右侧顶图： 墙壁设计精心考虑了材料、颜色与质感的组合。经过使用与时间的流逝，木格滑动门、下见板及灰泥墙均展现了光泽之美。

中间左图： 这处民家使用弯曲树干作为结构。粗糙的泥浆将竹板条、粗木板填入了结构构件之中。

中间右图： 白色的石灰泥墙置于深色基调的木结构中。在白天，雨户遮板被收起，露出半透明的滑动障子门和室内空间。

上图： 沿轨道滑行的障子门可被全部拆除，从而打开内部空间，并对附近的园林景色进行框景设计。

量感，展示佛教的集中权力。

梁柱的美感尤其体现在最重要的柱子上，比如房屋的中心柱大黑柱，床之间装饰凹室的床柱，以及茶室里靠近炉灶的中柱。大黑柱尺寸夸张，通常采用不同于其他结构柱的木材制成。床柱和中柱通常具有轻微的弯曲或美丽的质感，使其成为空间焦点并赋予空间以自然之感。

填充墙

建筑的梁柱间被实墙填充，其颜色和纹理增强了传统日本建筑裸露结构的表现力。这种墙壁由竹制板构成，层层灰泥涂抹其上，最后涂覆石灰或泥浆。墙壁可以反出当地或红、或黄或绿的土壤颜色。这些精致墙面还可以表现出微妙质感和面层质量，泥匠们不仅将建筑与场地拉近，同时还炫耀了他们高超的工艺。

竹板条由泥匠用绳子和竹条绑扎而成。泥浆则由土、沙、稻草和水混合制成，被分层涂抹在竹板条上，通常是三层，有时甚至是更多层。每个后续的泥层都更为精细，从而使表面更加光滑（见第107页图26）。首先将第一层，也称临时涂层（“粗糙涂层”）涂覆到竹条上，使其填充所有间隙，并为后续的泥层提供纹理丰富的初始表面。粗糙涂层通常混有大块稻草或其他纤维，泥和草充分黏合，质地显得粗糙。待第一层干燥后，成分相同但略精细的第二层（中层涂层）被抹在粗糙涂层之上。最外面的面层（完成面）涂在前两层之上，并被泥匠用来表达所需的美感。

最后的涂层可能包含弁柄——由氧化

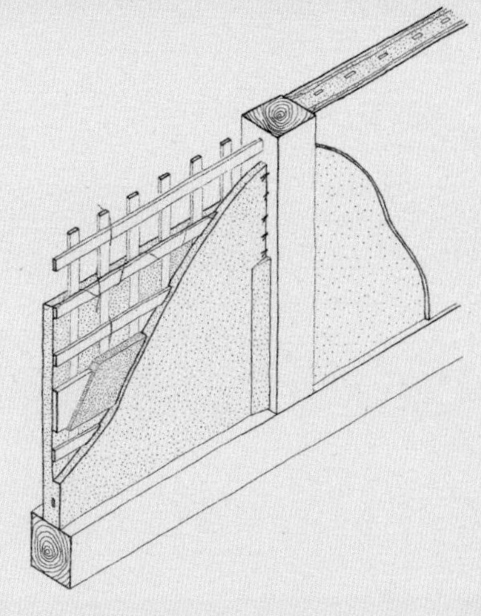

左上图： 法隆寺，晨光透过木格屏，渲染了走廊外园林的秋色。

上图，图26： 稻绳绑扎竹条，构成传统灰泥墙的内核。层层的灰泥依次附着在板条之上，每一层都比上一层更加精细。

最左图： 农舍的墙主要用于庇护而非展示，厚重的灰泥墙夹在不均匀的木柱间。

左图： 一处京都民居，精致泥墙的色彩和优美的木纹嵌板融合为一体。

铁制成的红色颜料，它天然分布于日本，尤其是在冈山北部山阴的山谷地区。据说弁柄的名字来自16世纪从孟加拉地区带到日本的氧化铁颜料。[17]一些地区的土壤以其美丽的色调而闻名，恰恰可以赋予特殊墙壁以独特的颜色。从历史上看，这些色彩墙面并非人人可以负担得起，大多数人只能满足于建筑物所在地的土壤颜色和纹理。

石灰灰泥通常用作墙壁的最后涂层，它具有非常坚硬的质地和明亮的白色色泽，与裸露的木质结构形成强烈对比。它可以使墙壁非常光滑，而泥浆则可以根据所追求的美感和泥匠的技术，生成从光滑、精致到粗糙和有纹理的多种变化。许多数寄屋风格的别墅和茶室都设有精心制作的泥墙，它们可以展现出泥土的色泽以及泥浆混合物中稻草和沙子的肌理。在某些情况下，最后的涂层反而会模仿高度纹理化的粗糙底层，从而呈现出斑驳的外观和质感，并捕捉到掠过墙壁的光线。

由于木结构高度易燃，且历史上的火灾屡见不鲜，于是泥浆和石灰墙面成为传统日本建筑中重要的防火要素。某些建筑物（例如仓库）完全被灰泥覆盖，以在火灾中保护家庭的重要财产。许多这样的建筑物具有独特的双层屋顶结构，下部屋顶和墙壁（甚至是门窗和格栅窗）全部用灰泥涂覆，而上部屋顶结构则暴露在外，唯有这部分会在火中燃烧。

出于结构需求和私密性的双重目的，在建筑整体结构中布置坚固的灰泥墙壁至关重要。从结构角度看，墙壁有助于支撑木框架，并帮助抵抗侧向风压和地震载荷。另外，传统日本建筑（尤其是数寄屋风格建筑）内外隔断多为可滑动或可拆除墙壁，但为了保护隐私，灰泥墙壁通常成为结构中为数不多的不可移动墙壁。

尽管大多数填充墙由灰泥制成，但仍有一些木板填充墙案例，特别是在木材丰富地区的民家之中。还有一些木材和灰泥一起使用的情况，比如在室内使用灰泥，外部使用木头，以保护灰泥免受天气影响。建造室外木镶板的一种典型方法是“下见板”（见第217页图48），重叠的水平木板通过垂直细肋板与建筑结构搭接，类似于美国和欧洲的板条墙板，但后者的木板条是垂直放置的。另一种坚不可摧的防火墙——海鼠壁，主要用于仓库建筑，这种方

法在日本西部被广泛使用，尤其在仓敷地区。海鼠壁还可以组合方形瓷砖（与屋顶陶瓦的制作方式相同）和石灰砂浆。陶瓦以对角线方向排布，其间灰泥以凸起的光滑曲面填充，营造出生动的菱形网格图案。灰泥接缝的曲面形状形似海参，故这种墙壁也叫作“海参墙”。

开口

在传统日本建筑中，墙壁开口有许多不同的形式，它们通常反映出建筑物建造时的时尚风格。窗户通常是为坐着的高度（观者坐在地板上）而设计的，而不像西方建筑那样以椅子或站立高度为基准。大多数窗口是矩形的，但也可以使用正方形或圆形，或采用诸如月亮或扇子这样的通俗形式。窗口既有实用功能又有象征意义，它们提供采光和通风，并引导视线进出建筑物。洞口则可以暗示与外部世界的联系，例如数寄屋茶室的躏口（“爬入式入口”）可以作为物理和象征的门槛，引发人们产生特定的心境。当窗口采用装饰样式时（茶室中常见的情况），通过这种样式与自然产生联系。

由于民家的建造聚焦于住房使用，故其窗户往往非常实用，只有富裕家宅才会融入充满“游戏”意趣的构想。直到17、18世纪，日本才在建筑上使用玻璃，之前的窗户仍可反映外部天气。在大多数民家中（尤其是在城市地区），房屋上下两层窗户外都装有木板条或格栅作为保护。有些窗户外还装有木板百叶窗，可以通过轨道滑动遮盖窗洞。另一些则使用障子门（滑动木格纸屏风）来过滤光线。滑门和屏风用于较大的开口，而窗洞往往很小，用在不适合或不希望使用滑门的地方。

至于受中国影响的日本佛教寺庙建筑，它们开窗很少且洞口巨大，立于基座之上。这些洞口主要装有可移动滑动隔板，尽管有些也纳入了厚重的铰链木板门，但它们不仅能像西方门扇那样垂直使用铰链，还可向上转动，被金属杆钩挂并固定为水平面。在墙壁上仅有的几个开口中，常常设有木质格栅连接洞框，并可使用木板百叶将洞口封闭。作为具有重要象征意义的墙壁洞口，一旦奈良东大寺前壁上的那扇高窗打开，人们就可以看到寺庙内巨大佛像的面容。无独有偶，在后寝殿风格的宇治平等院凤凰堂，从高高的窗户里可以看到那尊小得多的佛像。像早期的佛教建筑一样，寝殿风格建筑的墙壁上几乎没有开口，地面上多是活动隔断。

随着日本建筑从这些早期风格向后来的书院风格和数寄屋风格演变，窗户也发生了改变。尽管书院风格融合了诸多的早期元素，但也开始使这些元素更符合日本口味，数寄屋建筑则更进一步将装饰元素融入窗洞之中。书院风格最主要的固定性墙壁开洞是“付书院”（写字桌和其橱窗）上方的窗户，它们通常采用装饰形式，例如尖拱。同时墙壁上内置轨道，通过滑动纸屏可从室内将窗户关闭。当人们坐在书桌附近时，可以打开障子门欣赏庭园，也可以将其关闭以过滤阳光与风景。

在数寄屋风格中，“付书院”仍是书房的重要元素，其窗户形式和风格仅稍做变化。但数寄屋建筑中的其他窗户则更具装饰性，特别是在茶室等具有娱乐功能的建筑，例如京都的角屋扬屋（优雅的娱乐场所），其部分窗户有着奇特的形状，例如四分之一圆形、葫芦形及扇形。另一些则像是板条（即“墙壁内部框架”），仿佛泥墙的开洞未被抹灰，通过将特殊的装饰板条嵌入墙壁以达到这种效果。当障子门移到洞口位置时，会形成美丽的图案和阴影分层。

可移动墙壁

日本传统建筑以其可移动隔墙而著称，尤其是半透明纸覆盖的木格障子屏和不透明的纸覆盖的隔扇，后者常常以水墨画装饰。这些隔板设置在结构柱间的木轨道上，轨道分为上方和下方。隔墙既可滑动，也可从轨道中脱开，可以全部滑动到一侧，也可以对半各自滑动到一边，或者完全关闭以分隔两个空间。由于障子门和隔扇结构轻巧，仅可作为视觉屏障，对于保护声音的私密性则是无效的。

早在9世纪，日本就开始使用活动隔断。它们或用木板制成，或以织物覆盖，或是独立的，或固定于柱子之上。[18]在需要时，它们可以隔断视觉联系，但也允许内部空间彼此开放。这种灵活性至关重要，因为许多房间的功能是复合性的，需要根据聚会规模进行调整。当举行大型公共活动时，所有的隔断都可被移除，空间中仅剩几根柱子。而滑动隔断重量更轻，更易于移动，能实现空间灵活性的理性转变。

这些滑动的隔扇和障子门成为后世书院建筑和数寄屋建筑的重要元素。在正式建筑中普遍需要开放性公共空间，无论是京都二条城这样的书院风格宫殿，还是桂离宫和修学院离宫这样的数寄屋皇家离宫。随着滑动隔断在贵族府邸中普及，它们也开始用于不那么正式的町屋建筑（即“城市联排住宅”）和乡村民家。由于传统的婚丧仪式在民家内举行，于是需要拆除隔断，使诸多客人共享连续的空间。

障子门通常由木框和框内的轻巧木格制成，一侧覆有和纸，并通过大米制成的胶水黏合在框架上。它们用在房间外围，分隔内部空间和建筑边缘的游廊，光线则通过纸张过滤进入室内。游廊虽不具外墙，但却有屋顶保护，所以障子门可不受天气影响。障子门上的和纸一般每年都会进行更换。如果损坏，其孔洞可先用一小块和纸覆盖修复，这块和纸往往被切成装饰形状。

典型的障子门的大小与传统的建筑结构比例系统有关（见第65页图12），与榻榻米垫（90厘米宽，180厘米长）大致相同。在障子格网中，木条的间距要适合屏板尺寸及和纸的宽度。纸张以卷筒形式生产，宽9寸（27.9厘米），从障子门底部开始水平向裱装，后续纸张微微覆盖前一卷纸。即便和纸从框架上松脱，以这种方式安装仍可起到防灰效果。[19]

尽管常规的障子屏木格建立在矩形网格基础之上（其矩形可以呈现水平或垂直导向），但仍有很多变化。在江户时代的数寄屋风格建筑中（例如京都的角屋扬屋），制作屏风和门的木匠把房屋视为娱乐的优雅场所，于是设计制作具有非常规网格的障子门，以此来表达创造力、技巧感和趣味性。比如变换格子，使其斜对框架；或者在斜向网格中，让木条呈锯齿状，而非互相平行。又或者让木

对页图： 有多种不同方式用来围合墙壁洞口，包括佛教寺庙铰接安装的巨大木门（左图），一个仓库的小型灰泥防火门（中图），抑或是茶室上旋的木格栅板（右图）。

左图，从上至下： 墙壁开口有很多种不同的形状。一些具有代表性的如葫芦形开口（顶图），有些则较为抽象，呈现三角形或圆形。还有一些展现了精美装饰，如图所示的尖券洞口（底图）。

顶图，图27：隔扇隔墙以木制格网为核心，两侧覆有多层和纸。

下图：滑动隔断可以拆除，用于开放空间或便于打扫。

右图：京都安乐寺，屏风滑开，框出庭园风景。

对页图：活动隔断可以滤过或阻隔光线与风景。同时其构造也起到装饰作用，例如简洁的木格、结实的厚木板、棋盘状的彩色和纸，或其他绘画作品。

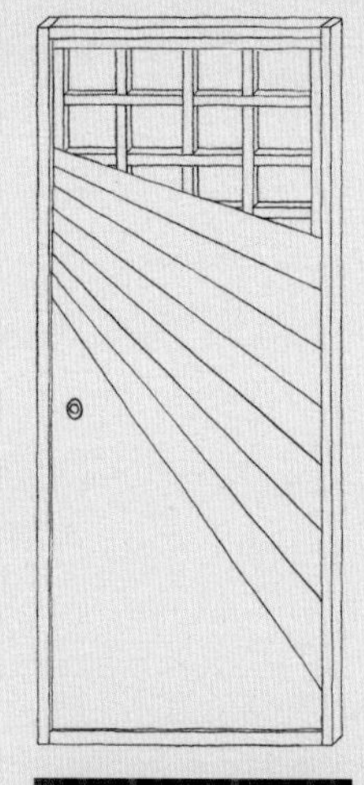

条彼此平行，但呈现不均等的间距。这一时期，一些障子门使用非常规尺寸的网格，或将部分和纸贴在障子门一侧，另一部分和纸则在另外一侧，这些都展示“游戏”的构想。

在许多障子门中，和纸覆盖的木格贯穿上下，但有些障子门的底部却覆有薄木板。另一些则整合了框架滑动轨道。观雪障子经过特殊设计，可以将下面的屏板抬升至上部，以便在房间里坐观飘落的雪花。其现代障子门则在屏板下部设置玻璃，以抵御气候影响。

隔扇的用法与障子相似，只是它们主要位于室内房间之间。和障子相比，隔扇不透明且无法透过它们看到外部的运动，因此提供了更多的视觉私密性。其轻巧木框架两侧覆盖了多层纸张，甚至多达十或十二层（见本页图27）。[20]隔扇不像障子门那样具有不同的两面（一面表现出木框，另一面用纸覆盖），它的两面则用相同的材料制成，并常用绘画作为装饰，最常见的绘画类型是水墨，但也使用彩色颜料，比如闪闪发光的云母粉、金银叶片等。人们常用薄薄的木框制作隔扇边，其上施涂的光滑黑漆有助于保护纸张。门上通常装有金属或木质小把手，屏板的滑动开合无须触摸纸面。这些拉手通常巧妙设计为某种物件的形状，可清晰辨别。例如在数寄屋风格的桂离宫中，一些门的拉手呈船桨形状，隐喻此刻苑外泉池的泛舟。

在柱子、地板、过梁和系梁之间，装配着隔扇与障子门。有时滑动屏板上方的区域（过梁或系梁与天花板之间）被灰泥填充，但通常会采用横楣（栏间）以便通风采光。栏间的建造和隔扇与障子门一样，通过上、下轨道滑动开合。至于不透明纸张覆盖的栏间，要么被涂绘，以匹配隔扇的颜色，要么不加装饰。许多栏间是精巧雕刻的固定木板，时常描绘诸如飞鹤、浮云、繁花或盛树等自然风光，有时还会采用色彩华丽的漆或清漆上色。另一些栏

间则以天然状态的木材或芦苇为材料，制成几何格子图案。即使封闭了下方的隔扇与障子门，光线也会从栏间滤过，声音通过空间中的空气传递。

除了隔扇和障子门，在传统日本建筑中还可以找到其他类型的可移动隔断，例如雨户和帘。前者是滑动木板格栅窗，在夜间或恶劣天气下封闭门户。雨户的单轨通常位于建筑物最外侧，或在游廊靠近室内的边缘。有种情况是，障子门的轨道位于游廊内侧，而雨户轨道靠外，与之毗邻并行。除此之外，雨户的轨道总是远离障子轨道。由于雨户在单轨上滑动，因此在使用时门板紧密相贴，于是人们通过简易的木锁将它们固定。在不使用时，则可将其收入建筑附属的木盒之中（即“户袋”，意为“装门的容器”），并保证每扇雨户都可以滑入。除了户袋，一根简单的木杆也是增强雨户功用的巧妙装置。它位于建筑转角的轨道外侧，窗扇首先从户袋中取出，沿着轨道滑行，继而绕着转轴内边缘旋转，然后滑到另一边的轨道（垂直于前一条边），这样雨户就旋转了90度，从而不需要在同一条直线轨道上增设户袋。

帘是一种松散编织的窗帘，由细竹条、芦苇或其他材料制成，用来遮挡视线和阳光。与常年使用的雨户、隔扇或障子不同，帘仅用在夏天，是阻挡阳光侵入室内的临时装置。它们有些悬挂在屋檐侧边的钩子上，有些则挂在长押底部，长押则位于柱子之间头顶高度（障子和隔扇的上轨固定在长押下方）。从前许多房屋夏天都使用帘障子代替普通障子，使用帘替换和纸，从而使更多空气通过隔断。在帘的作用下，传统日本建筑的多层内饰更增添了光线并加强了私密感。

第十一章

地板

最早的日本民居（平地宅和地穴宅）采用土质地面，仅被夯实形成硬化表面。尽管很容易建造，但由于人们在地面上而非椅子等家具上生活，这样的地板就显得常年潮湿，冬天寒冷且无法提供防虫保护。

随着这些早期住宅发展成为今天的“民家”，泥土地板仍然留存在部分房屋之中，而架空的地板则被添加到具有不同功能的单独空间中。为了使地板更坚固，其成分和建造也发生了变化。土壤的表层和盐卤及水混合，并被夯实以形成光滑的地面。盐卤有助于泥土混合物的固化和干燥，使得地板坚硬、不透水且易于清洁。

夯实的地面（三合土）区域被称为“土间”，可容纳过去在室外进行的活动，比如烹饪、碾米和在畜栏中饲养牲畜。土间连通日常出入口，并在许多方面被视为外部空间的延伸。被称为“下駄”的木制凉鞋只能用在土间，而绝不用于架空地板区域，因为架空层被视为彻底的室内而非外部空间。

将地板抬高是增强日本住宅舒适度的一项重要进步。架空层上的居住空间可以保持清洁，地板下流动的空气在夏天可以加强房屋通风，冬天则可以使居住者远离寒冷潮湿的地面。即使有架空地板时，室内最初的入口玄关仍采用三合土地面，当人们步入高架地板之前，将在室外使用的鞋子留在此处。玄关起源于禅宗寺庙住厅的入口门廊。随着时间的流逝，其转变为岗楼的突出门廊，后来又成为贵族府邸的正式入口。从町屋联排住宅开始，最终玄关完全成为室内空间。[21]直到今天，玄关仍然是步入住宅序列上的重要元素，但多数情况下它已经高于室外地面，在进入更高的起居空间地板之前，人们先在此脱鞋。

地面之上

高架地板可由多种材料制成，最初的方法简单，用彼此相邻放置的小尺寸竹竿建造（直径约2.5厘米）。由于竹子不适合蹲坐，因此会在上面放上粗织的稻草地垫。这些垫子是精制的榻榻米编织垫的前身，榻榻米在平安时代首次单独用作坐垫，并在15世纪用来覆盖整个小房间的地板，至今仍被广泛使用。[22]

当一个家庭具备一定经济能力或木材容易获取时，就会使用木板制作高架地板。相比竹子，木板提供了更平坦的表面，耐用且使用寿命更长，尽管其施工需要大量的准备工作且成本更高。因此，一间铺有木质地板的房屋表明该家庭拥有一定的财富或社会地位。最初，架高的木地板甚至是贵族的标志，因为只有高级别的“殿上人”才被允许踏上这种地板。[23]

左页上图： 这座传统建筑的室内铺有榻榻米，木质阳台打造出室内外的过渡空间。障子门与滑轨位于缘侧的边缘，可用于围合、生成框景抑或是采光。

左页下图： 进出建筑时，简单的矩形石块清晰提示了停顿点。在建筑内部，石块嵌入破旧的夯土榻榻米地面；而在外部，则与步道上不规则的石头形成了鲜明的对比。

下图： 在略低于木质缘侧高度的石面上，放有一双僧侣的拖鞋。其摆放方向背离建筑，便于从缘侧走下时穿上。

榻榻米地板也是贵族的象征，随着家庭的日益富裕，他们能够负担在地板表面铺设榻榻米垫的费用。最初一套房屋可能只有一间榻榻米房，其他房间则铺有木板地板，但拥有更多榻榻米房间标志着更高的社会地位。

榻榻米垫由紧密捆扎的蔺草和覆盖于其下的捆扎稻芯制成。稻芯使垫子结实，同时仍允许一定的柔软度。而蔺草覆层的表面光滑，相对更容易保持清洁。榻榻米需要定期翻转，以确保两面均匀使用，磨损时也需要更换蔺草。垫子的边缘通常用织物条制成，也可以用蔺草简单折叠封边。织物的颜色、类型以及榻榻米的厚度可以用来表示一个家庭的社会地位。例如，深色的织物（蓝色、黑色和棕色）通常用于垫子包边，但是高级房屋的榻榻米边缘可能采用彩色丝绸或金银丝线编织的布料。[24]

在榻榻米垫最初出现的时候，它们并没有统一的尺寸，垫子的规格取决于房间大小。然而随着时间的推移，垫子开始被制成标准尺寸，但这种尺寸在不同地域又有所不同。在室町时代出现了两种标准尺寸的榻榻米垫，一种盛行于当时的都城京都，而另一种则流行于乡间。

“京间叠”（京都样式的榻榻米垫）的长度等同于相邻柱子的中线间距，约为6.5尺或216厘米，它的宽度约为98.5厘米；而“田舍叠”（乡村样式的榻榻米垫）尺寸则为两柱之间的内距，长6尺或181.8厘米，宽90.9厘米。度量榻榻米的不同方法体现了对建筑建造和设计的不同思考。在京间叠方法中，结构布局主要基于榻榻米的标准尺寸而非柱子中线间距，然而在田舍叠方法中，结构尺度取决于柱子的中线，而榻榻米的规格则参照建筑框架进行调整。最终在全日本，榻榻米的尺寸统一为182厘米 × 91厘米，从而使整个建筑大小更容易确认，但也限制了房间尺寸的灵活性（见第105页图25）。[25]

传统房屋中的不同地面指示了不同的功能和级别。在最正式的房间中可以找到最昂贵的地板——榻榻米，这些房间用于接待贵客或用作一家之主的起居和就寝空间。木地板则用于类似游廊这样的交流空间，以及公用设施区域，例如与围炉里地炉、走廊和卫生间相邻的空间。另外，土间则用于包括厨房在内的工作空间。在进入榻榻米房间之前，通常先从土间移步至木制台阶或地板上（见第115页图28）。

这三类地板用在各种建筑物之中，最典型的住宅建筑囊括三者，而寺庙和神社主要采用木地板，仅在起居和就寝空间使用榻榻米。城堡的大部分也是铺设木地板，但在起居空间中融入了榻榻米。为了表演传统戏剧（能和歌舞伎），剧院的演出和后台空间都设有木地板，其阶梯侧座也是如此，但在最初，由于舞台无顶，其近前的座位也就设置在土间之上，当这些空间加顶之后，土间区域也被木地板覆盖。

茶室是指用于传统茶道的房间或独立建筑物，尽管它的游廊要用木头建造，但地面几乎全是榻榻米。在茶道仪式中，榻榻米垫不仅对保持舒适坐姿至关重要，而且还是描述和理解房间大小的关键。由于榻榻米垫有着标准的尺寸，那么将房间描述为“六叠”或“四叠半”则可以清楚地感知房间的大小（见第139页图37）。典型的茶室是四叠半（四个半垫子，约2.7米×2.7米），也可以更大或更小，如六叠或三叠。在16世纪晚期，千利休设计了著名的两叠茶室——待庵。

今天仍有许多日本家庭还在使用榻榻米地面，但通常只用在一两个房间。这些房间被称为和室（“日式房间”），不同于居间（“生活空间，起居室”）和洋间（“西式空间”）。和室通常非常传统，通过隔扇或障子与其他空间区分开。大多数情况下，和室的一堵墙内会设置“床之间”，而祖传的佛教祭坛则会恭放在另一个壁龛之中。

与传统日式房屋中的其他房间一样，今天的和室内也具有多种功能，既是起居空间又是客房。在客人们被带到西式客厅之前，通常先进入和室，并在祖先祭坛上向主人家庭致敬。在一些房屋中，和室甚至和起居室相似，用于所有的社交活动。另外，和室还可用作客房，通常一面墙内设有特制的深橱用来存放被褥，客人过夜时床褥会被放在榻榻米上。

对页图： 一个八叠的榻榻米房间与宽宽的木板缘侧相接，将室内空间延伸至庭园。

左图： 这处民家中，地板由绑扎的细竹竿制成。

左下图： 在这处民家农舍，厚木板制成窄窄的缘侧。

右图，图28： 剖面图展示了地板的水平高度变化，从低处土间地面向上一步，便是铺有榻榻米垫的起居空间。

右下图： 滑动障子门的木地轨将缘侧与榻榻米地板分开。

第十二章

天花板

日本早期竖穴住宅是使用经济材料建造的简易房屋，其每个结构元素都具有特定功能，都是建筑整体不可或缺的部分。天花板则被视为无用且不必要的奢侈。取而代之的是将屋顶结构底面暴露在外，而屋顶材料则起着天花板的作用。

在简单的竖穴住宅中，居住空间沉入地下，茅草屋顶覆盖其上。随着房屋的发展，建筑开始具有多个空间，既有泥土地面又有高架地板，虽然屋顶结构在许多空间中仍然暴露在外，但是天花板也开始启用。在许多民家中，居住空间全都位于同一层，并被一个大屋顶所围合（类似于竖穴住宅，但规模更大）。在这些房屋中，天花板通常不是独立的建筑要素，只是由于屋顶底面暴露在外，顺便充当空间的天花板。

屋顶结构包含木材主结构和由木、竹材料组成的次级结构。它赋予空间节奏感，并表现出重木结构的力量感。由于屋顶结构经常暴露在外，所以其本身也可以融入设计。木匠们可能会选择弯曲的木材制作横梁，炫耀其不寻常的形态，并充分利用木材的自然应力(见第139页图36)。如此，横梁就和天花板一样，起到了装饰作用，尽管并不能像天花板那样封闭空间。其实真正围合空间的是屋顶的下部材料，比如木板、纵向并排排列的竹竿，抑或清晰展示屋面稻草捆束的底面。

对于有数层之高的民家建筑，通常天花板就在上层楼板的底板，它们多由宽木板建造，连同支撑楼板的木结构一起暴露在外，给下面的空间带来了韵律感。这种简单的结构还可以使地面火塘产生的热量和烟气渗透到房屋高处。过去一些民家冬季会在家中养蚕，这些热量对蚕还具有温暖效果。对于盖有茅草屋顶的民家而言，火盆产生的烟气是不可或缺的一环，它不仅能防止茅草生虫，同时烟尘中的碳也可以保护木结构。

最简单、实用且经济的建材使用方法是暴露建筑结构或上层楼板的底面，如此一来，天花板就没有机会成为装饰性元素或社会地位、财富和力量的象征。因此，一些民家只在特定的空间中采用天花板，这些具有特殊用途的空间包括接待尊贵客人的房间，例如正式的和室接待室。由于空间特殊，天花板材料也比房屋的其他区域更加精致。人们会依照相同的颜色和尺寸选择精致的木板或成排的竹竿，这些都体现出营造天花板的精心和技巧，并恰如其分地展现了家庭的社会经济地位。

寺庙、神社和寝殿

像佛寺和神社这类服务于公众的传统建筑，常常在其主要空间设计中纳入相当复杂的天花板。天花板的奢华建造和装饰不仅说明建筑物是重要的公共纪念堂，在一些情况下还展示了私人的虔诚或拥有的财富。

左页图： 当移除障子门，使内部与园林相连时，木质肋板天花板和榻榻米地板共同营造出一种室内的感觉。

上图： 灰泥天花板可被视作墙体在垂直方向上的延伸，它沿着倾斜的屋顶，营造出高耸的空间。

自从佛教寺庙在6世纪从中国和朝鲜半岛传入后，许多日本的寺庙和神社建筑造型都反映出这种风格，其中天花板的高度从周边到室内中心逐渐升高，以强调这些空间的等级关系。但随着佛教的发展和变化，从6世纪早期的大乘佛教、8世纪至12世纪的净土佛教（净土宗），直到12世纪至14世纪规矩朴素的禅宗，建筑品位发生了变化，天花板也随着屋顶风格而变化。

像奈良法隆寺和东大寺这类早期的寺庙建筑，其天花板由多层木板建造，以反映内部空间的层次等级。例如在法隆寺金堂中，低矮的平顶天花板覆盖了建筑物周围的空间，用作入口。一排结构柱将这个空间与相邻的内部空间隔开，尽管中心空间的地板高度保持不变，但天花板高度却得到增加。另外，尽管外围空间的天花板保持平坦，但最内部空间由周圈主结构柱和高架地板界定，其上方的天花板不仅高于先前的天花板，还具有棱锥侧面，倾斜至中央平坦天花板（类似中式建筑藻井）。天花板隐藏了建筑物的高大结构，但却加强了空间的形式感和层次感。

在11世纪平等院凤凰堂狭小的室内空间中，地面只铺设了一层简单的木板，但天花板却极尽装饰，不仅涂装错综复杂的彩色图案，还利用装饰金属加工覆盖重要的接头部件（见第118页图29），并通过悬挂构件进一步强化天花板的效果，在阿弥陀佛像的头顶之上，漂浮着由四块漆金螺钿构成的雕花木板。这处巧夺天工的藻井成为空间的焦点。

后来的寺庙和神社建筑也利用天花板来表现空间的制式和象征性等级。然而有时候其建筑形式比早期构筑物更为简单，采用单一屋顶而非多重屋顶（不再像早期建筑法隆寺那样建有三重屋顶）。比如在14世纪的广岛，按照彼时禅宗定义的标准和规范，西国寺金堂的形式就相对简单，只有一个略高于缘侧主楼层和一个单层的歇山屋顶。但其主楼层的天花板却分为诸多不同的高度（即使在单个房间之中），以强调最重要的区域。

书院风格天花板

就像早期的庙宇那样，神社和寝殿建筑的天花板强化了严格的空间制度等级。随后的书院风格天花板也是如此，它的许多特征最初源自寝殿建筑和禅宗僧舍。[26]书院风格住宅中最重要的房间正是书院，其特征是拱形或格子形状的木质天花板（见第119页图30）：木板嵌在格子之中，在天花板与墙壁接触的位置，格板从水平方向曲转为垂直方向。通常天花板（嵌板和格板）会向下包裹一个面板的高度，并最终落在天井长押上（天花板下方，房间周围的连接梁）。天花板以此方式封闭并围合房间。

有时候，嵌板采用五颜六色的图案或自然图像（例如花朵或蝴蝶）精心装饰。黑色、红色、金色或绿色的漆，甚至金箔都可以作为装饰材料。在这些精致的房间里，板条的接缝处覆盖着通常由黄金制成的装饰性金属制品。装饰的美感和程度不仅体现房主较高的社会地位，还表达了他们为客人提供正式雅致房间的愿望。

在书院风格建筑中，其他房间不像“书院”房间那样正式或具有社交功能，因此其天花板也不那么引人注目。虽然天花板装饰性不高，但也经过精心建造，同样具有很高的工艺水平。这些室内房间的天花板通常为平的，使用未经装饰的宽木板制成，木板看上去似乎由薄肋支撑，但实际上从上方悬吊（拱形天花板也是一样）。天花板的边界位于墙顶，并没有包盖上端墙面。通常在墙的最顶端（天花板下方、天井长押上方）会设置一条水平抹灰带，它使得天花板更加明亮或更具漂浮感，从而产生了一种安静、庄严且优雅的效果。确切地说，天花板并非空间视觉焦点，而只是一种辅助限定空间的要素，对其他装饰性元素来说，并不喧宾夺主。

右图：典型的书院风格——格状肋板木质天花板。

下图，图29：寝殿风格的平等院凤凰堂，其特征是层层华丽的天花板，显示出空间的等级。

底图：京都建仁寺龙王殿的天花板上描绘着精致的龙图。

这些天花板由薄木板构成（大约3毫米），彼此稍微重叠，并从上方钉在木肋上。木肋不起结构作用，只是将天花板悬挂在合适的高度。它的一种联结方法是，厚木肋向下连接薄木板的上部隐藏部位，向上则连接屋架次结构杆件[27]。

游廊顶部通常是朝向室外倾斜的天花板，最高点位于墙壁附近，此处甚至高于室内天花板。由于缘侧上的屋顶倾斜压低，所以这类游廊天花板可以直接连接至屋顶结构底部。天花板的坡度有助于将人们的视线引向景观，与外部庭园建立紧密联系。屋顶的边缘可以作为取景框的顶部，当内部空间向外部开放时，可以形成框景展示庭园。

数寄屋风格天花板

数寄屋风格从更正式的书院风格发展而来，以其精致的简洁性和紧密的自然联系性而闻名。在天花板及其他建筑元素中尤其能体现这点，在数寄屋风格的茶室中，天花板在塑造空间层次中起到重要作用。

即使是最小的茶室，也将天花板作为主要设计元素，天花板被分为两三个部分，每部分的建造方法都非常不同，从而强调狭小空间的不同功能和感觉（见第119页图31）。和之前的案例一样，数寄屋风格的天花板用木材建造，并采用了许多相同的技术。例如京都桂离宫主要房屋的天花板由薄木嵌板和薄板肋构成，薄木板沿其长边方向延伸，薄板肋则向其垂直方向，表面看上去像是板肋托举木板，实际上木板像书院风格天花板那样从上面悬挂。还有一些天花板类似于平坦的书院风格天花板，以薄木肋和薄木板构成网格，可见于新御殿的数寄屋书院房间。与许多书院建筑相似，数寄屋建筑室内和外部阳台上的天花板也是倾斜的，并直接连接到屋顶结构下侧。

数寄屋和书院风格最明显的差异在于其天花板缺乏装饰（见本页图30）。尽管某些娱乐场所（例如京都的角屋扬屋）设置了装饰性天花板，但通常来说，彩绘、上漆或金工装饰十分少见，取而代之是呈现木材的天然质感。例如在木板之间留出一小块空间，露出深色阴影线，从而增强天花板的尺度感，或让肋板和木嵌板采用不同木材，木色的变化可以增强装饰质感。当然也可以使用竹竿代替木条，利用材料的自然对比形成装饰。

然而，最具创造性的天花板却出现在茶室之中。比如数寄屋风格茶室中叹为观止的天花板案例之一——采用薄切雪松木条编织而成，宽12～15厘米，厚度仅有1毫米。茶室天花板还可以干脆就像屋顶的底面，使粗大的竹竿像椽子一样支撑着水平排列的细竹竿，继而支撑起芦苇天花板。还有的天花板使用格子肋板组成装饰性网格图案，间隔缩短肋板长度并将其转向相反的方向，或者将肋板增长两到三倍，以创造出令人愉悦的韵律感。在一个较为极端的案例中，天花板被一段蜿蜒弯曲的长竹子分开，其两侧布有截然不同的样式，一边是宽格肋板，其木嵌板纹理富有表现力；而另一侧则是更细的板条网格，木嵌板纹理也更加连续。[28]无论数寄屋天花板被构建得多么复杂或简单，其设计和建造均展现了建筑材料的自然特性，并为建筑增加了一层质朴而精致的成熟性。

上图： 西本愿寺黑书院会客室，其天花板采用宽大的木肋，以连续空间吸引人们的视线。

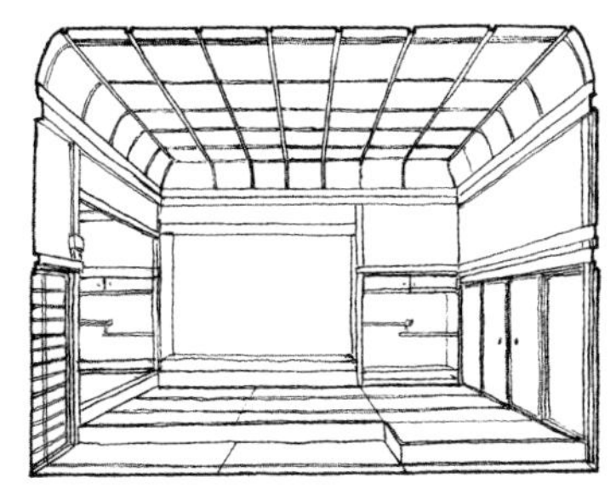

左图，图30： 这两幅插图对比了两种正式的书院接客室，一种是数寄屋风格（左图），另一个种是书院风格（右图）。

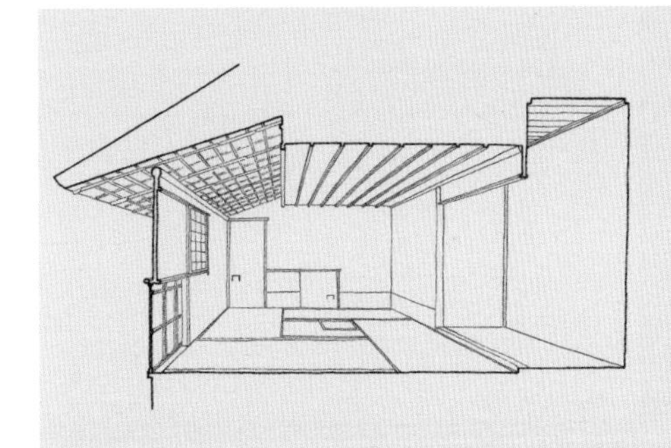

上图，图31： 一个数寄屋风格的茶室，剖面图展示了多种天花板的复杂层次。

右上图： 桂离宫赏花亭，其天花板暴露出屋顶结构——网状的竹椽子、桁条和屋脊处的留有树皮的木梁。

右下图： 由薄雪松板编织而成的天花板，标志出茶室里特殊空间的重要性。

左图：床之间装饰性壁龛，在墙壁上营造出悬挂卷轴书画的空间。同样，在抬高的地板上放置摆件。邻近的错落架子和天袋壁橱提供另一处储藏和展陈空间。

第十三章

内置元素

上图，图32：神棚是家中供奉神道神灵的架子，通常靠近厨房和起居室的天花板。

日本传统建筑拥有灵活的空间，并不设置大量的家具和其他固定性物品。取而代之的是联结在墙壁、地板或天花板上必要的收纳和设备。尽管空间是多功能的，但这些嵌入式家具更适合某些空间或部分空间的特定用途。例如在与土间相邻的房间中，通常将围炉里（下沉式火塘）建在地板内。围炉里的火不停，不仅为房屋供暖，还使昆虫远离茅草屋顶。而满水的茶壶悬挂在炭火之上，通过条链连接在天花板上，确保茶水不断。在寒冷的天气里，围炉里是聚集温暖的空间。尽管大多数内置式家具具有实用功能，但某些组件（例如神棚和佛坛）本身是具有宗教意义的，另一些（例如床之间和违棚）则更多是出于美学目的而非实用目的。并非每个房间或建筑都必须包含以下的内置组件，但大多数组件广泛分布于诸多建筑物之中。

宗教性内置组件：佛坛和神棚

在许多日本传统民居和寺庙中，佛坛（祖传佛教家庭祭坛）是必备的固定装置，与神道教相关的神棚也是如此。自从佛教传入日本以来，佛教并没有取代本土宗教神道教，这两种宗教在人们生活中和实际空间中并存，并发挥特定作用。因此，许多房屋同时具有佛坛和神棚。

上图：佛坛是佛教先祖的圣坛，嵌入房间墙中，内含了柜子和抽屉，用于存放相关器具。

右图：微微升高的台面、光滑的床柱和留有树皮的樱木拱梁，都暗示着这是一个装饰性壁龛——床之间。

佛坛类似于一种橱柜，放有佛教塑像或其他宗教物品，用于摆放供品或仪式的器皿（例如烛台、香炉、铃铛和鼓槌），以及用来存放供品的托盘。通常逝者的照片和列有祖先名号的牌位也被恭放在佛坛的主要空间中，其下部基座通常由装有蜡烛、香炉和其他宗教用具的一组抽屉组成。

而神棚通常是一个简单的木架，附在长押（贯穿房间周围的系梁）或木楣上，上面放置着房屋守护神的日常供品（通常是第一杯茶和一碗米，见第121页图32）。神棚一般位于厨房中，但也可以存在于其他房间，比如正式的起居空间中。在某些情况下，一座建筑中不止有一处神棚，于是每一处神棚都要进行供奉。

装饰壁龛：床之间

床之间是一种装饰性凹室，可见于具有一定社会地位的传统建筑之中。这种壁龛通常设置在茶室或接待室的室内墙壁上，由于其中悬挂画卷，布置“生花”（插花）、盆景或其他装饰物（见第29页图5），床之间成了房间的视觉焦点。所选的任何卷轴、插花或其他物品都与季节有关，并与自然紧密联系——这些花束从园林或附近采摘。因此，虽然床之间本身是室内要素，但它与外部自然环境有着密切的关联。

通常情况下，床之间位于铺有榻榻米的正式接待室之中，其尺寸遵循榻榻米垫的模数，但是大多数情况下，壁龛深度不及榻榻米宽度。床之间的地板略高于地面，做工精细，可用一块宽板建造，或采用不同寻常的方法处理其完成面，例如本斧表面是利用扁斧制造起伏效果。有些大型床之间的进深可以很大，地板上往往会铺上一张榻榻米垫。

床之间的天花板通常与房间天花板齐平，并以类似的方式制造。它的墙壁通常采用灰泥抹面，颜色和质地或与房间墙壁相同，或与之形成对比但互补的颜色。床柱是床之间的一个显著特征，它将床之间与相邻的违棚（交错的架子）或储藏室隔开。通常这是一根美丽且不同寻常的木柱，或许是具有完整树皮的细小树干，又或者柱子的形状和纹理与众不同。床柱作为床之间的重要元素，既是视觉焦点又是连着庄严神道的象征之柱。

装饰架：交错式博古架（违い棚）

最初的架子和橱柜产生于住宅中，用于存放个人物品。但随着它们在上层住宅中的流行，尤其是在15和16世纪的书院风格房屋中，交错式博古架被用来展示具有非凡功能和美感的物品，例如茶碗、香炉或存放墨石的盒子。[29]

上图： 一个小的侧窗，照亮了床之间。

中间左图： 民家中简朴的床之间，有着抬高的地面（由厚木板制成）和粗糙的灰泥墙。

中间右图： 采用了神社建筑形式的神棚。

下图： 一幅书法和一束插花装点了床之间，其优美而光滑的长方形地面采用整块木板制成。

博古架毗邻床之间，被床柱和一堵片墙隔开（见第29页图5）。其典型特征是不同水平面的搁板呈不对称状排列，并因之而得名，“违”的意思是“不同”，“棚”的意思即“架子”。架子的搁板交错组合，被固定在墙上，薄薄的垂直立柱连接水平板。搁板的顶部有一个被称为“笔返し”（“毛笔归位”）的边缘条，带有装饰性上弯曲线，表面上可以防止毛笔从搁板边缘滑落。这种交错架子的形式暗示了传统的云纹图案，因此得到了第二个不太常用的名称——薄霞棚。

博古架的正上方是一排带门的柜子，它们被称为“天袋”，看起来就像是天花板的一部分，有效降低了违棚上方天花板的高度。与之相对，“地袋”放在地板上，有时被设置在架子下方，其顶面可用作桌子或台柜，柜门用纸覆盖，就像不透明纸隔板“隔扇”一样，并带有小巧的金属门把手。通常两扇门成一组，其中一扇在另一扇前面滑动即可打开。尽管博古架的地板水平面高于房间内相邻的地板，但它通常略低于床之间地板，其天花板（如果没有被天袋掩藏）也比床之间更低。[30]

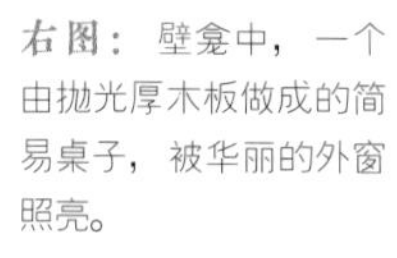

上图： 交错架子上方的墙面上贴着和纸，而在架子的下方，墙面不但改为粗糙的灰泥材质，还配有与众不同的小窗，裸露出竹制网格条板。

中间上图： 烛灯点亮了内置抽屉上方的空间，展示出由杉木条编织的顶棚。

中间下图： 精心雕刻的、交错的架子顶部边缘，装饰点缀了单调的线条。

书桌

日本传统建筑中产生了几种内嵌式书桌。押板或床押板通常位于违棚下方，用作地袋橱柜的顶面。它在15世纪中叶发展起来，成为正式书院风格接待室的一个固定特征。[31]违棚押板凹龛的地板仅略高于榻榻米（不如相邻的床之间地板高），这表明此类桌子并无实际功能（例如书写），而是像违棚那样用于展示。

另一类桌子是付书院，主要见于书院风格建筑的正式接待室（见第119页图30），而“书院”房间和风格都因付书院而得名。这种桌子起源于僧舍中和尚们坐着写字的地方。为了利用自然光线，它通常被嵌入建筑物外墙，面对上方的窗户。

付书院通常由一块木板制成，覆涂光滑漆面。桌子下的滑门可以隐藏少量的储物，由于人们坐在地上使用桌子，当滑门拉开，便可为写作者的腿脚腾出空间。无独有偶，付书院相邻的窗口覆盖有障子门以过滤光线，并且可以通过滑动开合来控制光量。随着时间的流逝，其装饰性超越功能性。在正式性的书院接待室和后来的数寄屋接待室中，付书院成为固定元素。

右图： 壁龛中，一个由抛光厚木板做成的简易桌子，被华丽的外窗照亮。

实用性储物空间

传统的日式房间中鲜有固定摆放的家具，因此有必要进行建筑储物空间的设计。押入就很好地融入了整个建筑设计，并隐匿于朴素的木板门或不透明的纸滑门之后。门后通常设有如同壁橱一般的大空间，并配有架子，存放所有的日常生活必需之物，如用餐的漆盘、放在地上的坐垫，甚至是睡觉用的蒲团。通常情况下，为了适应蒲团或其他大型物品，押入的深度会等于或深于榻榻米的宽度。一所住宅中通常设有多处内置的储物柜，这样的配置同样也有助于隔热或隔音。

在过去，多层商用住宅的楼梯常与储物空间相结合，在踏步之下储藏物品。这些阶梯式的储物箱被称为“楼梯柜”，用于储存日常必需品或店铺货物，其特点是抽屉、货架和橱柜的布局既美观又实用。楼梯柜的做工品质各异，从富商私宅中极为精美的抛光漆面，到乡村民家中经年累月、粗陋凹陷的楼梯踏板，不一而足。

在茶室或住宅的厨房区域，融入了架子和小壁橱这样的内置储物空间，用来存放茶具。这是一处茶道用品专属存放区域，其面积可大可小，取决于屋主的财力和茶瘾。然而这些储藏区域并没有被视为“后勤空间”，而是经过精心设计，如同茶室一般精致，尽管有时候可能略为简单。

火塘

和世界各地的许多文化一样，在日本文化中，火塘是房屋中的重要组成部分。这是人们聚集的地方，也是反映实际和象征性的核心。在传统的日本房屋中，通常有两种不同的炉膛：围炉里嵌入木板地板内，设置在临近土间的房间中；而位于土间中的灶台则被称为灶。第三种类型——“炉”则不太常见，在茶室中专用于煮水。

围炉里通常是一个简单的矩形地坑，里面填满灰烬和木炭并与地板齐平；而在土间地面上建造的灶则充满雕塑感，是烤箱般的土堆。它非常实用，采用石头、瓦片或其他砌体材料，在舒适的工作高度上塑造出基本形状，然后用泥灰泥覆盖，使其具有光滑的效果。灶具有两个基本特征，其一是用于燃烧柴火的低处开洞（炉膛口），二是灶台顶部的两个或多个火口，用来架设铁锅。相比于出现在土间厨房区域，仅用于烹饪的灶，围炉里则位于房屋中央，兼具加热和烹饪的功能，其中始终燃烧的火焰产生烟雾，可将昆虫逐出茅草屋顶，并有助于保护木结构。

从历史记录来看，当天气寒冷时人们可以在围炉里上架设一个木框，并在其上覆盖被子以吸收热量供人暖脚。这种“被炉”最终变得可以移动（见第132页图34，桌面上通常覆盖棉被，顶面

左图： 图中为楼梯柜，人们不仅可以通过它进入更高的楼层，还可以使用抽屉和橱柜进行储物。

右图： 一个滑动木门围合出橱柜，这个深深的空间被用于储存被褥等。

下则附有火盆），或是成为“掘被炉”（挖入式被炉）——围炉里周边的凹陷空间，人们像坐椅子那样坐在地板上，并通过炉膛热量温暖腿脚。

炉专门在茶道仪式上用于烧水，它是一个内置在茶室地板上的木箱（炉坛），厚厚的黏土垫层上填满燃烧的木炭与灰烬。盒子的边长约40厘米，深约45厘米，并设置金属支架支撑茶壶。典型的炉像个小方块，位于茶室中一张榻榻米垫子的边缘，不用时可以盖上类似尺寸的榻榻米。但根据茶室的大小和形状，炉也可以采用更多不同寻常的形式，比如呈现梯形甚至圆形，并且它也可以设置在木地板上而非榻榻米之上。[32]由于茶道是高度仪式化的美学追求，抛开炉的功能，其形式已经足以进行美学诠释。

水壶悬架

大多数围炉里（下沉式灶炉）颇具特色——满水的铁壶被置于木炭之上。尽管可将水壶放在炉台的铁质三角支架或四脚支架上，但通常是用挂钩将其悬挂于围炉里上方。挂钩与金属链（或粗稻草绳）连接，链条或绳索则可以直接连接到屋顶梁或其他结构构件上。当然，在多数情况下，链和绳会连接到从建筑结构上悬挂的垂直竹竿上（或木杆）。有时候挂钩也可以不通过悬链，而是直接挂在垂直或水平的竹竿（或木杆）之上。

“自在钩”是一种巧妙的装置，用于调节水壶的高度。[33]“自在钩”有诸多变体，但其背后的原理是相通的——通过水壶的重量以及两个组件的摩擦，将水壶固定至需要的位置，通常一个组件是装有金属链杆的木桨，另一个是垂直的竹竿或木杆。在简朴的民家中，“自在钩”通常比较简单，而在上层阶层的府邸中，则可以相当精致，包含雕刻木鱼或其他象征形式的装饰性金工制品。

在民家这类住宅中，从梁架上会悬挂出一个被称为火棚的木架镶板。它通常被设计为正方形，中心位置挖开孔洞，水壶锁链从中穿过。在寒冷的天气里，这个架子可以将热量聚集在地面附近，并可利用地炉烟气熏制鱼或肉类。尽管火棚可以防止热量上升，保持围炉里周围区域的温暖，但它同样会积聚烟雾，让室内环境烟雾缭绕。

上图： 一个悬吊于天花板的金属自在钩（水壶架），人们可以方便地调节茶壶的高度。

中图： 金属托架位于围炉里之中，用来支撑茶壶。

右图： 简单而富有创造性的自在钩——粗糙绳子上的雕刻木鱼。

浴室、水槽、厕所和便器

对于传统日本建筑来说，用于清洁身体和排除污秽的空间是与房屋主体及其他建筑物分开的，并按照风水原理进行布置。浴室往往独立设置，与厕所或便器房间分开，通常从走廊进入，藏在房屋角落的后侧，且位于北侧以避免阳光直射。在某些情况下（尤其是下文所述的“五右卫门浴桶”），浴缸甚至独立于住宅，既可以设置在单独的小建筑中，也可以在露天环境下，通过简单的屋顶围护。

历史上，洗澡在日本是每晚的仪式。当清洁身体后，人们将身体浸入装着热水的深桶之中。这种浴缸通常由木板制成，被制成桶状或盒状，其常用的桧木在潮湿时可以膨胀并散发出令人愉悦的气味。而浴水则在附属的小房间中被生火加热，或通过浴缸间隙中的柴火加热。对于五右卫门浴桶（见本页图33）而言，浴缸可以被看作一个装满热水、并用柴火加热的大铁锅。沐浴者小心地步入并沉入浴缸。

人们通常使用木材、铜或陶瓷制作简单的洗手盆。水盆旁边放置的容器（带有一个木勺）位于木格板之上，以将水排出室外。洗手盆可以放在地板上，也可以通过盆架升高至地面以上。而与厨房相关的水槽通常放置在土间或其相邻空间里，这种木刻长槽附有沟槽，以排水至室外。

便器和便池位于两个相邻的小房间内，而非同一个房间。为了与建筑其他部分的格调保持一致，这些房间通常也是用木头精心建造，同样具有迷人的细节设计。这些房间可能会配有一个小窗，可以看到室外庭院或自然景致，正如谷崎润一郎在其开创性的日本美学散文集《荫翳礼赞》中所述：“客厅固然美观，但在日本的厕所中，却可以得到精神上的休憩……无论是在荫翳中静坐，在障子门反射的微光中沐浴，抑或耽于冥想，眺望庭园美景，这种感觉难以言喻。”[34]

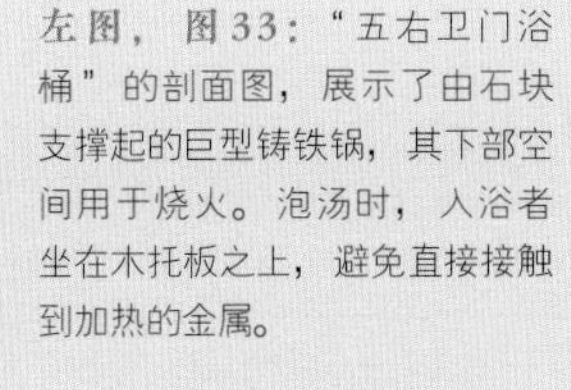

左图，图33：“五右卫门浴桶”的剖面图，展示了由石块支撑起的巨型铸铁锅，其下部空间用于烧火。泡汤时，入浴者坐在木托板之上，避免直接接触到加热的金属。

中图：一个简单的木质小便池，位于一个独立且有窗的房间中。

下图：经石头雕刻而成的水池，可用于洗手。

右图：深深的桧木浴缸，装满水以供人浸泡。

第十四章

家具

在日本传统住宅建筑中，家具被设计得可在各房间之间移动。虽然通过滑动屏板已经能够分隔房间，但使用便携式立屏或折叠屏风则可以进一步划分空间。从历史上看，房间中的空间等级秩序不可或缺，通过覆盖着榻榻米的凸起平台进行表达，强大的主人不仅以此体现客人的尊贵身份，还可以展示自己的社会地位。在地板和天花板所展现的现有空间层次之中，凸起的地台营造出附属的垂直层。

只有很少的房间具有固定功能，大多数房间需要在不同时间容纳不同人数，并适应不同的功能，因此家具的尺寸倾向于个人使用，而非公共用途。例如一个小房间可兼具睡眠和进餐功能，但没有足够的空间同时进行这两项活动，因此用于睡眠的家具（布团）和用于就餐的家具（座布团和矮茶几）在需要时必须移动入位，在不使用时则可将其移除或收纳。因为人们在地板上而非桌椅上生活，所以就座、书写和进餐所需的家具可能会低至地面，其尺度也相对较小，从而易于移动和储藏。

不单单进餐和入眠的家具是便携式的，照明和取暖所需的家具也被设计得可供个人使用或移动。人们仅在需要的位置进行照明和取暖，而非应用于整个建筑物或是单个房间。烛台、托架或灯笼上的蜡烛，以及后来的煤气灯带来了光线（谷崎润一郎在其《荫翳礼赞》中以诗意和怀旧的方式表现了这种“微光闪烁”的美丽氛围）[35]，而火棚则装满燃烧的木炭，为人们提供热量。

即使在例如茶室或佛寺本堂这样具有专属功能的空间中，大多数家具的设计也适合人体需求并可以移动。在炎热的月份里，便携式炉（用来煮水的火盆，可放在地板上）可以代替茶室榻榻米地板内置的炉。另外，僧侣们在庙宇中日常祈祷需要使用矮桌和坐垫，尽管它们通常每天都放在原处，但也可以很容易地移开以举行特殊仪式。

对页图： 放于木地板上的是圆形的稻编座布团和低矮的书桌，可以观看庭园景色。

上图： 京都安乐寺，为了静观庭园景色，设置了布艺的座布团和抛光的漆桌。

中图： 木枕顶部压盖着鲜艳的布艺枕垫。

下图： 直接放在榻榻米上的矮桌，便于挪动或移除，从而使空间使用更为灵活。

空间划分

由于房间之间的滑动隔断经常保持打开的状态，有时也可能被完全移除，因此在日本发展出诸多类型的屏风和窗帘，以保证私密性并控制光线。既有由单块实心木板构成的立式屏风，也有由多个折叠面板组成、呈手风琴状的“屏风”，用于在大空间中产生分隔和保护隐私。冲立可见于房屋或旅馆的玄关入口小厅中，以限制从入口看到建筑内部的视野。它还可用于餐厅和起居室，以提供私密性，并将空间调整为适合个人或一小群人的舒适尺寸。风琴状屏风则通常带有精美的绘画或装饰，也用来划分空间。这些家具都立在地板上，主要用来阻挡人们坐姿而非站立高度的视线，并在空间中形成物质性屏障。

另一方面，悬挂式窗帘和百叶窗可以遮挡站立时的视野，却不会妨碍人们在空间中的移动。暖帘是一种顶部缝合、底部四分之三分开的织物挂帘，它被挂在竹竿上，竹竿则被门顶的挂钩固定。它还特别用在住宅厨房、商店和饭店的入口，标志着商店开门营业（一些住区将暖帘连接到可移动木架上，但大多数则悬挂于门口）。[36]而帘则是一种悬挂式百叶帘，由细小的竹劈或芦苇绑扎制成。通常它们被悬挂在屋檐末端以遮挡阳光直接进入房间。帘可以过滤从园林或外部空间射入室内的光线，同时将内部空间延伸到阳台和屋檐的边缘。

地板上的生活

在日本，传统的日常生活（进餐、就座和睡眠）都在地板上展开，于是需要一些特定的家具。地板上的坐垫被称为座布团，这种充满填絮的布垫子使人们更加舒适。当天气温暖时，人们则使用一种类似于榻榻米、覆有草编的薄垫子。在皇室住所和一些寺庙及神社中，有时候为了显示威望，重要的人物（天皇或神职）会坐在地面以上更高的地方，这时候会使用宝座状的椅子（又称“倚子”“绳床”和“曲录”）。这些“宝座”通常宽且深，类似于地板坐姿，因此几乎可以被理解为升起的地板区域，而非西方意义上的椅子。

右上图：帘被悬挂于屋檐下，为寺庙庭园的人口遮阳。

中间图：暖帘被挂于入口，表明商店正在营业中。

右下图：冲立屏风用一整块木头制成，用来分隔出门厅空间。

最右侧图：一个铰合的屏风，可以根据需要移到不同的地方或用来存储。

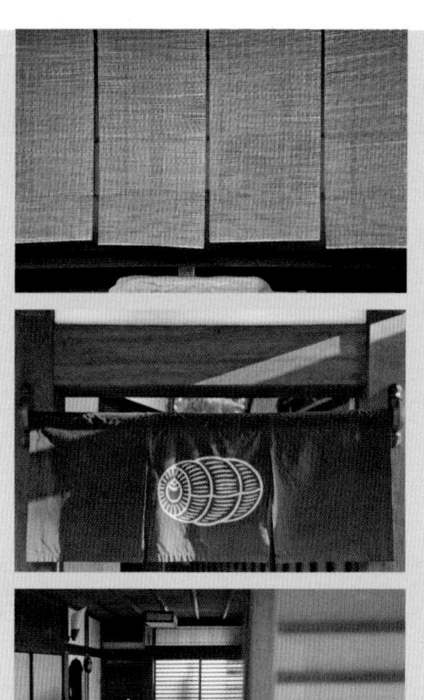

书写则是在一张小桌子上进行，由两块侧板支撑起长条木板，为了防止损坏榻榻米，桌子底部带有水平木条而非桌腿。有时候桌子里还会嵌入一些抽屉，用来存放书写用具。而食物则被放在小型漆足托盘上，从而抬高到地板以上的高度，这样人们可以方便地将碗拿起并送到嘴边。在厨房中常备这些托盘，每种食物都放在一个单独的盘子中，以搭配其颜色和质地，继而送至就餐空间。在一些特殊场合下，每个人面前会摆放一个名为“七轮”的小烤锅，以便在用餐时单独烹饪食物。

人们在布团上睡觉，其夹芯垫子通常与榻榻米垫等大，布套内充满填絮，它被直接放置在地板上，另有单独的被子盖在垫子上。传统枕头的设计可让人们在侧睡时保持头部位于在地板之上，从而使空气在颈部下方流动，并维持精心修饰的发型。有一种传统枕头由木盒子构成，上面放有一个填充荞麦壳的圆柱形枕垫，枕垫上还会覆盖折叠的纸张，脏了之后可以很方便地更换。而诸如梳子、镜子之类的盥洗用品及其他必需品可以存放在盒子中，兼具旅行箱之用。另外，爱德华·莫尔斯还记录了其他类型的枕头——篮筐和陶瓷枕头，并指出“外国人第一次使用这种枕头后，第二天早晨会导致脖子僵硬。夜间每隔一段时间，他都会感到自己正从床上掉下来，因为头部的任何自由移动都会致其从枕头上掉下来”[37]。

人们的服装被存放在箪笥箱中。传统上，当和服被穿旧之后，会放在被称为“衣桁”的特殊衣架上晾晒，衣桁由木杆或竹竿制成，还用于展示漂亮的和服。

上图： 草编的薄垫子用作榻榻米垫的面层，包裹一个简单的夏季枕头。

左图： 一个厚厚的榻榻米台面和一个座布团，座布团的边缘使用华美的布料，象征着尊贵。

中图： 在夜间，人们布置好带有被子和枕头的布团，起居室便转变为寝室。

下图： 精制的皇座以龙为装饰，俯瞰着首里城奢华的正殿。

加热和照明

除了某些灶炉、窗户和开口，传统日本建筑中没有内置的光源和热源。相反，这些只是按需使用的独立小元素，它们往往只适合个人单独使用，仅提供适宜的热量或光线。

最初夜间唯一的直射光源是蜡烛，由植物蜡和纸芯制成，它们被放置在金属托架上，可以根据需要在房间之间移动。蜡烛还可以被放入用和纸包裹的木框灯笼中，散发出炙热的光芒。尽管早期的灯具采用植物油（多为菜籽油）作为原料，但在明治时代日本引入煤油和原油后，煤油灯和油灯被广泛使用。[38]这些灯有着诸多形式，从简单的金属托盘到精致的陶瓷灯笼（或由木材、纸张和金属组合制成），不一而足。有些可以立在架子或桌子上，而另一些则从上方悬挂或放在地板上。

人们采用“火钵”进行加热，这是一种装有灰烬和木炭的火盆。其中的金属或陶瓷碗具通常被单独使用，但也可以放在一个便于携带的木箱之中，木箱的把手被嵌入盒子侧面。木制底座上架起金属锅，便构成了一个简单的火钵，长长的金属筷被用于添加或调整木炭。虽然火钵是一种很好的热源，但只能加热附近区域而非整个空间。大型的火钵还可以包含一个金属支架，以承托水壶将茶水煮沸。在温暖的天气里，一种相似的便携式火盆——“炉”被用于茶道中，因为它比嵌入地板的火盆更为凉爽。在使用时，炉和其他茶具一起放在地板上。而被炉则是后续的产物，人们将火盆放在桌子下面，棉被则位于桌子上方，以存蓄热量（见本页图34）。如此一来，几个人就可以将腿放在桌子下面，并用被子盖住膝盖，从而分享火钵的热量。这对腿部和身体前半部的保暖非常有效。

收纳储藏

大多数用于储藏的家具都以壁橱的形式嵌入建筑物之中，或者偶尔以楼梯柜的形式出现，还有部分融入其他物品之中，比如枕头

左图： 围炉里不仅温暖了其毗邻的空间，同样也可以用于烧水。

左下图，图34： 一个被炉——热炭盆置于桌下，厚被覆在其上，为寒冷冬日带来温暖。

右上图： 简单的木烛台和金属支架撑起蜡烛，它们被挂在长押上。

右下图： 一个圆柱形的烛灯，不仅可以到处移动还可以附在任意一个长押之上。

最右图： 在木灯笼中，玻璃小窗围护着传统样式的蜡烛，把手和平底的设计是为了便于室内外均可使用。

上图： 空间中的两个柜子，其中一个有宽大的抽屉，低矮的柜腿将其撑高于地面；而另一个则平放于地面之上并包含了很多的小抽屉，它恰好可以放置在房间的一角。

右上图： 一个高高的厨房柜子，盘子等厨房用具被存放在柜橱和抽屉之中。

右图： 不同大小和形状的抽屉和柜橱，配有金属合页、手柄、拉手以及锁具，这些五金配件既实用又美观。

最右图： 一个小巧的便携式箪笥。在运输过程中，使用一个金属提手和两根织物条带使其固定。

的基座。但是有一种用于储藏的重要家具并不是内置式的，而被设计得可移动，这就是箪笥柜。许多箪笥体量小巧，便于携带，但对于一些需要频繁移动的大型箪笥，则要为其配备轮子。

这些箱子可以只包含抽屉，也可以是抽屉和橱柜的组合。箪笥由木材制成，精良的箪笥会使用抑制昆虫和湿气的木材，例如桐木和杉木，而桧木、栗木和鱼鳞云杉等木材也被使用。箪笥的表面可以使用漆涂，或用柿单宁、氧化铁及其他颜料进行染色。尽管箪笥可以完全由木材制成，但许多都装有金属构件，用作拉手或在抽屉和柜角上进行加固。金属加工的构件通常会被雕刻并具有极高的装饰性，匹配精心制作的箪笥，表现主人高贵的社会地位。

箪笥具有各种不同的尺寸和各式功用。在江户时代，武士（贵族武士阶层的成员）的箪笥有着多种用途。反映当时生活方式的典型箪笥包括用于存储书籍的“书箪笥”，用于存储剑刃的“刀箪笥”，存储茶具的“茶箪笥”和存储服装的“衣装箪笥”。[39]有一些箪笥用作厨房橱柜，以存放其他日常用品。还有的用来存储商业用品。其他箪笥也都为其特定对象而设计（例如和服），抽屉的大小和形状则反映了其用途。在许多地区，新娘们会把妆奁带到夫家，它们也许是装满衣服的衣装箪笥，又或是更小的手元箪笥，用于存储发饰和化妆品等个人物品。

第十五章

装饰物品

在日本传统建筑中，大多数装饰物是固定的建筑元素。尽管在某些情况下，建筑也被专门设计用来展示某些装饰性物品。其中一部分物品被永久性展示和使用，例如一些和神棚、佛坛相关的装饰物。其他如茶道用具，则仅在准备或进行茶道仪式时才被展示；不使用时则会被藏在箪笥或壁橱中，只有在需要时取出。

有一种经过特别设计、专门用来展示装饰物的空间，这就是日本传统建筑中的“床之间”，这类装饰风格的壁龛可见于书院风格和数寄屋风格建筑的正式接待室。通常在其中展示的两种饰物是卷轴绘画（挂轴）和插花（或盆景）。它们的挑选、布置都会对应一年中的特定时节，插花时常更新，挂轴则会根据季节变换主题。为了特定的来宾或特殊的活动，主人也会选择不同的挂轴和插花。

虽然大部分住宅房间并不堆放家具和物品，但在一些寺庙和神社建筑中，却固定陈列着雕塑及其他宗教物品。佛寺的祭坛桌通常放置在永久性塑像的前面，这里所供奉的也许是佛陀或菩萨。

而祭坛上方空间的装饰视佛教的流派而定，对于真言宗这样充满奥义的佛教流派，其典型装饰为悬挂黄金或其他金属的吊饰。另外，在大殿墙壁上装饰浮雕也是一种手法，例如在宇治平等院凤凰堂的墙壁上，雕刻精美的伎乐供养菩萨飘浮在云中（见第118页图29），这反映了平安时代流行的净土佛教审美。

挂轴

在许多正式的接待室中，挂在床之间里的卷轴是房间中具象艺术的唯一示例，甚至在整个建筑中也是唯一的。别的装饰品或许是抽象的，但挂轴常常展示知名人物或可辨识的场景。通过柔和的色

左图： 床之间界定了空间，并突出了其中的书法挂轴和石雕。

中间左图： 挂轴中的红色笔触和冲绳首里城正殿的鲜红漆柱产生呼应。

下侧左图： 充满动感和对比感的插花艺术，被精美的陶瓷花瓶和黑色漆托所衬托。

底图： 折草为蝗 —— 充满趣味的季节性装饰元素。

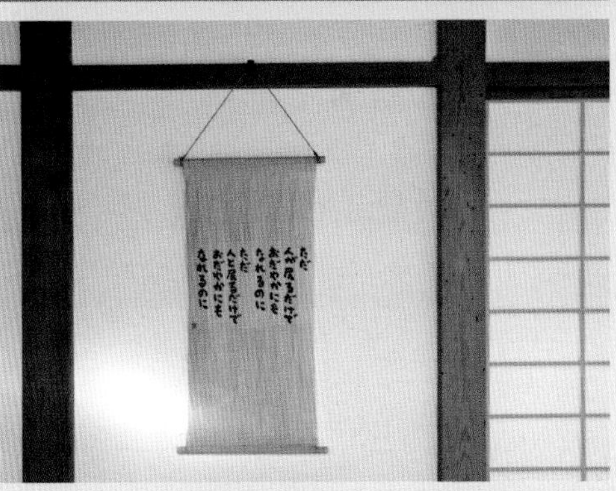

顶图： 一幅绘制于和纸上的水墨画，一块织物挂轴，以及一张小木桌构成了色彩和尺度的均衡。

上图： 长押上悬挂的是一幅简洁的黑白书法挂轴。

彩或灰色的色调，挂轴中描绘了自然风景、城镇风光、花卉、植物、鸟类或兽类等典型主题。而人们选择展示的依据则是挂轴对当季时令的表达。

以书法形式呈现的挂轴也很常见，并以著名诗歌或漂亮的汉字（基于中国文字的日本表意文字）为特色。它们通常在白色背景上用黑色墨水写就，甚至书法家的毛笔只需要浸入一次墨水即可。每当诗句和文字节跃然纸上，既可以呈现柔和流畅的线条，也可以体现活力充溢的遒劲笔触。对书法的选择会反映季节，或与特定的人物及地点建立具有意义的联系。当人们在茶室中展示书法的时候，文字的内涵对于设定茶道的基调十分关键。

挂轴上的绘画和书法首先在纸或绢布上完成，最常见的绢布是丝绸或白色缎子。[40]随后它们被附着在彩色或有图案的背景纸或织物之上（织物也可以附着在另一层上），从而框定图像或诗歌。卷轴的顶部和底部被缠绕在细木竿或竹竿上，顶竿上则系上一条织带以便悬挂。挂轴被悬挂在床之间天花板下方的横梁上。挂轴通常是细长形的，类似于床之间本身的纵横比例。由于挂轴质量轻且可以卷动，因此易于展示、挂取和存放。

在日本传统建筑中，时间最短暂的元素是插花（日语为“生花”），其字面意思是“鲜活的花朵”（见本页图35）。尽管很难将其视为建筑元素，但插花是床之间中必不可少的组成部分，而床之间又可以说是正式接待室或茶室中最重要的空间。插花还遵循着“真行草”（正式—半正式—非正式）的美学原则，该原则还被应用于茶室、庭园小径及诸多其他建筑元素的建造。传统上，花道中使用的鲜花是从室外或附近的园林中采摘的。于是理所当然的，插花因美丽及其与时节、地域的联系而广受赞誉。但同样让它饱受赞誉的是鲜花生命的短暂。“物哀”是日本文化中的一个重要概念，体现了对逝者如斯的感物生情。

瓶或碗被精心挑选，用来增强或补足插花的形式，并为其尺度定下基调。花瓶是构成“生花”的重要部分，或许其本身已经是美丽的陶器，但无论花瓶多么漂亮，如果它使花朵黯然失色，就会被弃之不用。在茶道中，人们精心选择花朵，来反映季节并增强特定事件的氛围。这种细致的布置遵循着特定规则，基于不对称的和谐均衡美学。用于茶道仪式的花束和绿植往往从庭园或野外采撷，并以惊人的颜色和肌理效果组合在一起。像所有传统日本艺术

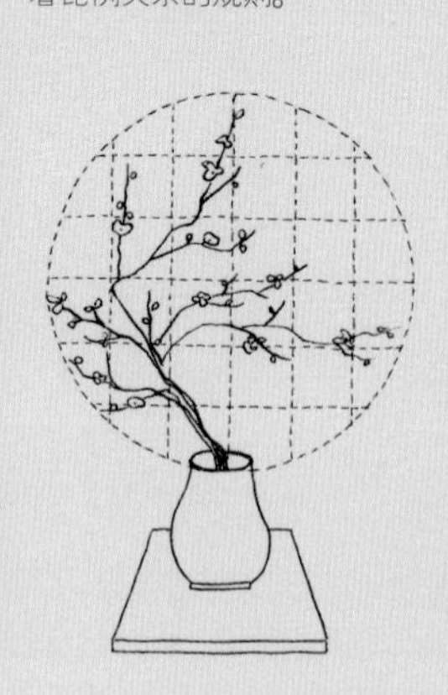

上图： 简洁且不对称的插花，呼应了季节并营造出亮点。

左图： 朵朵樱花以不拘礼节的形式排布，暗示着时令花卉生命的短暂易逝。

下图，图35： 插花艺术遵循着比例关系的规则。

一样，插花艺术需要经过多年的学习和实践方可习得，训练有素的慧眼可以识得其精妙所在，并领会布置的技巧。

雕塑

尽管在大多数情况下，雕塑只出现在佛教寺庙，但有时候床之间中摆放的并非插花，偶尔也会摆放小型的宗教塑像。在典型的佛寺建筑布局中，金堂是为了展现佛像而建造的，佛像会被供奉在空间的中心。在某些情况下，金堂甚至是为了一个特定雕像而建造的，其建筑的形式和规模也反映了特定佛像的造型和尺寸，两个很好的例子是奈良东大寺的大佛殿和宇治平等院的凤凰堂（见第118页图29）。

东大寺大佛殿始建于751年（现在建筑的尺寸是原长度的三分之二，于1199年经历大火和战争后复建），旨在容纳和展示一尊巨大的镀金青铜莲花座佛陀塑像。这尊大佛高16米，是世界上大型的青铜佛像之一。在佛寺中，往往许多雕像只能从正面和侧面观看，而人们不能绕到背面。但大佛殿的建筑设计则将佛像置于空间的中心，人们可以从四面进行观看。在其正立面上还开有高窗，因此佛陀的面部似乎可以从大厅中望向室外。

无独有偶，建造于11世纪的平等院凤凰堂也采用了类似的设计，使得佛陀的眼睛得以凝视正立面的开口。入夜，当凤凰堂的室内被点亮时，人们从庭园中即可看到佛陀发光的面孔。在凤凰堂正中，恭放着木造金箔阿弥陀佛坐像，繁复雕刻的叶形（弧形尖顶）背光从塑像后方升起，形成纹案背景。

雕塑的另一种传统用途是在大型寺庙的正门中使用。这些塑像成对放置，一左一右，用于守护圣殿。它们通常是用木头雕刻而成的，且怒目威猛。

上图： 古色古香的佛坐像，表现了与逝去历史的联结。

上图： 放置在床之间凹室中的小雕塑形成一个有趣的视觉焦点，却又不会喧宾夺主。

上图： 佛寺中经常出现宗教人物雕塑，例如京都安乐寺这尊造型优美的阿弥陀佛像。

左图： 在东大寺大佛殿的宏伟空间内，木造金刚力士塑像引人注目。

第十六章

室内装饰

从历史上看，上层阶级的住宅、寺庙、神社及其他公共建筑普遍会通过装饰彰显财富和权力。相比之下，乡间住宅或民家仅有少量的装饰，并倾向于从功能需求出发来创造装饰。例如民家的饰物可能仅仅出现在屋脊上，精心修剪的加厚茅草层可以加强屋脊的耐候性，抵御严寒。而简单的农舍或许没有任何额外的装饰，其美感来自木结构显而易见的力量感（有时是粗糙的），以及对建筑材料的大胆使用。材料和结构在其他建筑类型中也显示出相似的力量和美感，但往往也会添加装饰。

即使如此，这些装饰也像民家那样，产生于功能需求。例如金属接头扣盖可以模仿花卉的形式，门环拉手也可以制成船桨的形状。它们每一种都非常有效地实现了预期的功用，但却超越了纯粹的功能性，成为机巧和财富的醒目象征。

装饰物可以采用诸多不同的形式，但有一些共同的主题，最明显的是几何图形和自然图案，例如花卉、植被，禽鸟、动物和山河，它们代表着自然场景或事物。而江户时代的建筑装饰物则显得程式化而缺乏具象性，但是即便如此，其形式和图案也隐喻着自然。

天花板、墙壁甚至是地板都可以成为各类装饰品的画布。当把装饰应用于天花板或隔扇的表面时，需要精挑细选材料，从而增强空间体验。水墨画和带有色粉的绘画则被放置在光线充足的空间中，这样人们就可以舒适地欣赏绘画。在人流量较大处，和纸也被用于保护灰泥墙壁。或许和纸在茶室空间中还可以增强色彩的对比，比如在客人所坐的位置、墙壁底部使用一种颜色的和纸，而在主人的位置则使用另一种颜色，从而表现出空间的层次和身份。

金箔、银箔、漆器和珍珠母贝通常用在自然光受限的空间中，是能够反射光线的装饰材料。用谷崎的话说："漆面的光泽……反射出摇曳的烛光，使得静寂的房间里，仿佛有阵阵清风拂面而来，

左图： 装饰性金属板构成了这个简易锁扣装置的基础。

右图： 厚重梁柱的木表面上带有“本井”凹槽，可以捕捉松本城天守阁的光线。

下图： 突梁的白漆末端保护了木材，并赋予了结构元件组合对比和层次。

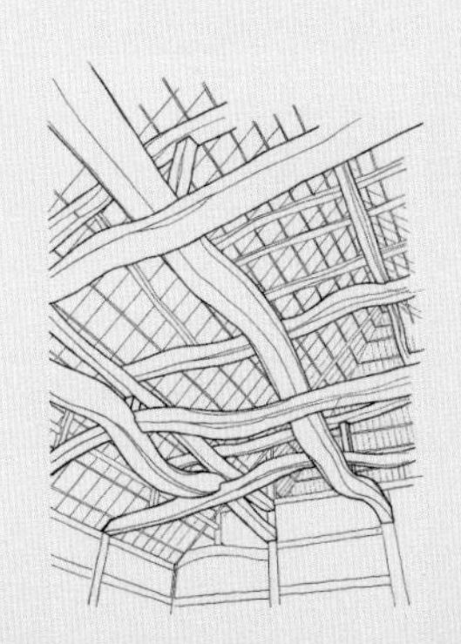

左图，图36：这是一个不同寻常的民家屋架结构，充分利用了木材的自然形态，将弯曲起伏的树干编织为一体。

下图：一个小巧的接缝扣盖，展示了云雾中的富士山，与这座圣山建立了微妙的视角参照。

上图：当两条缘侧游廊相交时，三角形的竹地板构成过渡空间。

左图：菊花接头扣盖表明了明治神宫与皇室的联系。

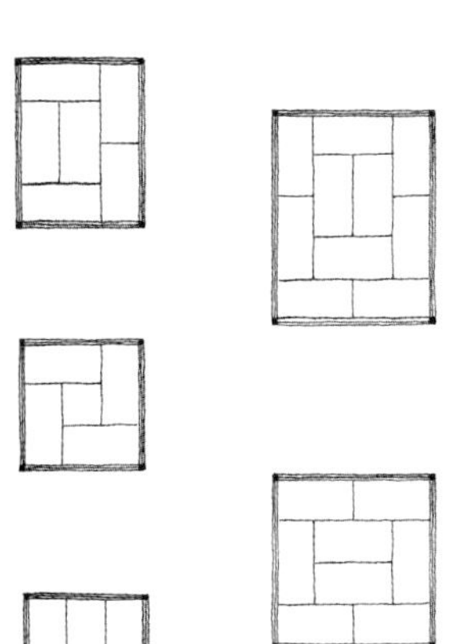

右图，图37：榻榻米地板的典型布局图案。它们利用了榻榻米垫2:1的比例关系，垫子呈垂直排布。

不知不觉将人引入冥想之中。假如荫翳的室内没有一件漆器，那梦幻世界真不知要减损几多魅力……”[41]

结构要素

不像亚洲其他地区，日本的梁柱上很少出现雕刻或绘画，但也并非全然绝迹，在其佛教建筑中仍可觅得案例。在这些建筑中，室内的屋架或重要的结构横梁上，兴许会刻有龙、云或其他具有象征意义的图形。这种雕饰的结构元素始终位于可见位置，支撑着建筑物的主要空间甚至整个建筑群落。

木匠们并不直接使用装饰物，而是通过观察木材的纹理、颜色和造型来选择结构构件，并对其进行切割和抛光以最好地展示自然品质。不同种类的木材显示出不同的纹理，例如桧木为紧致直纹，而红松则为花纹；木材还呈现出不同的颜色，例如桐木呈现淡奶油色，而樱树皮则为斑驳的红棕色。另外，取决于木材的生长地点和生长方式，它们可以厚而直或薄而弯。木匠们会去利用不平整木材产生的自然应力，例如在屋架中使用弯曲梁，甚至在民家中打造梁架编织结构（见本页图36）。

装饰性地使用立柱显得尤为容易。有时候树皮会完好无损，或是仅除去外皮露出光滑的内表面。另一些情况下，柱子被刨光如丝般平整，抑或处理成粗糙而有棱有角的表面。根据所需的效果和用途，柱子的截面形状可以制成圆形或正方形，比如奈良东大寺南大门，沿其长度方向呈现出柔和的收分曲线（在柱子下部凸出）。此外，一些木柱上或许还刻有浅浮雕，例如床之间边缘的床柱。

这些柱子旨在呈现特殊的美感。床柱既可以表现树干自然生长时的形态，也可以利用特殊的木材或纹理，使之成为房间的焦点。在某些情况下，柱子也会极尽装饰，例如建于17世纪的日光东照宫阳明门，其柱子上覆盖满白色灰泥浮雕装饰图案。

左上图： 榻榻米的织物封边为地板提供了精美的装饰。

左下图： 滑动隔板上绘有自然风光，并以金箔进行装饰。画面中展示了崎岖的岩石和栖息于劲松间的仙鹤。

右上图： 在京都仁和寺旧御室御所中，墙壁和屏板上都描绘着田园风光。

右下图： 木质横梁上充满精致图案，光线和空气从相邻的空间穿过。

地板

由于频繁使用，且人体与之持续接触，在地板施加装饰并非上策。通常地板的美来自木板纹理的表现，或空间中榻榻米布置所形成的图案（见第139页图37）。在地板上铺设时，四个榻榻米垫的对角并不相交。例如，当两个垫子的长边相互接触，那么其短边则与第三个垫子的长边对接。传统上，垫子的铺设从中心开始，呈螺旋状排列，[42]但也可以发现许多其他的图案拼法，而垫子的布边也为少量的装饰提供了机会。

对于榻榻米垫的布边来说，最基本的材料是黑色亚麻布，有时候也会使用其他深色布料。但如果预算允许或在社交场合下，色彩丰富且编织精美的锦缎会成为传统榻榻米布边的首选。织物的彩色与新榻榻米的浅绿色（或陈旧榻榻米的浅黄褐色）形成对比，在地板上勾勒出显眼的图案。然而它并非喧宾夺主，布条占垫子宽度的比例及其与整个榻榻米的比例关系恰如其分，在房间内呈现出柔和的背景网格（布带的宽度约为榻榻米宽度的1/30，榻榻米的整体尺寸约为182厘米×91厘米）。

墙壁与横梁

墙壁是传统房间的视觉焦点，其平坦的表面易于着色和增加纹理。它们常常采用土质抹面，以彰显泥土的色彩和粗糙的质感。有时候人们也将天然颜料添加到灰泥混合物中，例如锈橙红色的氧化铁颜料——弁柄。但是通常灰泥所选用的土料会表现其天然色泽——灰色、绿色或棕色等。土墙混合了稻草和沙子，具有天然的纹理，可以采用刷子打磨形成棱纹，也可用泥刀将其抛光成为反光面。

有时候，墙壁也会成为绘制画作或拼贴彩色手工纸图案的画布。例如在四国金刀比罗宫奥书院的墙壁上，不仅覆盖金箔，还满布花卉与蝴蝶。在京都桂离宫的松琴亭，几面墙壁上都贴有靛蓝和白色的和纸，呈现出鲜艳的棋盘格图案。由滑动障子门和隔扇构成的墙壁也经常被高度装饰，障子门的木格可采用许多不同的图案，而隔扇板纸面上可用墨水或其他颜料绘画。至于活动隔断上方的横梁之上，可以精心雕刻几何图案或自然风光。此处形成开口以保持空气和光线流动；也可以像障子门和隔扇那样，采用水墨或漆箔以匹配隔扇的颜色。

天花板

简单的木造天花板上装饰着木条，木材的颜色和纹理及其精美的工艺散发出美丽的光芒。书院风格的房间中则有着更为复杂的木格天花板，它具有精美的图案，甚至不需要额外的装饰。网格的比例，木板与木格的交接关系，天花板与墙壁过渡处光滑的曲线，木材的纹理和光泽都已经充当了装饰。与地板相比，天花板很容易进行装饰，因为它们难以触碰，也不像传统日本墙壁那样具有很多的活动部件。于是在日本发展出诸多的装饰性天花板及其施工工艺。

天花板上可以绘画、涂漆或烫镀金银。人们通常组合使用颜料、生漆、金箔或银箔来描绘自然图像或几何图案。某些天花板甚至以更不寻常的方式完成，例如在京都数寄屋风格的角屋扬屋（娱乐房）中的某处天花板，上面覆盖着金箔和扇形的彩绘纸张。这种创意装饰在江户建筑中十分典型，专为享乐而设计。

金工制品

由于日本木匠的高超技艺，以及日本建筑中相对较低的金属使用率，传统建筑的设计力求使用很少的金属钉子或其他金工元件。实际上，许多建筑物都是在不使用任何金属连接件的情况下建造的（尤其是民家）。但在预算允许的情况下，金属也会被使用——也许是在仓门上的制作铰链，或是扣盖住接缝处的木销钉，抑或是为滑动隔扇增添的门拉手（日语为“引手”，字面意思为“拉手”）。

由于金属主要用在高档住宅、寺庙、神社和其他建筑，历史上的金属制品总是用来装饰金属本身。金属扁片上刻有装饰图案或自然纹理；节点扣盖则更为立体，可以做成花卉或家徽的形状；大门拉手必然是三维的，它们需要为手指提供合适的位置，其形状可以很简单，例如比例匀称的矩形也可以采用寻常物件的造型，例如江户时代京都桂宫主要居所的门拉手，其四式“插花”暗示四种季节。

在某些情况下，金属被用来填补建筑结构或保护建筑物。厚厚的金属带很可能被包箍在大木柱的底端，这对于加固已经修理过的大门尤为重要。此外，高雅装饰的金属锁具会被用于保护厚重的木门。

左图： 在京都诗仙堂中，天花板带有纹理，而墙壁上绘制着人物并写有诗歌，营造出两种截然不同的装饰。

下方左图： 东京六义园“踯躅茶屋”的装饰性屋顶结构。

下图： 一幅龙形绘画为京都建仁寺龙王殿打造出生机勃勃的天花板。

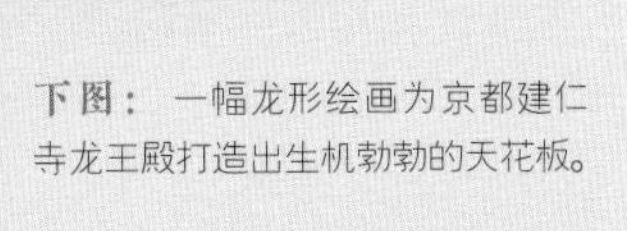

上图和右图： 装饰性金属制品既实用又美观，接头扣盖、门拉手和加固板通常在形式和装饰层面上都会涉及自然。

第十七章

室外装饰

建筑物内外装饰的数量主要取决于两点——房屋所有者的财富和社会地位或是建筑物在社会中的重要性（例如寺庙或神社）。所有者的地位越高或越富有，在房屋中添加装饰的可能性就越大。另外，根据特定时代的审美和宗教信仰，寺庙、神社等建筑中的装饰数量和种类也会随着时间而变化。在平安时代，和平的社会局势和人们相对充裕的财富可以反映在其繁盛的建筑之中。这种现象见之于住居，并一直持续到江户时代，此后德川幕府颁布了禁奢令并强化了社会规范，根据家庭不同的社会地位，规定其可选用建材的类型和可用于住宅的装饰品数量。

建筑中的任何元素都可以通过装饰进行增强。在传统日本建筑中，几乎所有外部元素都可以进行装饰，无论是屋顶和屋架结构、墙壁还是建筑基础。与室内装饰一样，大多数外部装饰都源自实用功能的需要。但从视觉角度，它们是必要的元素，而非孤立多余的组件。

如前所述，无论是简朴的农舍还是精致的寺庙，屋顶都可谓是传统日本建筑的主要元素。尽管屋顶的主要目的是为人们提供庇护，但它也可成为各类装饰的“画布”，无论是茅草还是陶瓦。例如在一个民家中，用来加固茅草顶屋脊的草捆可以被捆扎成有节奏的图案。虽然它是装饰性的，但却从必需品中诞生，仅使用触手可及的材料来完成修饰任务。

然而上流社会的住宅却可能拥有非常华丽的屋脊，采用层层的装饰性陶瓦，并达到了惊人的高度。同样，寺庙建筑的屋脊除了具有多层陶瓦，且可能包含高度风格化的鬼瓦。寺庙的屋顶还可能由层层的木屋架支撑，它们精雕细琢、仔细组装，以营造出浮云之感。

墙壁提供了很好的装饰空间。木格、木板、木条，以及泥土、

对页图： 伊势神宫内宫神乐殿屋顶的标志——错综复杂的细部和平滑流畅的形式。

上图： 作为屋顶最薄弱的部分，屋脊采用陶瓦和砂浆层进行加固，并用一排筒瓦压顶，其山墙端则采用鬼瓦进行装饰。

下图： 京都二条城二之丸御殿的美丽屋顶，通过金工饰物，木雕和瓦片进行装饰。

石灰石膏或陶瓦的覆层可产生充满装饰性的纹理和图案。由石灰灰泥制成的浮雕被称为“镘绘”，在墙壁中表达与自然的联系，或帮助保护建筑物免受火灾，例如在仓储建筑上使用一种镘绘并装饰成汉字“水”的形状。尽管任何类型的建筑物都可以进行装饰，但仓储建筑确是需要装饰墙的首选。它们被石膏覆盖以进行防火，尤好采用镘绘的形式。

装饰也适用于建筑基础，例如可将础石雕刻成可识别的形状，或在其上覆盖花卉或几何图案。基座的地板也可以铺设具有装饰图案的石材或陶瓦。与其他示例一样，装饰虽然不是必需的，但也绝非多余，而是有效强化了基本建筑元素。

屋顶和屋顶结构

能够进行装饰的不仅仅是屋顶的结构和面层，其自身形式也可以充满装饰性，寺庙和神社的屋顶尤为明显。一个典型的案例是在同一个空间中将两个屋顶组合在一起，例如始建于8世纪的九州宇佐神宫，其主要建筑展现出“八幡造”风格，这座神社的室内空间本可以由一个屋顶覆盖，但取而代之的是，神社设计两个形式相同且彼此相连的屋顶。人们认为这种风格是从较早的佛寺中衍生而来的——在毗邻现有大厅的地方为信徒建造一处单独的空间。双重屋顶可以被看作一种装饰性的建筑形式，人们得以体验到连续的室内空间，而非两个单独的空间。

屋顶上常常会出现富有表现力的弯曲屋檐，这也是一种装饰，因为直屋檐比曲屋檐更易于建造，且功能并无区别。通过选择不同

对页图：雕饰的梁架斗拱上，展现着猛兽和自然景象。

左上图：冲绳住宅的端瓦上雕饰着花朵图案。

右上图：木雕板上，一只仙鹤飞过层层风格化的云朵。

右下图：木材、金属和陶瓦均可进行装饰，但同时保有其实际功能。

的陶瓦面层及采用不同搭建方式，人们得以增强屋顶的曲翘之感。层层的筒瓦会延伸至屋顶边缘，此处会扣盖端砖，其上雕刻着花卉浮雕或家徽图案。而屋脊提供了更大的装饰机会，层层瓦片堆积出装饰图案，并在屋脊末端以雕刻得高度华丽的鬼瓦进行装饰，这种瓦片保护建筑物免受妖魔侵扰。

如果时间和财力允许，人们还会去装饰不太精致的屋顶。茅草屋顶的屋檐末端可以进行雕刻以表达层次或展示汉字字符及其他图像。而屋脊也可以用茅草、竹子、木头和陶瓦等不同组合进行建造，以创造出永恒性和庇护感的装饰性效果。

在大多数寺庙和神社建筑中，人们会去暴露并表现支撑屋顶的木结构，这种情况下结构通常也会被进行装饰。最简单的形式是用胡粉（碳酸钙制成的颜料）粉刷椽子的末端，由于端头木料最容易吸水，这些涂料可以有效地保护木材，且涂装后的椽头也增加了建筑的美感。出于相同的目的并采用类似的方法，椽子的端头有时会覆盖金属或陶瓦扣帽，其上往往雕刻有精美的装饰图案。

墙壁

在裸露的木柱间填充泥浆或石灰灰泥，这便是具有代表性的墙体建造方法，也呈现出完整的、非装饰化且令人愉悦的建筑美学效果。人们可以通过使用特殊颜色的泥浆或带纹理的饰面来增强墙壁效果，但很少在墙面上施加任何装饰。相反，装饰来自墙壁本身，它从墙壁的构造和表面处理中产生。但在某些地理区域或对于某种建筑类型来说（例如仓库和町屋），墙壁上也可能会添加装饰元素。然而无论从实际功效还是象征喻义方面，这些元素都增强了墙壁的功能。

在许多町屋中，外墙采用石膏粉刷，其下部墙面镶嵌木板以增强保护。这些镶板可能由垂直排列的简单木板组成，也可能更为复杂，例如下见板（重叠的水平板连接在垂直肋板上）。京都的町屋以其劈竹墙裙（又称“狗围栏”）而闻名，可以保护墙壁不易破损并且易于更换。

同样具有实用性的是在泥墙上添加平整陶砖和石灰泥层。尤其是对于仓库建筑来说，用灰泥（通常是石灰灰泥）将其完全包覆可以起到防火的作用，这种类型的墙壁被称为海鼠壁，为建筑提供额外的防火层。尽管存在着诸多不同的图案，但最常见的是平瓦组成的对角线网格，接缝处采用厚厚的石灰封堵。海鼠壁既可在下部墙壁使用，也可以覆盖整个墙面。

在仓库和一些住宅的墙壁上，人们常用镘绘进行装饰。这些三维浮雕由灰泥雕刻而成，贴附在屋顶下方的墙壁上。镘绘的内容既可能是汉字字符（最常见的是“水”字符，用来避火），也可能是家徽图案，或是以动植物为代表的吉祥符号。其材质由纯白石灰灰泥和着色颜料石灰灰泥混合而成，通常充满彩色且饶有趣味。

开口

在传统日本建筑中，许多窗户上都会附加一层垂直木条。尽管这些木条主要用于安全保护，但它们也可以成为装饰，在建筑外立面上增添动感和美观。许多町屋在其面向街道的外立面上贴有一层木格栅。有时这些格栅仅覆盖窗户开口，但有时候也会覆盖滑动门的开口。进入这些町屋的光线穿过两层格子结构（外部格栅和内部障子），创造出有趣的光影图案。

一些町屋二楼立面的灰泥墙壁上也开有狭缝。根据设计的不同，这些狭缝或是具有圆角或直角，或是呈现斜边或直边。狭缝让光线和空气穿过墙壁，同时为人们提供私密空间，并在建筑上创造出另一层图案。

通常仓库具有极富表现力的门窗开口。建筑物通过覆盖灰泥进行防火，因此人们可以通过控制灰泥的厚度，实现阻燃和装饰的双重目的。门体的框架由多层灰泥构成，而门窗开口通常也不会是简单的直边，层层的灰泥构造使其关闭时严丝合缝，以防止任何空气通过。而在门窗打开通风时，添附层层灰泥边框的窗户与平坦的墙面平行并列，仿佛雕塑一般。

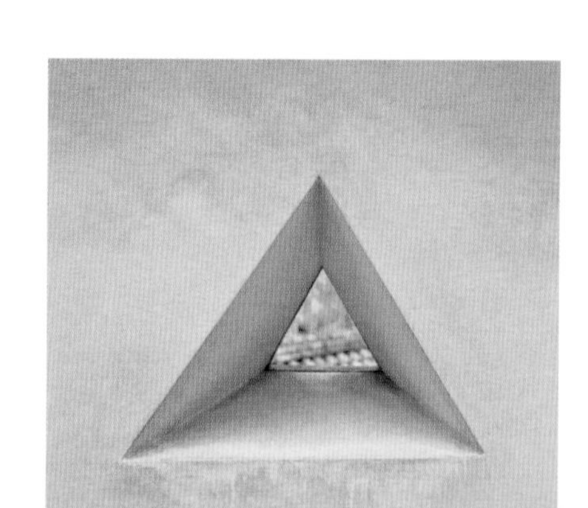

最左侧图： 这是一段粗糙的灰泥墙壁，其下部镶嵌木板，高处的方窗和低处的圆窗显示了墙壁的厚度。

左图： 天守阁外墙上的三角锥形洞口，其上覆盖石灰灰泥，兼具防御性和美感。

上方左图： 木格栅保证了私密性，但不会阻挡从内至外的视野。

顶部右图： 一捆捆的稻束加固并装饰了山村民家的屋顶山墙。

上方右图： 京都私人住宅的一堵墙壁，木窗框重叠于覆盖下部墙壁的木板。

右图： 京都花见小路区域的典型店面，可以看到异形的窗户开口，各种尺寸的木格栅以及用于保护下墙的“狗围栏”。

第四部分

园林与庭园

群山入画园林中，
夏日之客厅。[1]
松尾芭蕉（1644—1694年）

第十八章

塑造地景

人类主观地塑造大地的行为始于农业。在公元前3世纪，湿稻农业从中国引进，它最为显著的是改变了日本的地表形态。[2]在水稻播种和开始生长的时期，湿稻种植方式要求稻田被水淹没。漫灌的田地需要存水，因而需要塑造平坦的土地。然而，日本大部分的地势为丘陵或山地，因此必须塑造梯田，并用石头挡土墙围挡。

一旦社区达到了一定的生活水准，已经超越基本生存并开始繁荣，人们就可以积累资源，并有时间享受财富带来的好处。只有在此时，人们才能开始将风景看作实现美学和精神满足的画布，一种文化才可以开始为了娱乐而非生计去塑造景观。

在6、7世纪，日本与中国产生了紧密的联系，因此也产生了最早的服务于审美的人造园林和景观。在当时，这些建筑和景观受到中国品位的深远影响，彼时在中国流行的园林包括私家庭园，它们试图模仿自然界中的森林、丘陵、池塘和溪流等自然风光，比如巨石被用来象征山脉，蜿蜒的小径贯通整个园林。建筑与景观元素之间的关系复杂，且是经过深思熟虑的。[3]随后的唐代园林继续对日本产生巨大影响。中国皇家园林的设计与特定的建筑物有关，通常位于建筑的一侧。在这个时期，皇家府邸的规划影响了唐朝寺庙的布局，[4]反过来又影响了后来在日本建造的中式寺庙和皇室贵族住宅。

始建于706年的奈良法隆寺是日本现存最古老的寺庙，其场地被规划好，以便在建筑群的主要区域中创建石庭。院落的南端中门面向庭院，整个庭院被有顶的走廊环绕，并在北侧连接讲堂。宝塔和金堂左右并立，北侧的讲堂正对南侧正门，两者都位于院落中轴线之上。而院子中则覆盖着白色的砾石，其平坦开敞的空间与巨大精致的木结构形成了鲜明的对比。如此一来，这些构筑物可以被理解为限定空间内的对象，与可以围观的雕塑作品并无差异。

砾石庭院的应用还可见于皇室居所及贵族府邸中，它们同样结

P148～149图： 京都龙安寺耙理平整的沙砾。

对页图： 冲绳今归仁城遗址的石质城墙，它沿着大地的等高线布置，形成一道防御工事，保护墙内台地上的建筑。

上图： 京都西芳寺，树林和沼泽倒映在园中宁静的水面之上。

右图： 框景中展现了耙理平整的沙砾地层，其上嵌有步石、修剪的杜鹃花丛、装饰石块和一个灯笼，它们以层层叠叠的杜鹃丛为背景。

从左至右：从池中倒映的庙宇、一条山径轨迹、一组石块，到充满趣味的圆形稻田、令人惊喜的锥形沙丘、神奇的海中鸟居、甚至是框景之中，通往园林的寺中小路，无论是宗教的、居住的或是农业的景观，都可以是展现美的契机。

合了从中国引入的建筑形式和场地规划。这些住宅遵循着基于气候和常识性的风水学原理，其布局类似于寺庙建筑群，大多数公共建筑的南侧开有通往庭院的大门。在后部的院落中，建筑物的功能往往变得更加私密，建筑与景观的关系也发生了转变，以反映制式的变化。洄游式庭园也可以从建筑内部观赏，它和同一时期的中国庭园有着相似的元素，例如溪流、池塘、岛屿、桥梁和山脉。

随后，日本的中式建筑也开始反映本土的景观、气候和品位，于是庭园也随之发生了变化，甚至最终不再与自己的起源——中式园林有任何相似之处。这一发展的最初阶段是与净土宗相关的天堂花园——“极乐净土”，这种园林在11世纪中叶（上古时代末期）颇为流行。它们与寝殿风格的住宅一起建造，通过设计，来再现极乐世界。其特点是在建筑主体的前部（南侧）设置池塘，并可将寝殿倒映于水中。寝殿侧面的L形走廊伸入庭院，增强了建筑与景观的联系，独特的动植物更增添了隔世之感。在园林中，客人们既可在地面上漫步，也可在池塘中泛舟，欣赏自然美景。

伴随着12世纪出现的书院风格建筑，园林的设计发生了又一次变化。像早期的佛教寺庙群落一样，书院风格的住区也融合了正式的砾石前院和相对随意的园林，园林同样位于主接待厅后院的私人区域。在与庭院的关系中，大门和主厅的入口位置略微偏离南北中轴线，接待厅后院的建筑也是如此，在建筑之间和围墙之内满是园林。与早期的寝殿庭园相似，这些景观为享乐而建造，人们能够从周边建筑的室内观赏园林，同样也可以漫步其中。

到了15、16世纪，伴随着数寄屋建筑的发展迎来了日本园林设计的高峰。住区的布局变得不那么正式，入口偏离轴线，而砾石庭园的规模缩小或完全消失。建筑与园林之间的关系得到加强，景观流入建筑之下，游廊和其他元素融入了庭园。园林的设计还采用了当时人们熟悉的场景和符号——来自文学或仙境的图像，或在中国久负盛名的祥瑞图，例如对风景名胜的复刻或松鹤花石的组合。

如同江户时代前后的所有艺术一样，庭园设计艺术也蓬勃发展，从这一时期开始，三种主要的庭园形式开始定型。禅修庭园有时候被称为“卷轴庭园”，人们坐在建筑室内或缘侧之上，如同欣赏卷轴绘画那样观看园林，它们主要见于禅宗寺庙院落。而洄游式庭园则已被纳入诸多皇室贵族府邸及一些庙宇之中，人们不仅可以从建筑内部观看，还可以在园林中漫步观赏。第三种类型是为茶室而设计的茶庭，它们加强了茶道的仪式氛围。

15世纪晚期日本盛行禅宗佛教，于是禅修庭园也得以发展。那是一个政治动荡、战乱频发的时代，彼时流行的武士道精神要求恪守身体和精神的双重戒律。禅修庭园恰恰符合这些戒律，它的设计并非让人一目了然，而是随着时间的推移，人们通过观察和冥想逐渐才得以理解。

大多数的禅修庭园布局紧凑，位于围墙之内，通常紧邻寺庙住持的僧舍（日语中为“方丈”）。这类园林中有许多被称为“枯山水”，它们极少种植植物，并使用砾石层或成组的石块代表山体或水体。枯山水庭园可谓是日本最迷人的景观，著名的案例之一是京都龙安寺石庭（见第155页图38）。这是一处简洁的耙理砾石长方形地面，包含了五组石块和苔坪，它们被三面墙壁包围，其中两

面是壮观的夯土墙，另一面则采用明亮的白色石灰灰泥粉刷。根据设计，人们需要坐在方丈僧舍的游廊上观赏庭园。园林中的十五块石块被精心布置，无论在缘侧上的任意位置，只可能看到它们其中的十四块。在不同的观看位置，人们得以发现隐藏的岩石，但又无可避免地忽视另外一块。这处庭园小巧而宁静，其设计机巧而复杂，常常让人们陷入数小时的沉思。

与观赏者不得入内的禅修庭园不同，洄游式庭园允许游客在园林中漫步穿行，领略其中的万千景色。这个时候，风景可以被近似地理解为电影，由路径指示，按照特定的画面序列展开。同时，这些园林融入通俗文学中的图像或遥远异域的风景名胜——彼时的游园者所熟悉的景色。例如京都桂离宫的庭园根据《源氏物语》的场景进行设计，这部著作是平安时代早期的文学作品之一。桂离宫庭园还以微型版本的形式融合了日本三景之一的“天桥立”，呈现出松树覆盖沙洲的景象。在这里，观赏者可以沿着园中小径漫步，在池塘上泛舟，或者在旧书院的观月台欣赏美景。

园林和主要住宅有着非常紧密的联系。即使将建筑物的地板抬高五尺（约1.5米），游廊仍可深入园林，庭园也同样延伸至房屋的下方。别墅依据人们的坐高设计面向庭园的框景。小径则从缘侧直接通向庭园，途经精确布置的叠石和悉心修剪的植被，到达供人休闲的亭阁和茶室。伴随着园林的展开，精心设计的场景通过或远或近的视角得以呈现。

与蔓延展开的洄游式庭园相反，茶庭与禅修庭园相似，通常狭小而封闭。但其设计需要兼顾两种视角，既要从一个固定视点观察庭园（例如在待合区），又要在行进中欣赏茶庭。茶庭可以为茶道定下基调，营造出一种宁静隔世的氛围，有助于将客人带入适当的心境。

茶庭通常是由毗邻茶室的内外庭园构成（见第166页图41）。外部庭院通过一扇大门进入，由于茶庭被认为是与世隔绝的和平之所，于是在此处武士需要留下他的佩剑。隔着类似栅栏的轻质的竹编围篱，人们在外园中可以瞥见内部风景，但只有当茶道仪式准备就绪，且主人发出进入的信号时，客人才能通过小门步入内部茶庭。

在外部茶庭中，通常会精心布置植被、叠石和待合等候长凳，通常映入眼帘的是雕刻的石灯笼，而看向屋外厕亭的视线则被有意规避。而露地是这样的一条路径，它从第一道大门通往待合，然后穿过外园到达内门，再穿过内园直至茶室入口。在内部庭园中，客人可以看到放有庭园剪枝的尘穴，这表明该茶庭已准备就绪，等待客人入内。他们还可以看到汲取茶水的水井，以及一个雕刻石钵，配以木勺或竹勺。人们在茶道仪式前用它洗手漱口进行净化。在茶庭中，人们沿着露地行进，在长凳上观看庭园，步入内门，继而漱口。这一系列流程使得客人抛却烦恼和思虑，进入一种适宜茶道仪式的精神状态。

这三类园林有一些共同的特征，其中最重要的是，无论它们看起来多么自然，却都完全由人工设计和塑造。作庭家的意图并非是模仿自然，而是向自然学习，以创造出另一种比自然本身更完美的“自然”。“这种景观庭园的处理不仅仅将美丽的轮廓和精选的植被进行艺术组合，而且将其组成一个整体，并富有自然景点的暗示和联想……这些似乎赋予了日本艺术无与伦比的地位和重要性。”[5]园林不仅仅提供了已知地点和自然风光的特定场景，它还代表了宇宙，让人们感知自己在天地大秩序中的位置。

除了这三类主要园林，坪庭是另一种重要的庭园类型。坪是一种度量单位，等于两块榻榻米垫大小，约为180厘米见方。坪庭发

展于町屋，可以使光线和空气进入室内空间。由于町屋常常建造于狭长的地段且彼此紧邻，因而专门设计这种微型庭院，为相邻房间提供了光线、空气和自然美景。有些坪庭的设计非常简单，或许在灰色河石地层之上，只有一株植物和一方石盆。但有的坪庭又非常复杂，通过石块、桥梁和其他元素组合而成。这些庭园应从町屋内部进行观看，直接面对房间，也可通过缘侧在两者间创建过渡区域。通常对于游客来说，坪庭可谓惊喜，因为在屋外没有迹象表明它们的存在。

传统的日式园林融入了诸多不同的设计原则。总体而言，最重要的原则是向自然学习，这也是《作庭记》(11世纪的园林设计专著）中列出的第一条原则。“根据土地布局、水景的不同，您应该对园林的每个部分进行雅致的设计，请回想一下自然如何表现其每个特征”[6]。其设计原则通常可以归纳为“空间技巧”“构成策略”和“感知机制”。

日本园林设计中一些最重要的空间技巧包括“缩景”、强迫透视（也叫透视缩短)、空间分层以及借景。缩景是以更小的比例复制自然场景或已知物体（例如桥梁）的场景。它通常会欺骗眼睛，让人们以为园林空间比实际大。

以类似方式欺骗眼睛的另一种方式是强迫透视（透视缩短)，比如人们建造一堵墙，离观察者越远，墙壁的砌筑高度就越低。但脑中所理解的墙壁应具有一致的高度（正常透视)，于是人们会误以为空间更大、更深远。

空间的分层通常通过元素的布置来实现，比如斜坡上成组的石块、植被随着高度增加逐渐远离观者，暗示各层间深远的空间。借景则是借助园林之外的事物作为其背景，通常会是一棵树或一座山，使之看起来像是包含在园林之中，从而大大扩展了观者对园林空间的感知。

京都修学院离宫庭园中有一个很好的借景案例。穿过园林的小路通向狭窄的阶梯，高高的石阶参差不齐，两侧是由许多不同植物组成的高大树篱。此时人们的目光不由自主地会被巨大树篱中各种形状和颜色的树叶所吸引，但当访客们在粗糙的阶梯上小心翼翼地攀爬时，则会把精神聚焦在脚步之上。在阶梯的顶部，一座漂亮的茶室引人注目，相比之下，台阶显得黯然失色。但当访客们在园林制高点转身时，前景的绿篱遮挡了中景的主要园林景色，而远处的山脉忽然突现，仿佛被包含在园林之中。

典型的“构成策略”包括了框景、并置和非对称均衡。从建筑室内向外张望或在园林之中观察都可构成框景。建筑物的结构（如木柱、地板和屋檐）被进行组合，从而在建筑内部框定园林的特定景致，而滑动隔断也可被打开或移除以框定视野。在庭园之中，树篱、树木和墙壁构成了特定的框景，并隐藏了其他视角所揭示的元素。

在园林特定区域内，并置是指两种或多种对比性元素的组合。典型的并置手法是三维元素（例如修剪的杜鹃花）与二维元素的对比（二维元素可以是水平的，如白色耙理砾石，但也可以是垂直构件，如白色石灰泥墙)。不同的颜色和形式增强了对比，使得杜鹃花鲜活的绿叶从白色地面或墙壁上跳脱而出。另外，并置还可以包括自然形状与几何造型的对比，例如将完美修剪的立方体形灌木置入自然植物组合之中。

不对称均衡是日本园林设计的核心。尽管作为整体的园林是不对称的，但必须赋予其和谐之感。而庭园内部的每组植物或石块也是一样，需要表现出不对称的和谐。“非对称设计通过体量和距离的比例关系构建视觉平衡感，可用公式总结为M×D = C。M是指物体带来的心理重量或体量感，D是指它与真实或幻象支点之间的距离，而C则是指恒长不变”[7]。一个很好的例子是被称为“三尊石组”的叠石组合（见第188页图44）。高耸石块的侧面是两块较低的石头，其中一块高度适中但长度较短，另一块相对较低但长度更大。石块之间的相对距离和相对尺度营造出平衡却不对称的组合关系。

感知机制是指在园林设计中设置一些元素，以使观看者更加意识到自己身处庭园之中。“捉迷藏”和“戏仿”是实现这一目标的两种重要方式。比如在园林中的“捉迷藏”，人们起初可以看到远处的树木或不同寻常的石头，但路径并不直接通向那里。相反，路径开始偏离并将对象隐藏，但终却又折回，向观看者近距离展示对象，并触发人们的最初印象。而“戏仿”则是指以不常用的使用方式使用寻常事物，例如将磨石用作脚踏石，或把屋瓦当作水道的边缘，使观者突然重新发现寻常事物，以新的眼光感知园林，产生熟悉的陌生感。

传统日式园林中的所有事物都可进行设计。每个元素和组合都经过用心的布置和构成，以唤起人们的特定感觉或提供独特的视角。细心设计的园林因而需要精心的维护，尤其是植栽或使用植物材料建造的围栏。这样的维护是持续性的，树篱必须进行修剪，以使它们不会长高阻挡视线或看起来不成比例；树木也需要剪枝以避免产生令人不悦的形状和不均衡的构图；水道则要定期清理杂物，耙除树叶，并保护植物免受大雪和极冷气候的影响；另外，苔藓要保持湿润，围栏修护良好且杂草要及时清除。

对园林的维护是一个永无止境但至关重要的过程。这对于正确观赏和感悟庭园以及保护最初的设计十分关键。也许这本身就是自相矛盾的，园林被设计得象征自然，而自然却在不断变化，虽然园林也会去接受并强调季节性变化，但它却经过煞费苦心的维护，以在不断的变化中保持永恒。

对页左上图： 杜鹃盛开花满园。

对页右上图： 洄游式庭园的岩石瀑布，营造出水溅出的背景之音，石阶将游客吸引到水面的边缘。

顶图： 京都东福寺庭园，岩石和耙理为漩涡状的砾石地面营造了不同寻常的构图。

中图：“戏仿”手法的一个例子，磨石出现在其他踏脚石之间，使游客们既感到熟悉又觉得惊讶，从而以一种崭新的视角重新观看园林和磨石。

下图，图38： 京都龙安寺枯山水庭园的平面图，这五组叠石的关系得以揭示，无论人们在何处欣赏，总有一块石头被隐藏不见。

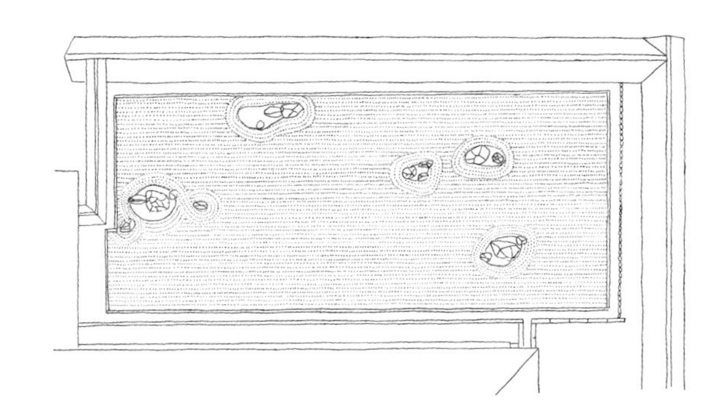

史蹟
詩仙堂

第十九章

入口大门

表面上，门的作用是在栅栏或围墙上打造一个可以根据需要进行开闭的洞口。从实用功能的角度这是毫无疑问的，但门也绝非仅仅作为“入口”。例如，一扇门可以使人想到门的另一边，不管它是否可见，于是此时门便可以象征自己领域之外的天地。门是一个临界也是一个开始，标志着态度或立场的转变，这也是茶室门的独特用途。

门的构造方式将会影响到人们对它的感知。譬如一扇壮观宽大的木板大门，固定以雕刻金属带，便会显得富丽堂皇，从而彰显财富和权力。门的尺度可以隐喻通过一辆马车，从而暗示着穿过这道门还会有更为丰富的世界。而另一方面，一扇由松散竹条编织而成的矮门则可以使视线直接穿过，对于门的另一侧几乎没有任何遮掩，也没有把任何人或物拒之门外。然而当人们在两侧间穿过时，它却暗示着一种停顿，营造出片刻的反思与注视。

类似的，神道教神社的鸟居也是暗含转变的信号，它们是不同地方之间的临界，象征着神社圣洁空间与外界尘世的边界。鸟居既没有门，也不设物理屏障，然而当人们穿过时便标志着态度的转变，无论是京都伏见稻荷大社后山中那样宜人尺度的鸟居，还是如伊势神社中那般尺度恢宏的巨构。

在6世纪佛教传入日本之前，人们已经在使用大门，但随着中式佛教建筑的传播，它们也变得更为盛行和多样。正如奈良东大寺精美的南大门所示，大门是佛寺建筑群的重要特征。它于1199年重建于战火之后，坐落在高高的石基之上，并通过一段台阶到达，其外露的木框架结构支撑着沉重的瓦屋顶，联结立柱的精致斗拱成为最引人注目的元素，并支撑着向外延伸的屋檐。它是如此宏伟壮观，作为当时日本最重要的佛寺大门，其风格恰如其分。

佛寺的轴线从外部穿过封闭的庭院，通往主要建筑群，这条轴

对页图： 京都诗仙堂入口大门的粗糙梁柱，其旁边紧靠着精致的竹篱。

上图： 厚重的石墙和沉重的屋顶构成了冲绳首里城的防御大门。

下图： 宽阔的石阶通向京都法然院的大门，从石阶上可以俯瞰两侧的树木。

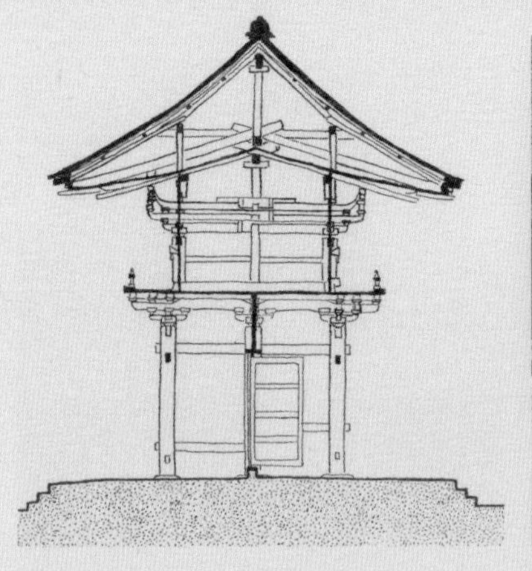

上图，图 39：剖面图展示了抬升的基座和寺门典型的精致木结构。

右上图：一根柱子和一片简单的瓦屋顶标志着传统旅馆的入口。

右图：通往园林内部茶庭的大门，精致的竹格营造出一种临界感，却不会阻挡穿过的视线。

线上融合了一系列的大门。轴向布局、序列大门和围合庭院在皇家和贵族建筑中得到了应用。尽管随着时间的推移，到了江户时代，建筑的轴向性和对称性实际业已消失。

如上所述，根据预期的用途和效果，门的范围可以从微小且开敞变化到巨大且封闭。最为宏大且精美的大门用于佛教寺庙，代表着从外界尘世到神圣佛界的转变。从历史上看，寺庙不仅是祭拜场所，而且还充当大学和政治机构的角色，大门被建造得几乎像房间一样，既有地板又有屋顶，而中心墙壁位于大门的侧面。

同样的，天守阁的城门是这些堡垒的公共面孔，除了作为重要的防御机制，还需要赋予其适当的力量和权势之感。大门呈现出精致的结构，融入了门房和警卫室，厚重木板构成的防御之门由坚固的金属带进行加固，围绕着这些房间。

相比于寺庙和城堡，皇家别墅和贵族府邸的大门缩小了尺寸，其中有些还设有门房或精美的屋顶。大门通常位于住宅南侧，这源自中国佛教寺庙建筑群的布局，究其原因是因为朝南的房屋可以获得大量的光线。因此许多建筑都在南侧设置园林或庭院，包围着栅栏或围墙，其南门通常与仪式前门位于同一轴线之上。这些大门宏伟且坚固，虽然比庙宇和城堡略小，但其尺度足以遮蔽视线并统摄入口。

其他城乡住宅的大门通常尺度较小，不那么宏伟壮观，但也足以遮挡视野，或常带有小巧的屋顶以防雨淋。

这些大门也同样象征着所有者的社会地位与财富。在一些住宅中也设有大门，用以划分园林的不同区域或区分茶庭。它们往往不那么坚固和宏伟，且常以质朴的方式利用材料，传达出生动如画的场景，而非强势煊赫。许多这类大门既有实用功能又具象征意义，仿佛营造出一个门槛，暗示着向另一个世界的迁移。

营造

大门的建材类似于其他传统日本建筑的营造材料。通常会使用石材、木材、泥浆、灰泥、陶瓦，以及诸如竹子、芦苇等轻质材

上图： 奈良东大寺南大门坐落在高起的石基之上，纪念碑式的木结构承托起长长的陶瓦屋顶。

右上图： 踏石小径穿过一扇内门，可从此处瞥见京都诗仙堂的园林庭院。

下图： 微拱形的开口出现在冲绳座喜味城废墟之中，仿佛是从厚厚的碎石墙上雕刻而来。

右下图： 奈良法隆寺建筑群中嵌于灰泥墙壁的子庙，一个低矮的木栏被用来遮挡大门。

上图： 寺庙大门的巨大木料上标记着祈福商家的名字。

远左图： 层层精致的木结构支撑着雪松木瓦和厚厚的稻草屋顶，打造出复杂的分层结构。

左图： 粗壮的柱子连接着错综复杂的木框架，支撑起奈良东大寺南大门厚重的屋顶。

料。其建造工法也与建筑物相似，起于地基终于屋顶。

两根柱子即构成了建造大门的基本元素，在其顶部通常用梁连接，但也可从侧面支撑。柱子之间会嵌入一两片门扇，它们通过铰链联结或在轨道上滑动。佛教寺庙建筑的大门可能会高于地面，位于石材基座之上。木梁或许位于门底的地面上，门扇又可能悬停在地面上方，石径从其下穿过。当门户位于石座之上，或是配有木梁或轨道的时候，人们需要抬起脚踏过，这种明示的界限促使对场所认知发生改变（见第158页图39）。

柱子通常由木材制成，但在极少数情况下也可能结合石木构造，例如京都法然寺大门所展现的。由于石头不易透或湿，因此将其放在柱子的木质部分下面十分有利。于是许多木柱都设置在础石之上。柱子继而通过竹木结构支撑屋顶，既可以是精心制作的斗拱梁架，也可以是简单绑扎的桁架。屋顶表层可以覆盖木板、木瓦、雪松树皮、茅草或是陶瓦。

大门的门扇通常由木头、竹子、芦苇或这些材料的组合制成，并通过金属钉带硬件连接，或用绳子绑扎。门扇可由单个木板构成，也可沿其长边方向附加一系列木板，又或许是在木框内填充细木条，呈现以编织图案或竹格形式。有无数种材料组合和使用方式用来制造大门。这种建造的创造力和精美工艺至关重要，因为当游客把手放在门扇上的时候，即发生了与这个家庭的首次互动。

上图： 拟人的石柱与私人住宅的精致木门形成鲜明对比。

下图： 宽大的木板门通过铰链打开，通向京都法然院庭园。

第二十章

院墙

墙壁的主要用途是围合空间。不同于轻薄且多孔的栅栏，坚固的围墙常常厚实而沉重。有些墙壁的设计是出于保护目的，而另一些则为隐私而设置。其上的开口可能是出于防御目的，也可能只是为了便于窥视。墙壁上也可能设置与众不同的开口，例如姬路城厚实灰泥围墙上呈几何形状的洞口，这些圆形、三角形和方形的开口出于防御目的，其尺寸从墙的外表面向内逐渐减小，于是相比于遭受外部攻击，从墙内向外射击更为容易。

景观中的墙壁还可以作为向导，带领人们进入和穿过空间并引导视线。作为背景的墙壁不仅标记了园林的边界，更提供了额外的颜色和肌理。京都龙安寺的土壁就是这样一个例子，它划定了长方形庭园的边界，但更重要的是通过泥材、木料和陶瓦等材料的建造表现出时间性。墙壁的变色、崩解和修补痕迹传递出一种历史感。这处庭园的一个重要特征是经过耙理的砾石地坪，其洁白质感与相邻泥墙的柔软老化外观形成对比，这堵墙也使得小巧的枯山水庭园与墙外广阔园林的绿意分开。

对页图： 在大德寺的土墙上，高大的松树和寺庙的尖顶清晰可见。

上图： 京都龙安寺精致的夯土墙坐落于连续的石基之上。

顶图，图40： 在贵族府邸中，包含着许多建筑、园林和围墙庭院。

下图： 奈良东大寺大佛殿环绕回廊的雄伟墙壁，精致的木格栅过滤了人们视线。

和大门一样，在佛教传入之前，用于梯田挡土墙的墙壁已在日本使用，但佛寺建筑群则结合了精心设计的墙壁系统，在其庭院周围形成有顶的走道。一类墙可用作建筑群的最外边缘，而另一类则用以分隔建筑群以内的空间。皇室和贵族府邸通常具有宽敞的用地，于是这种围墙院落布局融入了其设计之中。

至于乡村的房屋，人们通常在宅地周围修建坚实围墙，或至少在房屋和庭园外围设置墙壁（见本页图40）。某一阶层的城市

下图： 九州岛熊本城，陡峭的石头基础支撑着木构灰泥防御墙。

下中图： 奈良东大寺戒坛院的围墙坐落在长长的石质基础上，覆盖着陶瓦屋顶，院墙上的条带状灰泥营造出水平线构图。

最下图： 在寺庙建筑群中，粗犷的石块成为带有纹理的土制灰泥墙的基座。

右图： 高大的石头基座和白色的石灰泥壁，其顶部设置瓦屋顶，在姬路城的外围建筑间形成了防御屏障。

住宅可能会包括小巧的前院或庭园，人们采用同样的方法，以墙壁来划分房产边界。围墙和大门一道，体现了房主的社会地位，因此用于修建围墙的材料和工法至关重要。

最常见的景观墙壁将景观边界包围，以与相邻土地分隔。这类墙通常很高且位于人眼高度之上，看起来非常坚固，大多数寺庙建筑的围墙就是如此。但有时高大的墙壁仅出现在宅产的前部，两侧和背面的墙壁较低，与其说是实用措施，倒不如将其认为是一种隐私的象征。

意在将人们阻挡在外的墙壁可见于城堡，它们为抵御敌人的攻击而建造，有着厚重的木结构和灰泥饰面。这些围墙常常在地貌景观中蜿蜒前行，引导人们穿过急转弯，进入狭窄的通道，从而使进入城堡变得更加困难。

另一种与地貌紧密联系的墙壁是挡土墙，它们营造和承托梯田，用于水稻种植和其他农业。这些挡墙从土壤中挖掘而成，一侧支撑着高地，另一侧则对外裸露。虽然它们常用作农业梯田这样的实用功能，但有时候也用于审美目的。

例如京都的修学院离宫，这处广阔园林被设置成丘陵景观，挡土墙被用来建造水稻梯田和堤坝，并支撑起升高的池塘。它们具有实用性，可用于稻田耕作，但整个场景依照审美效果而营造。

在寺庙建筑群或大型的丰裕住区，墙壁被用来分隔不同区域，不单单是阻挡人群，也为了视觉效果。就像上述的龙安寺土墙一样，这些墙壁成为园林和景观中的雕塑元素，通过颜色、纹理和形式的对比来引导视线和衬托其他元素。墙壁常常是园林里植物的背景，明亮的白灰墙衬托出山茶的绿叶和红花，明丽动人。

左图： 四国岛金刀比罗宫，黄色的叶子与同色的灰泥墙壁形成互补。

底部左图： 京都大德寺建筑群充满趣味的外墙，白色石灰上镶嵌陶瓦。

底部中图： 在有节的木柱间填充着宽木板，木柱立于巨大的石块柱础上，柱础则嵌于碎石基础之间。

底部右图： 排排废旧的屋瓦为粗糙的泥灰墙壁增添质感和色彩。

营造

构建景观墙的材料与室内墙壁材料相差无几，唯有少数材料（尤其是泥浆）需要加以保护，使其免受雨雪气候影响，维持持久使用。夯土材料可见于一些外墙，但在内墙中并不使用。其美丽之处在于夯实的层层泥土所产生的条纹。此外，还可以将石头、屋瓦和其他物质夯实到土壤中，提供额外的纹理和色泽。尽管夯土很漂亮，但这种结构在地震中较为脆弱，并不适用于大多数内墙。但作为外墙材料，尤其是用于自承重的园林墙壁，它具有其他类围墙所没有的美丽纹理和色泽。

许多外墙都采用木制梁架作为结构，在框架内填充竹板条，并用泥浆或石灰灰泥制作完成面。木柱或暴露在灰泥板之间，或被灰泥覆盖。石灰灰泥墙通常采用明亮的白色，与园林中植物和石头的颜色产生对比。但泥浆墙壁的颜色则更加柔和而微妙，其范围可从黄绿色、棕色直到红橙色。泥浆墙壁可用于强调或融合园林中的元素。大多数灰泥墙都会采用石材基础，因此泥土不会接触土地或吸收地面的水分。许多灰泥墙壁还附有陶瓦屋顶，以保护其免受气候影响。

而石墙则不需要保护，其自身可免受气候影响。它们可由同一类型的石材制成，全部切成相同的尺寸和形状；或是不同尺寸和形状的各类石材，也可将其任意组合。石墙还可根据需要设置高低，高墙往往需要更厚的厚度以保持结构稳定。在日本，许多石墙都采用干砌法，石块被仔细地拼填在一起，无须使用任何砂浆。在熊本城或冲绳的诸多城堡遗址中，高大曲折的墙壁就是这种极度精致建造形式的典范。

有时候景观围墙由大块木板构成，木板垂直地连接于木框或柱子上。它们通常具有石块基础，从而将木材抬高至潮湿地面以上，还可能会具有木质屋顶或覆盖陶瓦。至于其构造，木板可以仅附着在立柱一侧，也可以在两侧交替布置，使得空气和光线流通。

第二十一章

栅栏

栅栏围篱在日本传统园林中扮演着诸多不同的角色。和墙壁一样，栅栏也被用来分隔和围合空间，但不同之处在于它们较为轻巧且多孔。有些栅栏确实像大多数围墙一样，可以创造坚实的物质和视觉屏障。但许多栅栏则是低矮近地的，起不到阻挡作用，且其材料间开有洞口，让视线穿过并延伸至远方。如果围篱不是物质或视觉障碍，那它们的作用是什么呢？

栅栏勾勒出边界，并暗示着场所的变化。比如茶庭结合茶室设计（见第167页图41），通常分为内园和外园，两部分可通过简单且低矮的栅栏分隔，而细竹竿以松散的对角线网格绑在一起，构成了栅栏。虽然它们设有门扇，标识入口，但这类栅栏几乎不能遮挡视线，矮到可以一脚跨过。在这里，围篱仅仅是两部分园林间的界线，却是一种强化茶道心境的装置。作为两层空间之间的门槛，它连接了内外世界，进入茶室前必须经过此处界线。

在另一些情况下，篱笆甚至都不用来封闭或标记边界，而是独立存在于园林之中。在这种情况下，它们可以衬托庭园中的其他元素，遮挡特定位置以外的视线，或是成为庭园的视觉焦点。这方面的一个例子是京都光悦寺园林的卧牛围栏（卧牛垣，也称“光悦垣”）。篱笆由一长捆竹劈和竹竿构成，顶在开放的竹劈网格之上，它从高处出发，以一条修长且柔和的曲线俯冲到地面。这片篱笆美丽而精致，与周围的绿色植物相得益彰，但不同寻常的形式使其成为焦点。

同样，袖垣（又称“袖子篱笆”）和许多其他类型的栅栏一样，既有装饰性又具有实用功能。这是一种短小的栅栏，可作为建筑物、园林墙壁，或是大型栅栏的延伸。它可以用来隐藏房子或庭园的某些特征，甚至对视线进行遮挡。

因其诸多不同的变化，栅栏很难进行分类。爱德华·莫尔斯是一位园林编年史家，致力于19世纪晚期日本住宅与园林的历史研究，用他的话来说，“栅栏的设计与结构充满多样性，似乎取之不尽，有些是坚固耐用的，而另一些则极尽简洁；有的采用坚固的框架或厚重的木桩制成，但另一类材料则是束状的芦苇和竹竿，两者之间是各种各样的中间形式。”[8]与墙壁或大门一样，栅栏既具有装饰性又具有功能性。如前所述，它们可以制造物理或视觉障碍，或是暗示空间的划分；可以提供视觉焦点，也可以作为园林中风物的背景。有些篱笆被用来指示方向，划定路径的边缘，而另一些则可以阻挡道路，与大门一起暗示或规定场所的入口。

上图： 京都大德寺高桐院，简洁的竹篱沿着石径指引人们的视线。

对页上图，图41： 茶庭四周围有墙壁，采用并不牢固的栅栏隔开内外庭园。

右页图： 石径穿过精致的竹门和篱笆通向茶室，在内外园林间形成了门槛。

营造

在日本园林中，栅栏比围墙发展得更晚，直到在镰仓时代才被广泛使用，继而被用于茶庭之中。[9]有时候栅栏的作用与墙壁非常相似，然而它们的重量较轻，一般来说其结构也不那么坚固，因而同园林中的植物一样，栅栏被认为是暂时性的。它们主要由天然材料建造，因此很容易与庭园融为一体。其色泽会随着时间的推移而改变，经过气候的侵蚀慢慢分解。然而这并非消极，相反却被理解为生物自然循环的一部分。在易逝的生命中发现美，是日本文化中一个重要的美学概念。

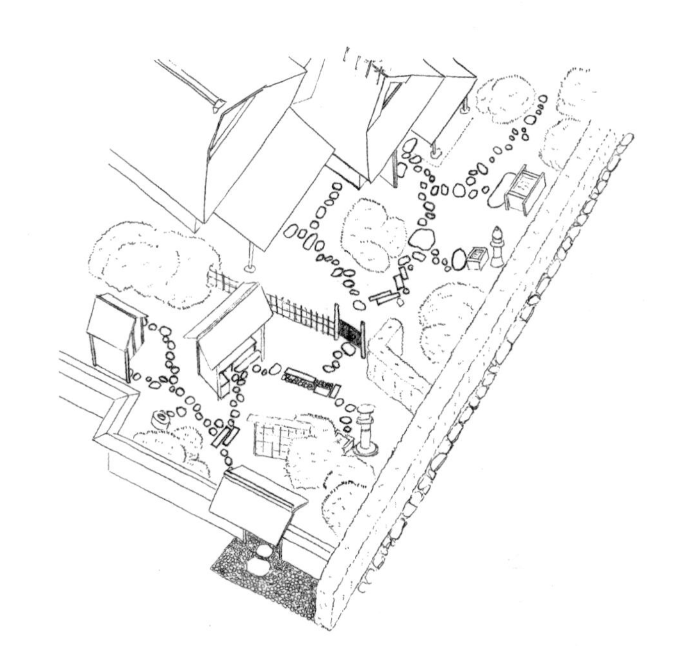

栅栏可按其形态和结构进行分类。它们可以很高大，给人以视觉屏障的强烈印象，也可以很低矮，仅仅暗示空间的划分；它们可以显得非常坚固，完全遮挡视线，也可以非常开放，允许空间

顶部左图： 京都光悦寺的卧牛围栏不同寻常，在交错竹格的顶部，一捆竹条缓缓地向地面倾斜。

顶部中图： 一根绳子被仔细地缠绕在木柱上，构成简洁的篱笆。

顶部右图： 高高的竹条由竹板加固，为竹林提供了边界与背景。

上图： 可移动的木栅栏挡住了石路，这条小径一侧是重叠的弓形竹条，形成精致的栅栏。另一侧则是竹条的组合，木柱的顶部撑起竹竿。

和视线穿过；它们可以是连续的，以包围空间或创建边界，也可以作为独立的元素，充当园林空间中的风物。

栅栏可以由多种不同的材料建造，木材、竹子、芦苇，甚至是生长中的植物，或是这些材料的任何组合。其主要支撑结构通常是木质的，比如打入地下的木桩，或是在地面之上由木杆支撑的框架。木板、竹板和芦苇可以被填充在结构之间，或是覆盖在结构之上。水平木板可以直接连接两根柱子，垂直的木板则可以使用次级水平结构杆件进行支撑，通过板面交替性的连接，栅栏具有两个正面，而不是正面和背面。

最精致的栅栏会将不同材料的面板进行组合，创造出生动的构图。而简单的篱笆则采用同一种材料建造，竹材重量轻且容易操作，可用多种方法切割和组合。它们既可以单根或成束的整体使用；也可以劈成两半，绑在其他材料上固定入位，还可以分割成竹条，进行编织、弯曲或捆绑。芦苇则可以垂直或水平排列，在竹竿之间构成薄薄的层次，也可以绑成坚硬的捆束，用作柱子那样的垂直构件。另一种围栏更是别具匠心，它使用生长中的植物（竹子或芦苇）作为垂直的板状元素，同时将水平竹竿固定在其前后。这类栅栏巧妙地连接了园林中有生命的植物和那些外界带来并进行固定的元素。

栅栏的维护是使用中的一个重要方面，也反映出人们在园林建筑中对其进行理解的方式。栅栏的价值在于它具有时间性，可见的老化被认为是正常且自然的。然而它们并没有被拆毁，相反得到维护并在必要时予以更换，当某些构件腐烂时则被修理或更换；当其失效时则被移除并重新构造。正如篱笆的老化在园林中并不被视为眼中钉一样，新栅栏的清新质感和鲜艳色彩也不会被视为格格不入，人们欣赏园林正因其季节性变化和因这些变化唤起的时间烙印。

左上图： 两根竹竿在角部重合，一片竹条将它们连接到木柱之上。

右上图： 一排屋瓦位于篱笆的顶部，用于保护这片由高拔竹条建造的栅栏。

左下图： 一根细竹条系在劈半的竹竿之间。

右下图： 斜线竹条网格通过黑绳进行绑接，在不阻挡视线的情况下营造出一种边界感。

第二十二章

路径

最初，似乎园林小径的功能很简单。这些小径使得观者穿过庭园，到达不同的区域，脚不染泥地欣赏到多重景致。但其实它的作用要比引导人们走动复杂得多。道路所采用的材料和风格经造园者之手形成造型，从而具有美学功用。另外，小径对观者理解园林十分重要，这点在其历史发展中足以明证。

日本最早的园林设计于平安时代，在贵族府邸中被用于休闲娱乐。在这段相对和平繁荣的时期，园林中设有可供划船的池塘和游乐亭台。这些设计基于中国古典园林，通常巨大且向四处蔓延伸展。崎岖不平的崖岸，成林的松树，蜿蜒于山间的溪流以及其他自然风光被缩小，以夸张的形式进行表现。人们与园林互动，不仅仅从住宅内部欣赏庭园景色，还可以乘着小舟探索池塘，或是漫步至凉亭举行诸如诗歌创作比赛和午后品茗这样的社交活动。沿着路径，观者得以在园林中穿行，从房屋到亭子，并欣赏沿途的各式景观。

从日本的中世后期开始，园林发展为两种截然不同的类型，一种通常被称为“洄游式庭园”，人们可以从中漫步，另一种则在固定位置（通常在室内）坐观，有时也称为“卷轴园林”。这两种类型都偏离了早期的中国式样，吸取了更多的日本美学，正如当时的建筑也从严格的中国样式转变成更具日式的品位。尽管中世晚期的园林包含了许多早期庭园特征，但两者以不同的方式配置这些早期庭园的元素。

“卷轴园林”中很少会包含路径，但当小路被设置时，它也许只是长满青苔的阶梯或几块踏脚石，纯粹用来构建与外界场所的视觉联系，而非满足实际的使用需求。然而在洄游式庭园中，小径对于体验和理解园林则必不可少。道路被设计得具有特定的审美品质，也用来控制观者的运动和视野。这一概念在日本封建时期得到了充分的实现，当时稳定的政治社会环境促进了日本传统艺术的高度发展。

上图： 奈良东大寺戒坛院，一条石径沿着耙犁碎石的外缘设置。

中图： 京都修学院离宫庭园中，狭窄的砾石小径通向一座石桥。

下图： 在京都南禅寺建筑群中，一条充满仪式感的石径如同海洋的片段，它位于轴线之上，通往子庙的入口，并穿过狭窄的园林，两侧的庭园中是耙理的砾石地面、石组、经过修剪的苔藓和树木。

日本传统园林中的每一种元素都由人手来设计和控制，以提供不断变化的远近景体验，如近似元素的简单组合或对比元素的复杂构图，以及对文学名著或名胜古迹的视觉参照，这些元素被纳入统一的构图并随着季节发生变化。而路径的设计正是为了增强这种经验，宽阔平坦的道路便于移动，在行走的同时人们可以遍览园林的广阔景色。踏脚石构成的道路则崎岖不平，从而限制了人们的行动，过去的游客往往穿着和服和木屐，尤其对于女性来说，和服限制了步幅。在不平坦的小径上行走，人们需要注意脚步的位置，视觉焦点落在小径而非园林之上。然而小径中大而平坦的石块也提供了停顿点，在那里人们可以仰视并观察特殊的景观或庭园元素，对于聚焦于地面上的人们来说，这似乎是一个特殊的惊喜。因此对于园林体验设计来说，路径是一种重要且宝贵的元素。

营造

园林小径或许只是一条简单的夯土道路，但更多的时候则由石块建造，甚至包含一些旧瓦。虽然木材或竹子也可用于路面，但却极为罕见，因为潮湿的土壤容易导致材料变质。当木材和竹子被利用时，它们通常呈块状分组放置。一片片木块或小段的竹子被压入地面，相互靠近并保持相同的高度，从而营造出一片粗糙却美丽图案的人行小径表面。同样，旧屋瓦被垂直放置在地面上，有时相互贴合形成一个连续的表面，有时则被土壤和苔藓隔开，产生更加柔软的云状结构。

上图：当人们身着和服、脚踏木屐穿越圆形垫脚石的时候，需要格外细心和警觉，从而产生出对园林高度的感官体验。

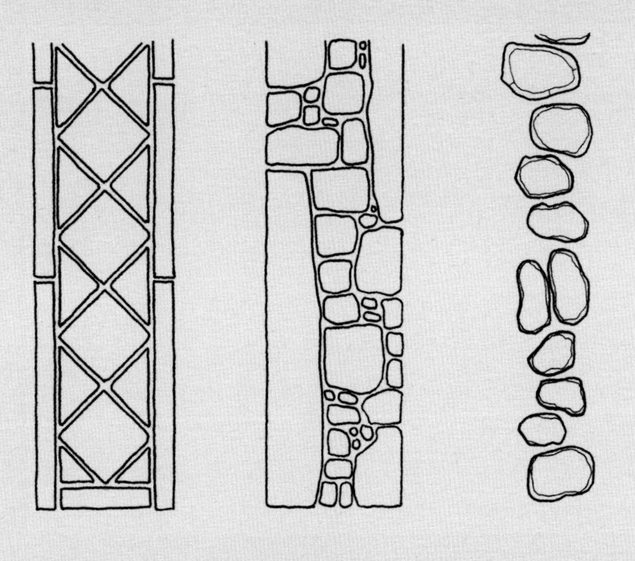

上图，图42：依照日式美学的典型规则，石径的构成关系从正式（真）过渡到半正式（行），再到非正式（草）。

左侧上图： 京都安乐寺中，一条非正式石径蜿蜒而行。

左侧中图： 磨石营造出一条令人惊讶的踏石路径。

左侧下图： 宽大的石块穿过一片高敞的竹林。

左图： 乱石拼成的阶梯以花岗岩长石条封边，与京都后仁寺大门形成倾角。

下图： 长方形石块或在角部连接，或错位拼合，形成一条穿过苔园的非正式小径。

左图： 巨大的脚踏石穿过“石滩”，伸向水边。

上图： 在奈良吉城园中，粗糙的石头形成一条蜿蜒的小径。

在庭园小径中，最常用的材料是石头。它们坚固耐用，可以加工成各种尺寸和形状，是最适合人行的面层材料。园林路径中会采用不同类型的石材，但最常见的是花岗岩——因其颜色和成分保持一致。石材和其他的路面材料一样，它们被铺在地面上，周围填满土壤，以形成稳固的面层。然而在此之前，还有必要压实道路下方的土层，有时候还会添加一层沙子，以形成均匀的表面。人们并不采用砂浆或其他黏合剂将石块固定，仅仅是压实周围的土壤并依靠石块自身的重量实现稳定。

石头可在自然状态下使用，也可以切割或凿制成几乎任何想要的形状。在小径上，每个石块的使用方式及其组合排列反映出不同的正式程度：真（正式的），行（半正式），草（非正式）是日本传统艺术的精华（见第171页图42）。一条正式的道路可能是由长方形或正方形石块组成，并呈直线排列，又或许道路表面只是一块凿制的石板。而半正式的小径则以一种不对称但具有明显边界的方式进行铺设，磨光的石头与粗糙的石块及屋瓦组合在一起。但不拘礼节的小径则可以用宽大、平坦且未经加工的石块来营造步行面，其中可以融入各种形状和大小的石头。形状奇特的特殊石块还可以被用作踏脚石，用来指示行走中的左右移动。

当熟悉的物体（通常是磨石或础石）融入小径，能给人们带来一种惊喜感。虽然这些已知物件已经脱离其典型环境，但在路径的构成中起到重要的作用，使观者能以一种新的方式发现物件和路径，进而观察整个园林。“重见”或“模拟”是日本园林中重要的设计手法。

路径也被用来加强其他设计，比如“捉迷藏”：观者可以远远地瞥见园林景致（例如一株美丽的树木或石组），但随后被小径引开；稍后却又返回到这一景观，在隐藏之后将景观近距离显现。

园林小径还是联结建筑和庭园的重要元素，房屋和自然因此而贯通。一些靠近建筑物的小径变得宽敞，最后或以大石块终止，继而步入建筑的缘侧。另一些小径则在接近建筑物时变得更加正式，以反映建筑的仪式感，与园林中那些相对随意且更加自然的小径形成对比。

第二十三章

桥

在日本园林中，桥常因其优美曲线和精细工艺而备受赞誉。表面上看来，桥的主要功能是方便人们的移动，将水体一侧的路径延续到另一端。但其作用不止于此，桥同时还能提供垂直上升和水平跨越的视野。因为高度的增加，桥上的风景或许于两边的陆地有所不同。另外，桥梁也可以是景观的对象，它们体量高大，远远地可以被人看到，以作为园林中的焦点。例如东京小石川后乐园半圆形的“满月桥”，远远望去，水中的倒影与桥体本身结合，形成一个完整的圆。

在中国园林中，桥也是一种重要的园林组成部分，并影响了最初的日本园林。中式桥梁往往具有华丽的几何造型，并和园林中具有夸张自然主义形态的植物和石组形成强烈的形式对比。日本早期的园林的确仿效了中式桥梁，但随着几个世纪的变化和发展，其形式也产生了变化，以反映时代的审美。

尽管中式桥梁仍在继续使用，但它们常常明确地指涉中国影响，用来对比园林中更多的日本元素。例如京都修学院离宫的千岁桥就以中式风格建造，其两端设有锥形屋顶，并通过有顶的小径连接。它更多的是为了展示异国情调，暗示这座园林

上图： 一座坚固的石桥连接着水岸和京都仙洞御所北池上的小岛。

与中国的联系，而当时园林的贵族使用者能够很好地理解这种地理隐喻和文学参照。在许多园林中都曾出现的一个文学用典是“八桥”（见第177页图43），这是一座由八块木板或石板建造的小桥，板间两两重叠，暗示了10世纪经典著作《伊势物语》中所描述的“八桥”景观。[10]

除了增强地域和文学上的隐喻，桥梁还为我们提供了通往另一个世界的道路。在某些情况下，连接岛屿和园林陆地的桥梁纯粹是为了供人远观，而实际上无法到达或穿过。它给人一种超越、接近但还无法到达的暗示。这些桥梁可以被看作佛教净土理念的隐喻（净土宗，平安时期流行的佛教思想流派，译者注）——一个只有按照佛教教义生活才能到达的天堂。

在江户时代，随着日本园林的高度发展，桥的样式已经远远超越其最初效仿的中式风格，以反映其时代审美，精致与质朴的形式、复杂或简单的结构被进行结合。即便在一处园林里，也可能存在十几种不同类型的桥，有些被设计成重要的视觉焦点，另一些则是为了让观者在不同位置进行移动。无论桥梁采用哪种形状或复杂程度的设计，它总是暗示着运动和联系，而跨越桥梁的行为是一种有意识的离开某处地面，并穿越至别处的行径。

营造

对桥梁来说，能够把人抬升于地面之上的材料通常是木头或石材，有时候也会采用非永久性材料竹子。木材通常被支撑在础石之上，以远离水体和潮湿的地面。木桥可以是由多个构件组成的复杂结构，包含木制甲板、栏杆，甚至屋顶。它们或被涂成红色，或保持原色。前文中提到的修学院离宫千岁桥就有着一个复杂的木质屋顶，并由石台上的木柱支撑。当然，木桥也可以采用简洁的形式，比如在四国的栗林花园中，横跨池塘的是轻柔弯曲的木栈桥，将人们带入茶室。这座桥由许多小巧的木构件组合而成，营造出柔和的拱形步道和优雅的扶手。

与之相反的另一类木桥则极为简洁，一两块木板水平地铺设在水体之上（前述的八桥案例则多达八块木板）。当使用两块木板作为桥面时，它们通常并排放置，并沿其长度方向微微错开。

许多木构桥梁也可采用石材复制，甚至复杂的细木工也能被石

上图： 东京六义园渡月桥，崎岖的岩石支撑着两块巨大的石板。

下左图： 四国岛金刀比罗宫林泉园，弯曲的石板从岸边延伸到巨石的平坦表面。

下右图： 20世纪早期的一座石桥，由一个有趣的圆拱构成。

底左图： 东京六义园山阴桥覆有泥土，木制的梁柱支撑起微微弯曲的拱形桥面。

底右图： 在京都桂离宫庭园中，踏脚石通向优雅拱桥的低矮台阶，桥上长满了青苔。

刻代替。大型的石桥往往是非常正式的，石材被仔细地切割和处理。然而较小的石桥则可能非常随意，石头以更加自然的形式显现，比如一块简单的石板跨越小溪，或是一座由石材复刻的木制双板桥。

在日本园林中，错位的双板桥只是诸多简单却巧妙的桥梁结构之一。有些弯曲的桥梁上覆盖着雪松树皮、泥土和苔藓，比如京都西芳寺黄金池上的小桥，它连接着湖岸和岛屿，许多这类小桥专为一人一次通行而设计。修学院离宫园林的千岁桥则更加宽敞，这座有顶的石桥提供了足够的空间，供人聚集和观看池塘中游弋的彩色锦鲤。这些桥带给人们悠闲舒适之感，宽阔的木板和扶手设置以适当的高度供人倚靠，以眺望池塘和园林，于是它们构成了路径上的停顿点。然而另外的桥梁则或许显得“更快”，狭窄而缺乏扶手的小桥可能让人产生轻微的恐惧或兴奋感。它们一般一次只容纳一人通过，人们在跨越并到达坚实的地面后会产生瞬间的自省。

于是，过桥的经历与桥梁本身的物质美感及其在园林中的构成美学一样重要。如同一条小径，桥梁引导着人们的运动和视觉焦点，并连接着园林中的不同元素。路径和桥梁可以反映不同程度的仪式感，也都可以设计得便于人们移动或集中精力。路径更多地被理解为二维元素，是地面的一部分，然而桥梁则显然是三维物体。与小径不同，桥梁将人举起，脱离水面或粗糙的地面，从而更容易强化人们的感官体验。

顶左图：东京浜离宫恩赐庭园，在随潮汐变化的海水池塘之上，石基座支撑起木制的中岛桥。

顶右图：修学院离宫庭园的千岁桥呈现出中式风格，厚重的石基支撑着木结构屋顶。

对页下图：因其复杂的结构和朱红的色彩，东京小石川后乐园的通天桥十分引人注目。

左上图：临御桥位于叶山町附近，横跨下山川，是一座巨大的石木结构桥梁。

左图：复杂的榉桥位于京都御所庭园之内，精雕细琢的端部构件从承托的木梁上突起。

右上图，图43：一座木制“八桥”蜿蜒而行，穿过湿润的地景。

右图：重叠的木板构成蜿蜒的“八桥”。

第二十四章

砾石庭院

伴随着佛教及其相应建筑形式的传入，最早的砾石庭院也从中国引入日本。在中式皇宫建筑群中，白色砾石覆盖的庭院恰如其分地衬托了官式建筑，并为大型公共活动和集会提供了广阔的空间。同样的，砾石院落也被整合到中国佛寺建筑群之中，继而在日本早期的中式佛寺中进行复刻。

在一种典型的布局中，庭院在正厅前面营造出开放空间，三面有顶的外廊将其围合形成边界，南侧围廊的中心处则设有仪式性大门。根据风水学原理，建筑群应坐北朝南，因此庭院位于主厅的南侧，于是阳光得以从白色砾石反射到大厅之内。

在寺庙建筑群中，宝塔和其他建筑物也位于广阔的砾石庭院之

内。这种布局导致建筑被理解为空间中的物体，而非包围或创造空间的形态。[11]这种布局在6世纪被原封不动地引入日本，砾石庭院不仅允许人们在寺庙中轻松移动，也为节日和表演等特殊活动提供了巨大的集会空间。通常，传统的日本能剧就是在一个砾石庭院内的舞台上演出，舞台设置在寺庙或神社里，观众们坐在院子对面的独立构筑物上观演。

在日本的中式佛寺中，砾石庭院的设计和使用方法与中国相同。然而，佛寺建筑形式以及与之相融的景观最终汇入神社建筑，从而造成一种模糊性，建筑形式不再代表特定的意识形态。这不难理解，神道教是一种早先存在的本土宗教，而佛教以一种与神道教基本兼容的方式扎根于日本。时至今日，许多佛寺中都设有小型神社，因此从佛教首次传入时起，这两种宗教的融合就一直存在。

早期的佛寺建筑群包含有正式的砾石庭院，比如奈良东大寺和法隆寺，以及像京都平安神宫这样充满威仪感的神道教建筑（建于1895年，但复制了平安时代的寝殿风格）。即使是始建于3世纪的伊势神宫，也反映了许多佛教建筑的空间布局特征，比如中轴对称、空间层次、仪式等级等，当然它也设有一处庭院并覆盖着粗糙的白色砾石，在其上坐落着重要的神社建筑。由于伊势神宫每二十年秘密重建一次，因此可以得出这样的结论：在佛教建筑主导日本宗教建筑之后，伊势神宫的某些空间布局元素可能经历了增加或改变。

发展

随着日本园林风格的发展和变化，原本位于大殿南侧传统位置的白色砾石庭院也发生了改变，有时候被平安时代寝殿风格建筑的池塘和园林所取代。人们从院子再也无法直接到达正厅的入口，相反，当访客们沿着园林小径前行，首先会从池塘对面瞥见正厅。光线也不再从砾石庭园反射进入正厅，取而代之的是池塘的波光。

然而白色砾石庭院并没有消失，而是作为众多设计元素之一融入园林，而后成为日本传统园林的基本组成部分。有时候，白色砾石的范围受到限制，而另一些时候其界限却不那么清晰。在某些情况下，砾石范围之内的空间不允许踩踏，而在另一些情况下，它却提供了一处集会场所。就像京都修学院离宫的园林那样，当人们沿着碎石道路，爬上被松树环绕的平缓小丘之后，小径随即终止于一处有着严格界限的碎石庭院，并正对着充满威仪感的大门。宽阔的白色砾石界面增加了庄严感，与大门另一侧葱郁绿植之间的狭窄小径形成对比。

随着日本寺庙、神社和住区风格的发展，它们变得更为不对称和非正式，而原本的白色砾石庭院也几乎消失殆尽。在许多园林中，这种庭园被转变成一种完全不同的模式，常常具有强烈的三维空间特征——耙理砾石层与沙丘暗示着流动的元素。

对页图： 京都月轮山泉涌寺，通往皇陵的大门前是一大片布满耙理砾石的庭园。

顶图： 京都御所承明门开向一处覆盖有白色砾石的中央庭院。

上图： 毗邻出云大社本殿的庭院中布满了灰色的圆形石块。

第二十五章

耙理砾石层与沙丘

对于日本寺庙、神社和住区建筑来说，对称性和庄严感的解体始于平安时代的寝殿风格，并延续至后来的数寄屋风格。这也导致了砾石庭院的转变——从一个为建筑和植物创造前景的元素（使之成为空间中的物体），发展为一个独立的雕塑元素，并融入园林的空间构成之中。

白色砾石不再覆盖大片的区域或是包围一些建筑，反而变得更加封闭并具有设计感。它不再仅仅是可以步行的地面。取而代之的是，其大小和形状被限定，成为园林中的一个元素并充满象征意义，它成为一种机智的设计。

砾石转化为基底，通常平铺于地面之上，但有时候也会堆积至1米高，它们通常被耙理，以形成波纹表面，但偶尔也被夯实而显得平滑。正如园林中的构件被用来表征自然景观中的元素，白色沙砾波纹也被视为海洋的象征。在一些园林中，岛屿漂浮在白色砾石构成的“海洋”之中；而在另一些地方，峭崖和劲松则构成“砾石海洋”的边界。

尽管存在着明确的象征性，但其形式却抽象且稳定，特别是海洋的形式。这种抽象性表现为一种强烈且纯粹的几何组合，比如耙理砾石的平面会结合一棵树或一块石头的自然形式，共同组成了园林的构图。通常砾石基层是联结园林各部分的元素，将看似不同的成分整合为统一的整体，并给人以巨大空间和连续运动的印象。当然，砾石层本身是静态的，但运动的概念通过起伏弯曲的耙理图案而产生。

营造

白川砂是一种较小的砾石，起初用在寺庙和神社宽敞的庭园之中，自15世纪开始用于园林。白川砂可被耙理为波纹地面或堆积为沙丘，即便在大雨中仍能保持其形状。京都龙安寺石庭就很好地使用这种砾石（见第155页图38）。其长方形波纹砾石庭院被三面墙壁围合，人们从北侧方丈室（住持居所）欣赏园林。在广袤的砾石中分布着五组由石块和苔藓组成的“岛屿”，南墙后的高大树木为庭园提供了斑驳的绿色背景。砾石则被耙理成直线，平行于

对页图：在京都法然院庭园中，地面上耙理出漩涡状图案，与光滑的沙丘并置。

右图：京都法然院庭园中，两座沙丘位于石路两侧，沙丘顶部耙理出季节性图案。

观景的方丈室，然而当砾石碰到由石块和苔藓组成的“岛屿”时，它们会“汇流”至其边界，这或许隐喻着水浪冲击海岸线的图案。

其他园林也采用类似的方式，利用白川砂暗示运动，将其耙理为波纹网格或漩涡波浪这样的纹理背景。在园林中，有许多种塑造碎石的方法和案例，京都大德寺的子庙大仙院即是一例（大德寺有二十四座子庙，每座都带有园林，其中多具耙理砾石地层），其方丈住所周边围绕着园林，而白川砂在四部分庭园中有着不同的使用方式。北侧是一片有界的白色砾石，如同平静的大海，包围着一座由石木构成的小岛。在方丈厅的东北角，白色砾石不停地产生波动，从岩石间的狭隙中“流”过，继而在建筑角部和桥下“奔流”，其后波纹在东南角扩大变宽，归于片刻的平静。而正厅南侧的砾石地层面积十分宽广，等大于厅堂本身，由平行于建筑的直线构成，两个锥形沙丘将平静的地层刺穿，周围的耙理砾石随即猛冲而来。最后一种状态的庭院是一小块耙理砾石，其线条平行于方丈厅并垂直于南庭，从而将西院安静地锚固。

右图：京都银阁寺园林的平顶砂锥经过精心维护，以保持其完美的圆锥形态。

右中图：京都大德寺子庙瑞峰院中有一处充满活力的庭院，深深的耙痕围绕着深色石块，充满动态运动之感。

底图：在京都大德寺子庙瑞峰院中，耙理砾石的纯粹几何形态与其所环绕石岛的不均匀边缘形成鲜明对比。

尽管砾石通常用于塑造水平的地面，但也可以被堆积为三维形状。例如在上述的大仙院方丈庭园中，两座圆锥沙丘打断了绵长的砾石地层。在京都的银阁寺庭园中，一座光滑的平顶砾石圆锥体（向月台）高达60厘米，毗邻无定形的耙理砾石凸台（银沙滩）。这两处砂台呈几何形态，与园林中其他位置更加自然的形式形成了鲜明的对比。较低的砂台将阳光反射到邻近的建筑，在园林中既实用又美观。

耙理或堆积的砾石都需要精心维护。传统意义上，维护寺庙庭园是年轻僧侣的工作，其中自然包括每日清晨几乎是冥想般的砾石耙理。在大多数情况下，砾石的形状保持不变，但有时候设计也会随着季节而变化。例如京都法然院庭园中有两座凸起的平顶沙丘，位于道路两侧、每边一座，这条路径从主要的内门通向建筑群落。沙丘顶部的耙理图案总是互映着季节，无论是春天樱花构成的漩涡之海，还是秋天飘浮的枫叶。于是沙丘不仅成为庭园中的永久性元素，还反映了季节时令和短暂易逝的自然品质。

在园林中，石块和植物组成了色彩与肌理的三维构图。无论人们如何使用砾石，其平坦的白色平面都会与三维构成形成对比，而这种对比正是日本传统园林的重要设计元素。即使是堆积的砾石也呈现出不同于耙理砾石的几何结构，从而营造出一种张力，并引发观者的兴趣，人们被吸引到园林之中，思虑设计中的固有意义和神秘内涵。

右图： 清晨的阳光下，一位和尚小心翼翼地耙理着京都龙安寺的砾石庭院。

下图： 园林可以存在于多种维度之中，在这里，一片草叶延续着圆锥沙丘的上升趋势。

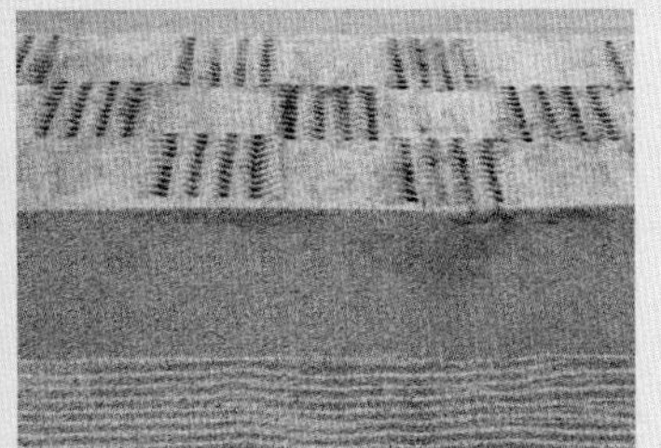

上图： 京都高台寺庭园，一对浅锥笼罩于阴影之下，坐落在一片耙理的砾石海洋之中。

左中图： 在传统园林中，纹理和几何的对比增加了视觉的趣味和复杂性。

左下图： 京都永观堂庭园，在耙理的砾石地面上混合了不同的纹理和图案。

第二十六章

石界

在传统日本园林中，像大海一样广袤的砾石和植被是如此常见，但却从来都不是无边无际的。其边界通过一种对比鲜明的材料进行营造——一片细密修剪的杜鹃树篱，或是一个崎岖的岩石悬崖，或是一处简单的低矮石界。上述的最后一种方案石头边界很容易被人忽视，因为它比园林中的其他元素更加谦逊，但却在庭园设计中发挥着同样重要的作用。

石界由狭窄的线形矮石构成，它将园林一分为二或营造边缘。它既是实用元素，又有助于理解园林空间。在中国皇宫和寺院中，石界最初被用作中心庭院砾石地面的封边，后来又形成排水沟，以收集屋檐落下的雨水。

随着中式佛寺建筑被引入日本，石界也延续其边缘和容器的功能。然而园林的转型和发展也使其作用发生变化和扩大，并在庭园空间环境中产生意义。石界开始成为人们在不同空间移动的视觉指南，并突出了园内视觉深度的夸张性。由于诸多庭园区域狭小，于是它们结合缩微原理，通过设计使空间感受远大于实际面积。

为了实现这一目的，植物被修剪以显得成熟，却仍保持微型尺度。为了暗示空间的扩张性，人们采用层叠的手法搭配不同的材料（如植物、石头、水），或是用不同的方式组合同一种元素（例如交错排列的修剪树篱）。这些空间的每一层次都可能被一条石头界线包围，有些具有完美的几何形状，有些则显得粗糙。石界暗示着空间的变化，将前景从中景和背景里勾勒而出。

对页下图： 在京都大德寺建筑群中，一条长长的花岗岩石界将苔藓和河石分开。

右图： 一块巨大的踏脚石越过花岗岩边界，这条边界将砾石区域和河流岩石分开。

营造

对于营造边界和容纳其他材料来说，石头是一种合理且实用的选择，在园林中它是一种最为耐久且恒定不变的材料。植物需要持续的维护和保养；水体的位置和流动必须加以控制（无论是真水还是以砾石代之）。然而这些都可以轻松地通过一层石块实现。

石界通常保持在离地面较低的位置，其高度只需刚好控制所需的范围，并在园林构图中提供线性暗示。它很少被设计成视觉中心，相反却是背景的一部分，成为安静的视觉线索。

石界往往与其限定区域具有相似的色彩，尽管有时候也会产生强烈的对比。它们还被用来构造排水沟，以收集从屋檐落下的雨水，或控制来自园林小山的水流。石界也被用来限定小径，或是填充砾石或植物的边缘。其石材通常采用常见于日本的花岗岩，坚固耐用但亦可被切割和塑形。如同小径及其他庭园元素，石界也遵循着日本美学的礼仪层级——“真、行、草”。“真”体现为正式形，每块石头都被切割成相同的大小和形状，并铺设为一条完美的直线。“行”指代半正式的边界，粗犷形状的石块以直线形排列，而其他非正式的边界则符合“草”的美学原理，粗野的石块沿着弯曲起伏的线条铺设。

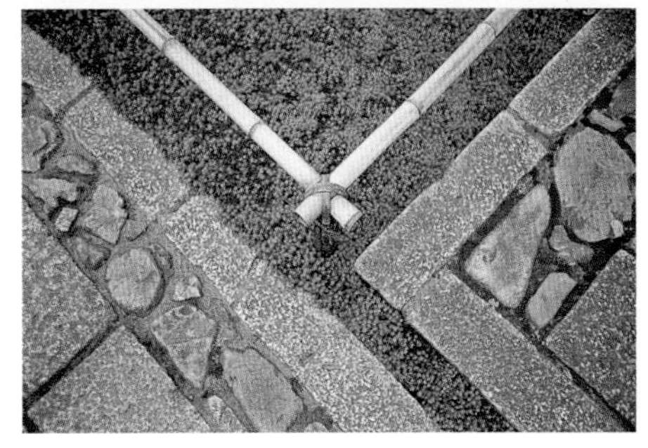

顶图： 狭窄边界由光滑石条制成，在岩石和修剪树篱之间形成了一处拐角。

中图： 层层的碎石和小石粒被一排排粗糙的石块隔开。

下图： 在京都大德寺建筑群中，花岗岩边界标志着石材表面的边缘，边缘生长着厚厚的苔藓。

京都龙安寺庭园的石界明显地展示了三种层次的礼仪性。围绕方丈（住持住所）的园林被分为两个不同的部分：一片是著名的枯山水石庭，经过耙理砾石位于厅舍南侧，其上分布着五座石块与苔藓构成的小岛；另一片则是郁郁葱葱的绿色园林，环绕着方丈厅舍的其他三面。

在枯山水庭园的侧面，长方形砾石地面以条理谨严的石块收边，其外围则是布满河石的排水沟，用来收集从寺庙建筑和围墙屋顶流出的雨水。庭园的东部和北部边界毗邻建筑物，于是采用一种严谨正式的石界布局（石界内包含河石），然而石庭的西侧和南侧则以墙为界，于是采用半正式的边界——沿直线排列的粗糙石块。当含有排水沟的石界在建筑周围移动时，它们从正式过渡到半正式，最后在排水沟离建筑物最远的位置变为非正式，并移入园林以接受来自小池塘的径流。如此一来，石界不仅被用来容纳并表达空间层次，也强调了园林的设计理念。

第二十七章

岩石与石块

在唐朝，中国贵族府邸园林中摆放着硕大的叠石，它们经过数个世纪的风雨侵蚀或洋流漩涡的复杂变化，因其造型和线条而受到人们的推崇。出众的叠石是园林中珍贵的元素，它们被放置在显眼的位置。在6世纪，这种对岩石的使用和珍视伴随着园林设计的艺术从中国传入日本。最初的日本园林模仿中国，因此叠石也以相似的方式被使用。但随着庭园的发展，岩石与石块的形式[12]及其使用方式也发生了变化。

早期的作庭文献包括了11世纪的《作庭记》和15世纪的《造山，理水和设计山野景观的图录》，它们阐释了园林设计的重要原理，并举例说明了如何正确使用岩石与石块。“遵循石头的要求”——以自然的方式使用岩石是一项重要原则。[13]例如在《作庭记》中解释了溪流处石头的设计方法：“园林小溪的石块应该放置在河流转弯并顺流的位置。这处水湾产生的原因理应是溪流被石块阻挡，转弯之后的溪水更增动力，并猛烈地撞击接下来的石块。唯有在这处，您会发现被流水冲刷的圆石。”[14]

园林设计的艺术在《作庭记》中以教义的形式体现，它强调应将石头以和谐方式进行组合，并根据每种石头的特性加以利用。按照这样的理解，岩石应具有“个性”，通过其大小、形状和痕迹得以彰显。人们根据这些特征对它们进行命名，然后组合使用、互为衬托。“叠石工作中应该首先布置具有鲜明特征的主石，然后根据主石的‘需求’着手放置其他石块”[15]。例如一块高大且具有强烈线纹的巨石可能被称为“主石”，而体量较小、相对平坦或带有少量独特斑纹的岩石则可能被称为“辅石”。辅石气势较弱，因而不能单独摆放，但与主石或另外的辅石搭配则会取得良好效果。“主石环顾辅石，而后者则仰望着主石”[16]。

对页图： 在赖久寺之中，代表龟鹤的叠石从修剪的绿篱中显现。

上图： 旧有的系统产生了新的变化——装满橙蓝色调石块的圆圈被置入混凝土天井之中，以收集从屋顶滴下的雨水。

左图，图44： 叠石常作“三尊石组”，由主石和辅石组合而成，并非对称却保持均衡。

右图： 在京都天龙寺庭园的曹源池之中，粗犷的岩石与光滑的池塘表面形成对比。

组合构成

岩石常作三元组合，并在平面和立面上构成不对称的三角形（见本页图44）。尽管不对称，但三角形仍可谓是平衡稳定的构成形式。在典型的石组中，主石在三角形的中部形成高点，旁边是一块小石头，其高度约为主石高度的三分之一，从而形成了三角形的短边，而另一块长而低的岩石位于另外一侧，形成三角形的长边。不同高度、长度的石块的组合，以及它们彼此之间的距离，共同组成了稳定且不对称的构成关系。这种均衡不对称的三角形是日本园林和其他文化艺术（例如绘画和插花）中的重要设计原则。

传统的日式庭园中采用了许多不同种类的岩石。在过去，这些岩石跨越千山万水运至园林中进行展示。约西亚·康德在其1893年出版的《日本风景园林》一书中记载：“据记载，在天保年间，人们对稀有且昂贵的奇石的追求变得异常狂热，以至于政府颁布了一项法令，限定单块奇石的价格。”[17]康德接下来又列举了近二十种不同种类的石头（花岗岩、碧玉、石灰石、板岩、片岩等），它们在园林中经常使用，其名称通常表示地质特征或被发掘时的地理区域。[18]

布石是园林设计不可或缺的一个环节，石块的尺寸、形状、斑纹和颜色都被考虑在内，斑纹精美、形状美丽或个性强烈的奇石会被放在显眼位置。由于岩石的材质与园林中的其他组件完全不同，因此它们很容易被用作对比性元素，比之于平面铺开的白色砾石，或低矮绿荫的土丘（如苔藓或矮竹），或是平滑垂直的墙壁。园林中各个元素之间形成了鲜明的对比，却又纳入了统一的构图，这也正是日本园林的标志。

右一图：带有强烈条纹的石块凸显于青苔地面。

右二图：一块巨大的扁石从苔藓中冒出，仿佛是嵌入地景之中。

右三图：光滑的河石与大块的粗糙岩石结合，形成了多变的颜色和质感。

右四图：一堆圆形的河石收集从屋檐上滴落的水滴。

布石之后，造园家需要从各个可见角度对其进行观察。除非有其他意图，石块应该显得非常自然。但在某些情况下（例如垫脚石），设计者也会学习设计石块在最初景观中的姿态。“请您不要改变石头在山中的位置，如把山脚下的石头放在高处（被称为‘转石’），应避免使用，这样的做法会激怒磐石的魂魄，并带来厄运”[19]。

造园者还会仔细考虑岩石的形状、颜色和纹理，并根据其美学品质对其进行命名，然后方可决定如何布置并将其最好地进行展示。被水力侵蚀或被苔藓覆盖的岩石在水体附近使用，而来自山地的岩石则布置在类似山脉的环境之中。一些石块被树立，以便观看其整体形态，而另一些岩石则沉入地下，仅余一小部分可供展示。在园林中观看一块奇石时，其显露的比例并不总是非常明显。这也是日式庭园的奥秘之一，源自高度发达的设计和建造艺术。

顶图：东京清澄庭园，日本鲤游弋于宽大的踏脚石径之侧。

上图：京都二条城二之丸御殿庭园，叠石在蓬莱岛上形成崎岖的边缘。

左上图：京都知恩院方丈庭园，一块石板架向石岛。

右上图：嵌在苔藓中的河石给人一种若隐若现的感觉。

左下图：在京都龙安寺石庭中，一个被苔藓环绕的“三尊石组”，仿佛是耙制砾石海洋中的一座小岛。

右下图：在石径表面上，纯粹的几何形状互相映衬。

对页图：东京帝国饭店庭园中，耙制砾石呈旋流状，环绕着石岛。

在日本园林中，垫脚石的使用不同寻常。它们通常位于水体之上，营造或暗示一条路径。石块按顺序放置，其大小和形状彼此相似，表面的平整和尺寸的适宜也成为其被选择和使用的依据。一般的垫脚石仅仅高于水面或砾石层若干英寸，然而它们偶尔也会高耸且参差不齐，这表明石块与其下水面之间岌岌可危的关系，并引发人们跨越石阶时的敏锐与小心。

日本园林中非常具有吸引力的一点是通过元素激发人们的感官，使之意识到身处的园林之中。“戏仿”或“再现”的手法已经在“路径”一章进行了论述。这个重要手法也被应用于园林垫脚石的设计——通过一块磨石代替序列中的某个石块。垫脚石的大小和形状通常与圆形磨石相似，但磨石是一个完美的圆形，上有用于磨谷的雕刻脊纹。在园林中看到磨石的景象刺激了人们对庭园和磨石产生新的认识与联想，并激发起观者的自我思考。

第二十八章

植物

在几乎所有园林中，植物都是重要的设计元素。全无植被的造园极少出现，即便是日式的枯山水庭园。与日本园林的其他元素一样，植物早期使用方式受到中式园林的影响。然而随着园林的发展，植物的运用之法及与其他元素的结合方式也发生改变。

与中国园林一样，植物在日本园林中具有双重作用。一方面它们是视觉焦点，营造出缤纷色彩与动人美丽的精彩瞬间；另一方面，植物还被用作背景，以凸显石块、耙理的砾石地面、水景甚至是其他植物。由于这种双重功能，人们选择某些植物是因其不同寻常的造型，比如美丽的花朵或独特的叶片。而另一方面的考量则会是植被的小巧体积或其连续一致的颜色及纹理。

在不同的季节，某些植物也可以从园林中的背景转变为前景。例如杜鹃灌木丛具有微小的叶片和连续一致的绿色，因此它们可被修剪为厚实的背景绿篱。但在春天花开时，杜鹃灌木丛则突然以鲜艳的花朵和丰富的色彩成为前景元素。同样，枫树也可以与其他树木结合，为园林提供绿色背景。然而当秋天来临时，其树叶也从绿色变为深红，此时便成为庭园的焦点。甚至苔藓也是如此，这

对页图：在东京小石川后乐园中，有着细长枝干的枫树色彩鲜艳，延伸至池塘上方，并被木支架承托。

左图：在冈山县赖久寺的庭园中，层层叠叠的杜鹃花经过修剪，形成一座山，紧挨着耙理的砂砾海洋。

下图：秋色浸染的枫叶散落在致密修剪的灌木丛上。

右图：山石和经过修剪的杜鹃丛结合，形成一处围绕瀑布的微型山水景观。

种柔软的绿色地毯可用来衬托石组和植物，但在树叶尽落的冬天，苔藓本身也成为一道风景。

日本气候温和，四季分明，长期以来启发了其艺术、诗歌、插花和景观的创作灵感。于是季节性变化也被融入园林设计之中，使其四季有景，全年可观。整个园中遍布开花植物，在不同时节和不同区域点亮别样的色彩。落叶树木和常绿植物也被搭配组合，以确保园中不同区域始终被树荫覆盖，尽管树荫的大小每月都在变化。

这些时节变化往往会带给园林意想不到的效果，比如每年6月在冈山后乐园中盛开的皋月杜鹃（日本鸢尾）花河，或者在冈山附近的赖久寺庭园里，覆盖着如山的杜鹃，构成了亮粉色的花毯。通过植物带来时节惊喜的另一种方法是在园林内种植庄稼。在后乐园的一个角落，有块土地被等分成九个方格，每格中都种植了不同的作物，并在夏季生长。由于像后乐园这样的园林往往被设计成一种理想自然，并因其美学特质而享有盛誉，因此在这样的园林中出现可供耕种的菜地显得不同寻常。

然而，作为园林中的设计元素，后乐园九宫格菜地被紧随其后的一片茶树所衬托，它们精心修剪并形成起伏的行列。茶树之后是上升的草坡，以凸显弯弯曲曲的树篱，中间点缀着修剪过的灌木球，整体的几何布局以高大的竹林作为背景。

京都修学院离宫庭园之内也包含着农田。这处宽敞的园林被设计为两个截然不同的部分，内部是传统园林，而外部则像是农业景观，遍布阶梯状的稻田。访客的感觉是穿过典型的日本景观进入园林，而实际上稻田就在园林的范围之内。

在园林中种植农作物的想法始于中国，最初是将单株果树甚至小果园融入园林之中。这种想法在日本继续发展，以带给人们如画

上图：京都东福寺本坊庭园中，石块和苔藓混合成有趣的棋盘网格图案。

下图：在京都金阁寺的园林中，散布在景观中的石组将人们的视线引向一个又一个的亮点。

的风景而非真正的实用功能。尽管稻田、茶篱和菜地仍以常规方式进行种植，但它们被作为大构图中的组分部分进行设计，因此其形状和大小与整个园林有着特殊的关系。

日本园林使用的植物种类繁多，从本土常见的野生植物（例如某些种类的竹子和苔藓）到引进的异域物种（例如特定类型的棕榈树），不一而足。选择植物的依据是其特性，包括植物的大小、高度、叶片的色彩或形状、树皮的颜色或质地、花的颜色、大小或数量。所有这些因素都被园林设计者考虑在内，他们将每种植物单独或组合放置，以展示其特定品质，以助于创造统一的场景。

日本园林中的典型植物包括常绿乔木和灌木，比如日本红松、日本黑松和山茶；也包含落叶乔木和灌木，如日本枫树、山樱树和杜鹃；以及草本植物，如竹子，竹草（又称侏儒竹）和苔藓[20]。

左图：在宇治的三室户寺中，层层的杜鹃开始绽放，植物构成的高地上装饰着不同种类和色彩的树木，以及山坡上简朴的观景亭。

下左图：一簇绿植与传统的京都建筑相得益彰。

下中图：枫叶飘落在竹草之中，营造出五彩缤纷的秋色构图。

下右图：一株年迈多节的松树。木支架承托着它弯曲的树干。

底图：京都东福寺庭园，苔藓和石块被巧妙地结合在棋盘状构图之中。

围护

日本园林中的所有植物都需要专门的照料和维护。植物往往被塑造成特定的形态，无论是古老而崎岖的劲松，还是郁郁葱葱、茂密起伏的山坡，它们都需要专业的修剪或维护。园林亦需要被悉心维护，使其在任何时候都不会杂草丛生或看起来维护不周。植物是园林中最需要维护和保养的部分，譬如采摘枯萎的花朵，耙理落叶，修剪树木和灌木丛，清理雨水沟渠，清除多余的积雪，支撑树木使其免受强风和大雪的侵袭，这些还只是重要的维护活动中的一部分。

园丁们则使用各种传统工具进行日常维护（见本页图45），他们的工作状态时而被访客看到。在园林中，人们也经常可以发现竹篾编成的扬谷器和苇条制成的扫帚，无意中提醒着人们要处处小心。大多数的大型日式传统园林都需要一小组园丁持续维护。一些工作的要求近乎苛刻，比如建造支撑结构，以在漫长的冬季里承托常绿植物的枝条。另一些工作则非常细致，譬如用镊子把花朵从苔藓植物上拔除。然而就像植物本身一样，无论其尺度大小，每项任务都对园林的正常运行和整体外观至关重要。

顶图：用稻草包裹树木，使其免受冬寒。

上左图：宇治三室户寺，园丁正在保养庭内青苔。

上右图：巨大的日本雪松树把人们引向伊势神社，竹劈树裙被用来保护树木。

左图：精巧编织的草套包裹着一棵有着三百年树龄的赤松。

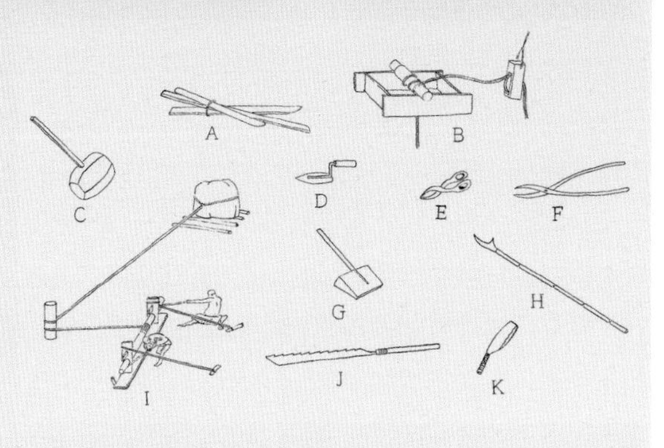

右图，图45：传统的园艺工具包括运输石块和泥土的器械，以及修剪和维护植物的器具。

第二十九章

水体

与作为源头的中式园林一样，许多日本传统庭园都围绕水体而设计。对于所有的生命来说，水必不可少，海洋和河流也一直是日本人的食物之源。出于娱乐目的而拥有水域是一种奢侈，也是财富与身份的标志。

与庭园中的其他景致一样，中式园林的理水基于风水原理（中日文字的“风水”一词具有“风和水”的意思）。园中水流的方向和方式也影响着气流或能量流动。[21]而正确的气流能够使园林健康和谐、繁荣兴盛。为了实现这一目的，在园林设计中需要确保地面和地下的水体都能够自然流动。“园中溪水、湖泊的流向至关重要，应该尽可能从东流入，流经庭园南部，继而从西侧流出。一条由北至东、接着由南到西的迂回流线并非罕见，然而自西向东的线路则是不吉利的”[22]。

传统的作庭师会观察溪水围绕岩石流动的方式，河道宽窄变化带来流速改变，以及河水汇入海洋的效果。这些观察结果揭示出如何在园林中布置石块，从而控制水流方向或容纳大片的水域。园林本应是自然化的，但却以夸张或理想化的方式呈现。由于设计力求以小见大，因此相比自然状态，园林中的景致彼此靠近。空间分层和强制透视的手法被用来显示空间。例如一条设计成曲线的小溪沿着山坡蜿蜒而下，随着溪流与观者间距离的增加，它可以被塑造成越来越窄的形状，从而让人们产生溪水更长更远的印象。

水体以不同的形式融入日本园林之中。池塘可以用来泛舟娱乐，也可以从中观看房屋、桥梁的倒影，给人以灵妙之感。

河水、溪流和瀑布不仅仅表征运动和声音，有时候还暗示着空间的深度。水渠能够收集屋顶上的雨水，也用于表达自然景观中的人造元素。水还会被置于盆中，进入茶庭之前，供人们洗手和漱口。在寺庙和神龛的入口附近也会准备清水，于是人们在进入神圣空间之前得以净化自身。对于伊势神宫的外宫来说，从第一道鸟居大门到最深处的神社建筑群的旅程中，这种清洁仪式出现在多个节点上。第一次发生在圣河五十铃川，游客们必须在这里的神宫入口处穿越木桥。

上图： 在冈山后乐园的流店诗亭（建于江户时代），溪流中点缀着石块。

对页下图： 正如京都上贺茂神社岩石间奔流的御物忌川那样，声音是园林体验的重要组成部分。

水体还可能分隔了两处截然不同的区域，人们通过桥梁或脚踏石穿过水面，即完成了这种区域的跨越。园林之水可以被用来指代实际位置的特定水域，这种交互让观者“身临其境，置身其中”。于是，当水体结合小桥和亭阁这样的元素时，便给人们带来神游远方的畅想，而“远方”的形象则通过当时的文学作品为人们所熟知。例如，东京小石川后乐园中“再现”了大堰川（附近是京都著名的贵族住区），而京都附近的另一片著名的水域琵琶湖也常常“再现”于各种园林之中。[23]

演进

随着时间的推移及园林风格的变化，水体在日本园林中的使用方式也随之演进。最初的造园者密切追随中式理水手法（尤其是湖泊），尽管彼时的园林业已不存，但我们从那个时代的诗歌中可以感知这种“亦步亦趋”。在8世纪的诗集《万叶集》中，“我们发现它提及园林湖水的波光粼粼，岩石的倒影，娇嫩杨柳的绿雨，紫藤的芬芳”。[24]随后，理水的方式则更多地适应日式审美的需求。在寝殿风格建筑群中，

右图： 水流沿着粗糙石块的凹槽运动，落在下方光滑的河石上。

下图： 流水从挖空的竹竿里涌出，落在光滑的圆石上，在进入园林之前供人们清洁手口。

底图： 在冈山后乐园中，一条弯曲的小溪蜿蜒流过长满青草的河岸。

房屋与景观（特别是池塘）有着非常密切的联系。建筑群的主殿面对池塘，两翼的“L”形亭阁则延伸至园林之中。整体建筑群可从池塘对面或在穿越庭园的过程中被人们观看。由于正厅直面池塘，其建筑倒影便可浮于水面，从而营造出月夜中美丽的场景。

历史上，欣赏池中映月是一种最受欢迎的消遣方式，因此它也被融入之后的园林和建筑设计风格之中。例如，数寄屋风格的京都桂离宫旧书院前就有一块巨大的竹平台，它从建筑延伸至池塘，专为赏月而建造。

和寝殿风格相比，书院风格住区面向园林的方式有所不同，对其大多数公共建筑来说，常常朝向的是充满礼仪性的砾石前院。然而随着远离仪式性入口，房屋变得不那么正式，建筑与景观的关系也更加紧密，水体这样的园林元素也常被用来加强这种联系，比如书院风格的京都御所就很清晰地表达出了此类关系。进入建筑群的正式入口是一扇大门，它开向白色砾石庭院并通往公共建筑紫宸殿。与紫宸殿直接相连的建筑也非常正式，它与地面也有着类似的抽象关系。但越是远离庭园入口，建筑间的相互关系越变得不拘礼节，它们与景观的关系也变得不那么正式。于是，景观随之演变成郁郁葱葱的园林，在建筑物上下的空间中渗透。此时池塘也被用来表示正式和非正式区域之间的过渡。当其位于建筑拐角处时，园林也随之转折，人们可从两个区域看到池塘，水体为其余部分的庭园设定了基调。

当建筑的庄严感在远离正式入口处被消解时，它和园林之间便产生了一种异常紧密的联系。房屋似乎伸向庭园，而景观几乎渗入建筑。京都御所御凉所听雪茶室的一角便很好地诠释了这点，建筑在园林的低处盘踞，其下方流过一条小溪并成为庭园的焦点，吸引着观者近距离接触和欣赏，如此，水体便连接起建筑、景观和人。

远左图：京都修学院离宫浴龙池，平缓的湖岸给人一种宁静祥和的感觉。

左图：穿过流亭的溪水是冈山后乐园的趣味性元素，杯杯清酒从首尾流过，参与者须在酒杯经过之前赋诗一首。

上图：围绕京都二条城的护城河用作防御，如今也为景观平添一份别样景致。

在冈山后乐园流亭，一条小溪从建筑之中穿过。凉亭的开阔地面被设计成休憩的场所，悬挑的屋檐和围合的二楼将其遮蔽，楼上可供封建领主俯瞰园林。而一层的木座平台高出地面，人们得以遍览周围的庭园和流经亭子的溪水。虽然木平台的石制基础构成了直边墙壁，但流水仍被粗犷的石块打断，微波涟漪，蜿蜒过亭。这座亭子的形态表明它曾被用于社交游戏“曲水之宴”——一种源于中国的赛诗游戏，参与者须在一杯清酒漂过的时间之内赋诗一首（流觞曲水指酒杯顺流而下，止于某人面前即取而饮之，赋诗一首，译者注）。

水作为一种液体，自然不同于园林设计中的其他物质元素。它没有特定的形状，必须加以盛纳。因此，“容器”也成为水体不可分割的特质，尽管事实上前者常常消隐以凸显水体本身。根据所需的效果，池塘通常内衬岩石或河石。粗犷的岩石可以被放置在池塘或湖泊边缘的地面上，以固控土壤，并营造出描摹崎岖悬崖的锯齿状边界，而河石则可被设置在平缓的岸边，以代表海滨。池塘需要源源不断的流水，通常至少设有一个开口，供水流汇入园林。

造园者还须在重力作用下工作，以确保适当的水流，并根据需要营造出丘陵和山谷。河水溪流也须加以控制，使其吻合于叠石布局，从而控制流向和速度。瀑布也是许多日本园林中的重要元素。它们也被控制流向和速度的叠石所“遏制”，既可以沿着“山坡”缓缓地蜿蜒而下，也可以如急流般穿过“崎岖的岩石”，汇入平静的“大海”。

第三十章

园林物品

尽管日本传统园林主要聚焦于自然特色，比如植被的营造、巨大石块的摆放以及平坦开阔的白色砾石，但也会使用一些更小的要素以展示人工之精巧。这些要素也采用诸如石头、木材和竹子这样的天然材料进行建造，它们有助于增强人们的感官体验，并在园林中创造出短暂的停顿或惊喜。这些物件有些具有实用功能，而另一些则纯粹是出于审美需求。

这些园林品物包括长凳、水盆（“手水钵”或茶园中使用的“蹲踞”）、灯笼和惊吓动物的装置“惊鹿器”（见第207页图46）。例如，水盆在进入园林前提供了洗手和漱口的用途，特别是在茶室前的庭院；石灯笼则用于园林的夜间照明；“惊鹿器”可以发出尖锐的声音，以吓跑园中的鹿、野猪和其他动物。

在供人游览的园林中，或许会散落着休息和观景用的亭阁。而设计融合小型茶道建筑的庭园则会设置长凳，等待进入茶室的客人可以坐在此处欣赏园林。典型的待合像是一座小亭子，由三两面墙壁和一座屋顶围合，以保护长凳并引导人们朝向园林的视线。它通常采用石材基座和木制结构，以及木材、竹子或灰泥的墙壁。其

屋顶上覆盖木瓦或雪松树皮，长凳本身则由木材或竹子制成。这种长凳的设计是为了增强人们对园林和茶室建筑的体验，但又不使园中的其他元素黯然失色。

水盆从神社建筑中的储水池发展而来，在进入圣域之前，信众们需要进行清洗，以保持身心的纯净。随着时间的推移，这种净化的思想也被引入茶庭。此类小盆通常采用石刻，沿着露地设置，位于第二道院门之内（见第166页图41）。当客人经过门扉时即可察觉，它提醒人们净化流程，并进一步获得适合茶道的平稳心绪。而蹲踞则用来创造一个停顿的时刻，客人将竹勺或木勺浸入盆中，用水冲洗手和口，继而步入茶室入口。

虽然大多数水盆位于比人们腰部还低矮的位置，但它们也有各式形状和不同的高度，从而呼应园林设计。有些水盆呈几何形态，每个表面都经过精心打磨，但多数则主要由自然形态构成，并结合些许几何造型。例如，一块粗糙而垂立的长方体石块的顶部可以被雕刻为光滑的圆形。石头的自然纹理和圆形完美的几何形态及其抛光表面的结合，体现了园林中自然与艺术的对比。

水盆通常放置在使用者需要略微弯腰才能浸水的高度（因此又称“蹲盆”）。伏身的动作迫使身体离开水盆，从而避免溅水。大多数的水盆都设置在一个舒适的高度，但也有些故意变得不同寻常。有这样一个故事，茶艺大师千利休曾在一块可以远眺美丽海洋的场地上建造茶室和园林，他的朋友们焦急地等着完工，以便能看到大海。然而当他们走进园林时，却惊愕地

对页图： 京都安乐寺中的框景画面，艺术化堆放的旧屋瓦构成了前景中的视觉焦点。

顶图： 一盏石灯笼被周围枫树枝干所遮挡。

上图： 京都龙安寺庭园中，以钱币形状雕刻的石块充当了水盆。

左图： 在京都郊外，石阶和橙色的灯笼通向山腰处的贵船神社。

下图： 京都法然院园林，盛开的山茶装饰了圆柱形石盆。

底图： 京都东寺园林的池塘边，一盏石灯笼立于天然石块之上。

发现千利休栽种了两片高高的树篱遮挡海景。朋友们大惑不解，直到他们弯腰使用水盆时才发现，利休在树篱上设置了一个开口，这完美的海洋框景唯有俯身才得以观看。[25]

这个故事清楚地表明，水盆和日本传统园林中的所有元素一样，具有多种功能。离宫中的水盆不仅仅用于蓄水，或充当增强审美的品物，同时也成为一种装置，使人们更全面地了解园林，对自身在园中所处的位置以及园林在世界中的位置有了更深入的认识。

随着中国佛教建筑被引入日本，灯笼也作为供品被捐赠给寺庙，以用于夜间照明。这个时期它们通常高高矗立，使光线位于与眼睛持平的高度。到了16世纪，人们开始在园林中使用灯笼（尤其是茶庭），其形式和高度从而变得更加多样化。[26]在寺庙中，它们常常列于通往大殿的路径两侧，从而增强建筑群内部的层次性，给人带来清晰的方向感。

但当灯笼被引入园林中时，它们并非像在寺庙里那样排成一行。取而代之的是

左上图： 在进入园林之前，沉重的石盆提供了一个清洁手口的场所。

左下图： 旧屋瓦被塑造为具有装饰性且引人注目的品物。

右上图： 园林品物既可以是暂时的，也可能是持久的，或是两者兼而有之，比如以山茶花装饰的花形石盆。

右下图： 一条绳子绑住了简朴的石块，暂时挡住了通往小径的道路。

被单独地放置在园中的关键位置，它们既可以在夜间提供照明，也可以在白天成为视觉焦点。

灯笼以石刻而成，从而防御火灾。传统石灯笼顶部设有开口，光线则由小巧油罐或蜡烛提供。这个开口通常被小型的障子状屏风围合，屏风则由包覆和纸的木框架构成。和纸过滤的闪烁火焰发散出柔和的光芒，照亮附近区域的是云状光团而非强光或直射光线。

左图：在京都安乐寺庭园中，一盏石灯笼从杜鹃丛中探出，构成了具有鲜明对比的视觉焦点。

上图：“惊鹿器”撞击石块的声音强化了游客对园林的感知。

右页左图：手提式金属灯具中装有蜡烛，在夜间为庭院提供柔和的光线。

与石刻水盆类似，通常灯笼的造型和完成面也结合了几何造型和自然元素。它们通常呈柱状，由三条及更多的柱脚支撑。大多数灯笼的石制底座被雕刻成几何形式，有些则更具粗野风格。这些柔软弯曲的椭圆形石块在大自然中被发现，且恰如其分地被重新加工，堆叠在一起，使得可燃照明物居于其中。典型的灯笼具有一个雕刻的石框，如同开放的立方体，木板及和纸被置入其四面以围合火光。灯笼的扣帽通常与底座相匹配，它或许雕刻成六边形，也可能是顶部微弯的正方体，又或者是扁平的圆形石块。

“惊鹿器”是一种装置，它使用一根竹竿杠杆撞击岩石或木块，发出巨大的爆裂声响从而吓跑动物。这种装置由一段竹子（约1米）构成，切割时使其实心接头（竹节）稍微偏离竹竿中心，并将两端打开。通常竹竿位于溪流之中，附着在竹子或木框架上，并靠近另一根已经掏空的、用作喷口的竹竿。溪水从空心竹竿流到有竹节的杆件之中，接着会填满其较短的一端。随后，积水的重量将这一端降低，另一端则会如同跷跷板一般升高，杆落则水出，于是相对较重的另一侧接着下落，重重地敲击下面的木头或石块。

竹子撞击石块的声音不仅是为了吓跑鹿或其他动物，它还有另一个目的。当一名游客步入园林时，“惊鹿器”突然而清脆的爆裂声使他专注于声音并获得短暂而强烈的游园体验。如此一来，“惊鹿器”在园林的感官体验中起到了重要的作用。

上图： 在自然园林景观中，圆柱形基座上的石灯笼是一种显而易见的人造元素。

左图，图46：“惊鹿器”通过撞击石头的咔嗒声响吓跑园中之鹿，当水流入竹竿后，其一端重量增加从而下落，而当排空积水后，竹竿的另一端马上复位下降，从而撞击石块发出声响。

第三十一章

临时性和季节性元素

时令性装饰是加强与自然季节联系的重要方法。这些元素强化了景观效果，让我们以全新的视角去看待熟悉之物。临时性品物也被用来为特殊场合营造节日气氛，它们多与季节性庆祝活动相关，例如新年或儿童节。但也有一些与特定季节无关，却仍被使用，以强化与自然的联系，并强调其稍纵即逝的特性。一个很好的例子就出现在京都法然院的园林小径上。在这里，叶片被放置在石雕手水钵之中，并通过小石块固定入位。如此一来它便成为一道沟渠，以缓慢滴水的方式将些许流水从上碗送至下盆。这种叶片出水口简单却巧妙，与水滴一道创造了一种“尽精微，致广大”的瞬间，在整个园林的文脉背景之下，使观者聚焦于这一微小世界中。而叶子还需要保持新鲜，因此几乎需要每天更换，这似乎在重申一个观点——自然是一种连续的生命循环。无论在任何季节，每次造访园林的游客都能在手水钵中发现叶片。

虽然叶片可能来自同一种树，用在盆中的同一个位置并实现着同样的功能，但每次的叶片都是不同的。即使在构成园林微小环节中仍需保持细节呵护，也是在提醒人们需要精心地维护整个园林。

远左图： 在京都法然寺，石泉中的流水经由每日更换的新鲜绿叶流出。

左图： 雨水从樱花滴落，是短暂的春光，是易逝的生命。

上图： 缘侧上覆盖着红色的毛毡，装饰着飘落的枫叶。秋日园林的景致需要搭配一杯绿茶和一块枫叶状的甜点。

左图：枫叶散落在漩涡状的砾石海洋上，点亮了京都法然寺庭园深秋的景色。

下图：多色鲤鱼为庭园池塘带来了鲜活的灵动和艳丽的色彩。

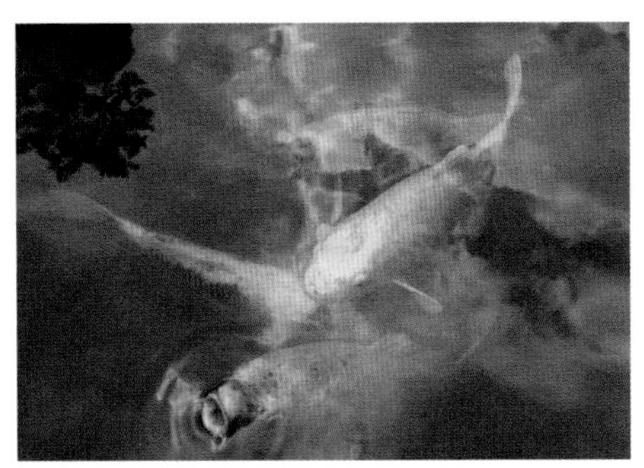

临时性元素则不同寻常，多数只用于特定的季节或事件。在日本传统景观或园林中，许多不同季节出现的品物都具有特殊象征意义。例如符号性植物被特殊展示，以迎接新年的到来。

这种大型装饰性布景包含了一些具有特定含义的植物，比如竹子代表长寿、松枝寓意繁荣，而李枝指代坚毅。一般展品中会使用三段竹子，分别代表天、人和地。当这些在房屋前布置得当之后，一家人喜迎神道教神灵。

在3月底日本樱花盛开之际，人们会欣赏花瓣飘落的美景，并举行派对庆祝落花之美。有时候地面上会放置大块织物作为休息区，而另一些时候，这些区域则由水平排列的织物面板构成，并设置在打入地面的竹竿之间。这些织物引导了视野方向，带给人们庇护感，并在大景观之中营造隐私的关系。

同样的横幡也被用来定义户外茶道空间，仪式如在白天举行，巨大的传统纸伞则被引入以提供遮蔽；夜间的茶道仪式则会在树木或竹竿上悬挂纸灯笼。这些类似的元素在园林的开放区域中营造临时性空间，也可在温和气候下构建聚会社交的风景。

过去每年的五月初五（现为每年公历5月5日），人们在高高的竹竿上悬挂鲤鱼形彩色长旗以庆祝男孩节（现在称为儿童节）。家里会为每个儿子（或孩子）挂一条鲤鱼旗。在有多个孩子的家庭中，鲤鱼旗的长度逐渐变化并挂在杆子的不同高度上，最年长的孩子的鲤鱼最靠近顶部，而每根竹竿的顶部都有一个彩色条纹风向标。另外，鲤鱼象征着毅力和抱负，年年悬挂旗帜反映了家人渴望每个孩子都拥有坚强而健康的未来。

在临时性景观中，一种非常不同的装饰元素是神篱，它临时划分出神圣的土地并成为祭祀地点，用来举行传统神道教奠基仪式（见第18页图2）。像许多其他的临时品物一样，用来划分神篱空间的是具有特定象征意义的自然材料。首先，四根竹竿被打入地面并形成一个正方形。竹竿的顶部通过注连绳连接。这种扭绳由稻草制成，它标志着日常世俗空间和神圣神道空间的分离，其上还附着着折叠装饰纸垂。在神篱定义的空间之内，临时性祭坛面向南面，祭坛上摆有食物、盐和清酒等祭品。尽管今天的地镇祭通常由一位神道教神职人员执行表演，但在过去却由木匠大师进行引领。这种对当地神灵的简单祭祀结合了对自然世界的崇敬，对万物易逝的认知，对工艺的尊重以及对日本传统文化中内在细节的关注。

注释

前言

1 Translation based on William J. Higginson's translation in Faubion Bowers (ed), *The Classic Tradition of Haiku: An Anthology*, Mineola, NY: Dover, 1996, p. 31.

第一部分：文脉

1 Donald Richie, *A Tractate on Japanese Aesthetics*, Berkeley, CA: Stone Bridge Press, 2007, p. 37.
2 The total land area of Japan is 374,744 square kilometers (144,689 square miles) and the popu-lation was estimated at 127,288,419 in July 2008, according to the Central Intelligence Agency's *The 2008 World Factbook*, available online at https://www.cia.gov/library/publications/the-world-factbook/print/ja.html.
3 Marc P. Keane, *Japanese Garden Design*, Rutland, VT, and Tokyo: Charles E. Tuttle, 1996, p. 6.
4 The height of Mount Fuji is 3,776 meters.
5 The other two are Amanohashidate, a sandbar covered with more than 6,000 pine trees at the Tango Peninsula in the Sea of Japan, and the sacred island of Miyajima in the Seto Inland Sea.
6 The winner was Matsuo Bashō with his *haiku*, "Matsushima ya, ā Matsushima ya, Matsushima ya" (Matsushima! Ah, Matsushima. Matsushima!).
7 Ritchie, *A Tracate*, p. 71.
8 Ibid, p. 72.
9 Kurokawa Kisho, *Rediscovering Japanese Space*, New York and Tokyo: Weatherhill, 1988, p. 58.
10 Tanizaki Jun'ichirō, *In Praise of Shadows*, New Haven, CT: Leete's Island Books, 1977, p. 13.
11 Ibid, p. 18.
12 R. H. P. Mason and J. G. Caiger, *A History of Japan*, Rutland, VT, and Tokyo: Charles E. Tuttle, 1997, p. 21.
13 For example, see the discussion of Yayoi and Jōmon styles in Isozaki Arata, *Japan-ness in Architecture*, Cambridge, MA: MIT Press, 2006, pp. 39–46.
14 Nishi Kazuo and Hozumi Kazuo, *What is Japanese Architecture?*, Tokyo and New York: Kodansha, 1983, p. 54.
15 Norman F. Carver Jr, *Japanese Folkhouses*, Kala-mazoo, MI: Documen Press, 1984, p. 10.
16 Ibid, p. 43.
17 Ono Sokyo, *Shintō: The Kami Way*, Rutland, VT, and Tokyo: Charles E. Tuttle, 1962, p. 20.
18 *Encyclopedia of Shintō*, Tokyo: Kogakuin University, 2002–6; online English translation of *Shintō Jiten*, Tokyo: Kobundo, 1994, at http://eos.kokugakuin.ac.jp/modules/xwords/.
19 Ono, *The Kami Way*, p. 20.
20 Laurence G. Liu, *Chinese Architecture*, London: Academy Editions, 1989, p. 148.
21 Kawazoe Noboru, "The Ise Shrine and its Cultural Context," in Tange Kenzō, Kawazoe Noboru, and Watanabe Yoshio, *Ise: Prototype of Japanese Archi-tecture*, Cambridge, MA: MIT Press, 1965, p. 169, notes, "The colored *hoju* [metal ornaments] on the railings of the main sanctuaries are definitely not Japanese in origin but are considered an influence from China...." Isozaki Arata, *Japan-ness in Archi-tecture*, Cambridge, MA, and London: MIT Press, 2006, p. 140, writes, "It is likely that during the half century after establishment of the periodic alteration of sites, the eastern and western treasure houses of the inner shrine came to be placed behind the main structure (Shōden) with its balustrade, while in the outer shrine they remained in front. If so, the latter arrangement with its emphasis on symmetry is certain to have been based on Chinese cosmology."
22 Unno Taitetsu, *River of Fire, River of Water*, New York: Doubleday, 1998, p. 11.
23 Ibid, p. 13.
24 Murasaki Shikibu (trans. Arthur Waley), *Genji Monogatari*, in Donald Keene (ed.), *Anthology of Japanese Literature*, New York: Grove Press, 1980, p. 112.
25 Mason and Caiger, *A History of Japan*, p. 121.
26 Nishi and Hozumi, *What is Japanese Architecture?*, pp. 74–5.
27 Sen Sōshitsu XV (trans. V. Dixon Morris), *The Japanese Way of Tea: From Its Origins in China to Sen Rikyū*, Honolulu: University of Hawai'i Press, 1998, pp. 3–4.
28 Suzuki Daisetz T., *Zen and Japanese Culture*, Prince-ton, NJ: Princeton University Press, 1973, p. 385.
29 Yamasaki Masafumi, "Kyoto: Its Cityscape Tradi-tions and Heritage," in *Process: Architecture*, No. 116, April 1994, pp. 46–7.
30 Gehō Taku, "Mejia: Kontentsu no Nashōnarichi" (Media: The Nationality of Contents), IIPS Policy Paper 322J, Tokyo: Institute for International Policy Studies, 2007, p. 16.
31 *Webster's New Collegiate Dictionary*, 8th edn, Springfield, MA: G & C Merriam, 1981.
32 William Coaldrake, *The Way of the Carpenter*, New York and Tokyo: Weatherhill, 1990, p. 8.
33 Gehō, "Mejia," pp. 15–16.
34 Robert J. Smith, *Japanese Society*, Cambridge, UK: Cambridge University Press, 1983, p. 9.
35 Jonathan M. Reynolds, *Maekawa Kunio and the Emergence of Japanese Modernist Architecture*, Berkeley, CA: University of California Press, 2001, p. 20. Also in Don Choi, "Educating the Architect in Meiji Japan," in *Architecture and Modern Japan*, symposium proceedings, New York: Columbia University, 2000, p. 4.
36 David B. Stewart, *The Making of a Modern Japanese Architecture: 1868 to the Present*, New York and Tokyo: Kodansha, 1987, p. 19.
37 Mason and Caiger, *A History of Japan*, p. 265.
38 Stewart, *The Making of a Modern Japanese Archi-tecture*, p. 22.
39 Jonathan M. Reynolds, "The Bunriha and the Problem of 'Tradition' for Modernist Architecture in Japan, 1920–1928," in Sharon A. Minichiello (ed.), *Japan's Competing Modernities: Issues in Culture and Democracy 1900–1930*: Honolulu, University of Hawai'i Press, 1998, p. 228.
40 Ibid, pp. 231–2.
41 Jonathan M. Reynolds, "Ise Shrine and a Modernist Construction of a Japanese Tradition," *The Art Bulletin* 83, No. 2, 2001, pp. 321–3.
42 Smith, *Japanese Society*, p. 35.
43 Yanagita's influential publications include his 1934 *Minkan denshōron* (On Folklore Studies) and his 1937 *Dentō ni tsuite* (On Tradition).
44 Kishida Hideto, *Japanese Architecture*, Tokyo: Japan Travel Bureau, 1936, p. 13.
45 Ibid, p. 29.
46 Ibid, p. 40.
47 Ibid, p. 42.
48 Reynolds, "Ise Shrine," p. 321.
49 Ralph Adams Cram, *Impressions of Japanese Archi-tecture and the Allied Arts*, New York: The Baker and Taylor Co., 1905, pp. 86–7.
50 Isozaki, *Japan-ness in Architecture*, p. 13, emphasis original.
51 Ibid, p. 17.
52 Tange Kenzō, *Katsura: Tradition and Creation in Japanese Architecture*, New Haven: Yale University Press, 1960, p. v.
53 Arthur Drexler, *The Architecture of Japan*, New York: The Museum of Modern Art, 1955, p. 262.
54 Ibid, pp. 41, 43, 53, 262.
55 Kawazoe, "The Ise Shrine and Its Cultural Context," pp. 200–6.
56 Tange Kenzō, Kawazoe Noboru, and Watanabe Yoshio, *Ise: Prototype of Japanese Architecture*, Cambridge, MA: MIT Press, 1965, p. 16.
57 Ibid.
58 Reynolds, "Ise Shrine," p. 316.
59 Itō Teiji, with Noguchi Isamu and Futagawa Yukio, *The Roots of Japanese Architecture*, New York, Evanston, and London: Harper & Row, 1963, p. 9.
60 Nishi and Hozumi, *What is Japanese Architecture?*, p. 9.
61 Ibid.

62 Ibid, pp. 9–11.
63 Isozaki Arata, *Island Nation Aesthetic*, London: Academy Editions, 1996, pp. 46–52.
64 Ibid, p. 41.
65 Ibid, p. 47.
66 Isozaki Arata, "The Teahouse as a Manifestation of Manmade Anti-nature," in Isozaki Arata, Ando Tadao, and Fujimori Terunobu, *The Contemporary Tea House: Japan's Top Architects Redefine a Tradi-tion*, Tokyo: Kodansha, 2007, p. 28.
67 Fujimori Terunobu, "The Development of the Tea Room and Its Meaning in Architecture," in Isozaki, Ando, and Fujimori, *The Contemporary Tea House*, p. 22.
68 Ando Tadao, "The Conflict between Abstraction and Representation," in Isozaki, Ando, and Fuji-mori, *The Contemporary Tea House*, p. 60.
69 Isozaki, "The Teahouse," p. 29.
70 Kuma Kengo, "Tea Room Building as a Critical Act," in Isozaki, Ando, and Fujimori, *The Contemporary Tea House*, p. 108.
71 Ibid.
72 Fujimori Terunobu, "The Tea Room: Architecture Writ Small," in Isozaki, Ando, and Fujimori, *The Contemporary Tea House*, p. 80.
73 Ibid, p. 78.

第二部分：形式与材料

1 Lady Sarashina (trans. Ivan Morris), *As I Crossed a Bridge of Dreams*, London and New York: Penguin, 1975, p. 54.
2 Suzuki Daisetz T., *Zen and Japanese Culture*, Prince-ton, NJ: Princeton University Press, 1973, p. 361.
3 Mitchell Bring and Josse Wayembergh, *Japanese Gardens: Design and Meaning*, New York: McGraw-Hill, 1981, p. 3.
4 Simon J. Gale, "Orientation," in *Process: Architecture No. 25, Japan: Climate, Space, and Concept*, Tokyo: Process Architecture Publishing, August 1981, p. 45.
5 Bring and Wayembergh, *Japanese Gardens*, p. 154.
6 Inoue Mitsuo (trans. Watanabe Hiroshi), *Space in Japanese Architecture,* New York and Tokyo: Weatherhill, 1985, p. 5.
7 Ibid.
8 Ibid.
9 Paola Mortari and Vergara Caffarelli, "China," in Mario Bussagli (ed.), *Oriental Architecture/2*, New York: Rizzoli, 1989, p. 94.
10 Koizumi Kazuko, *Traditional Japanese Furniture*, Tokyo, New York, and San Francisco: Kodansha, 1986, p. 149.
11 Arthur L. Sadler, *A Short History of Japanese Archi-tecture*, Sydney and London: Angus and Robertson, 1941, p. 11.
12 Koizumi, *Traditional Japanese Furniture*, p. 150.
13 Witold Rybczynski, *Home: A Short History of an Idea*, New York: Penguin, 1986, p. 96.
14 Paul Oliver, "Symbolism and Decoration," in Paul Oliver (ed.), *Encyclopedia of Vernacular Architecture of the World*, Cambridge, UK, New York, and Melbourne: Cambridge University Press, 1997, Vol. 1, p. 497.
15 Nakagawa Takeshi (trans. Geraldine Harcourt), *The Japanese House: In Space, Memory, and Language*, Tokyo: International House of Japan, 2005, p. 136.
16 Edward S. Morse, *Japanese Homes and Their Surroundings*, New York: Dover, 1961, pp. 337–8.
17 Watanabe Hitoshi, "The Ainu Ecosystem," in William W. Fitzhugh and Chisato O. Dubreuil (eds), *Ainu: Spirit of a Northern People*, Washington, DC: National Museum of Natural History, Smithsonian Institution, 1999, p. 199.
18 Morse, *Japanese Homes*, p. 77
19 Itoh Teiji, *Traditional Domestic Architecture of Japan*, New York and Tokyo: Weatherhill/ Heibonsha, 1982, pp. 150–1.
20 Ibid, p. 150.
21 William H. Coaldrake, *The Way of the Carpenter: Tools and Japanese Architecture*, New York and Tokyo: Weatherhill, 1990, p. 19.
22 Guntis Plēsums, "Structure System [of *Minka*]," in Paul Oliver (ed.), *Encyclopedia of Vernacular Archi-tecture of the World*, Cambridge, UK, New York, and Melbourne: Cambridge University Press, 1997, Vol. 2, p. 991.
23 An excellent resource (although only available in Japanese) is the *Nihon no komyunichi* (*Communities of Japan*) issue of *SD* No. 7, Tokyo: Kashima Shuppan Kai, 1975.
24 S. Azby Brown, *The Genius of Japanese Carpentry: An Account of a Temple's Reconstruction*, New York and Tokyo: Kodansha, 1989, p. 69.
25 Coaldrake, *The Way of the Carpenter*, pp. 90, 103.
26 Ibid, p. 94.
27 Ibid, p. 90.
28 Ibid, pp. 90–1, 193–4.
29 Ibid, p. 124.
30 Ibid, p. 146.
31 Ibid, p. 157.
32 Ibid, p. 128.
33 Ibid, p. 30.
34 Ibid, p. 9.
35 Ibid, pp. 32–47.
36 Heino Engel, *Measure and Construction of the Japanese House*, Rutland, VT, and Tokyo: Charles E. Tuttle, 1985, p. 30.
37 Coaldrake, *The Way of the Carpenter,* p. 44.
38 Ibid, p. 132.
39 *Mushi-cho shi* (History of Mushi Village), Mushi-cho, 2005; available online at http://www.city.takamatsu.kagawa.jp/6133.html.
40 Compiled from Seki Mihoko, *Kokenchiku no waza nehori hahori* (Minute Details of Traditional Architectural Techniques), Tokyo: Rikōgakusha, 2000; and Ueda Atsushi, *Nihonjin to sumai* (Japa-nese People and Dwellings), Tokyo: Iwanami Shoten, 1974.
41 Brown, *The Genius of Japanese Carpentry*, pp. 56–7.
42 The list of woods was prepared by master carpenter Edo Tamotsu.
43 Watanabe Masatoshi, "Bamboo in Japan," available online at http://www.kyoto.zaq.ne.jp/dkakd107/E02-e.html.
44 From the website of the Yamaguchi Marble Onix Union: http://dairiseki.sugoihp.com/kumiai/history.htm.
45 Josiah Conder, *Landscape Gardening in Japan*, New York: Dover, 1964, pp. 44–5; and Fukuda Kazuhiko, *Japanese Stone Gardens: How to Make and Enjoy Them*, Rutland, VT, and Tokyo: Charles E. Tuttle, 1970, pp. 197–8.
46 Marc P. Keene, *Japanese Garden Design*, Rutland, VT, and Tokyo: Charles E. Tuttle, 1996, p. 148.
47 Nakagawa, *The Japanese House*, p. 7.
48 Nishi Kazuo and Hozumi Kazuo, *What is Japanese Architecture?*, Tokyo and New York: Kodansha, 1983, p. 17.

第三部分：建筑

1 Translation based on Janine Beichman's translation in Faubion Bowers (ed.), *The Classic Tradition of Haiku: An Anthology*, Mineola, NY: Dover, 1996, p. 75.
2 *JAANUS Online Dictionary of Japanese Architec-tural and Art Historical Terminology* (comp. Mary Neighbour Parent), Japanese Architecture and Art Net Users System, 2001; http://www.aisf.or.jp/~jaanus/deta/k/karahafu.htm.
3 Itoh Teiji, *Traditional Domestic Architecture of Japan*, New York and Tokyo: Weatherhill/ Heibonsha, 1982, pp. 44, 47.
4 Mary Neighbour Parent, *The Roof in Japanese Buddhist Architecture*, New York and Tokyo: Weatherhill/Kajima, 1985, p. 68.
5 Florence Du Cane and Ella Du Cane, *The Flowers and Gardens of Japan*, London: Adam & Charles Black, 1908, p. 23.
6 Edward S. Morse, *Japanese Homes and Their Surroundings*, New York: Dover, 1961.
7 David Young and Michiko Young, *Introduction to Japanese Architecture*, North Clarendon, VT, and Singapore: Tuttle, 2004, p. 81.
8 Nishi Kazuo and Hozumi Kazuo, *What is Japanese Architecture?*, Tokyo and New York: Kodansha, 1983, p. 54.

9 Nihon Kenchiku Gakkai, *Nihon kenchikushi zushu* (Collected Illustrations of Japanese Architectural History), Tokyo: Shokokusha, 1980, p. 157.
10 Ibid, p. 157.
11 Ibid.
12 Nishi and Hozumi, *What is Japanese Architecture?*, p. 94.
13 Nihon Kenchiku Gakkai, *Nihon kenchikushi zushu*, pp. 157–8.
14 *JAANUS*; http://www.aisf.or.jp/~jaanus/deta/s/soseki.htm.
15 Nihon Kenchiku Gakkai, *Nihon kenchikushi zushu*, p. 158.
16 William H. Coaldrake, *The Way of the Carpenter: Tools and Japanese Architecture*, New York and Tokyo: Weatherhill, 1990, p. 102.
17 *JAANUS*; http://www.aisf.or.jp/~jaanus/deta/b/bengara.htm.
18 Nakagawa Takeshi (trans. Geraldine Harcourt), *The Japanese House: In Space, Memory, and Language*, Tokyo: International House of Japan, 2005, p. 77.
19 Heino Engel, *Measure and Construction of the Japanese House*, Rutland, VT, and Tokyo: Charles E. Tuttle, 1985, p. 112.
20 Nakagawa, *The Japanese House*, p. 81.
21 *JAANUS*; http://www.aisf.or.jp/~jaanus/deta/g/genkan.htm.
22 Nakagawa, *The Japanese House*, p. 176.
23 Ibid, p. 174.
24 *JAANUS*; http://www.aisf.or.jp/~jaanus/deta/t/tatami.htm.
25 Engel, *Measure and Construction*, pp. 34–42.
26 Nishi and Hozumi, *What is Japanese Architecture?*, p. 74.
27 Arthur Drexler, *The Architecture of Japan*, New York: The Museum of Modern Art, 1955, p. 71.
28 Morse, *Japanese Homes*, pp. 156–7.
29 *JAANUS*; http://www.aisf.or.jp/~jaanus/deta/c/chigaidana.htm.
30 Morse, *Japanese Homes*, p. 137.
31 *JAANUS*; http://www.aisf.or.jp/~jaanus/deta/o/oshiita.htm.
32 Morse, *Japanese Homes*, p. 154.
33 Ibid, p. 192.
34 Tanizaki Jun'ichirō, *In Praise of Shadows*, New Haven, CT: Leete's Island Books, 1977, pp. 3–4.
35 Ibid, p. 35.
36 Morse, *Japanese Homes*, p. 183.
37 Ibid, p. 212.
38 Susan B. Hanley, *Everyday Things in Premodern Japan: The Hidden Legacy of Material Culture*, Berkeley, Los Angeles, and London: University of California Press, 1997, p. 158.
39 Ty Heineken and Kiyoko Heineken, *Tansu: Traditional Japanese Carpentry*, New York and Tokyo: Weatherhill, 1981, pp. 23–4.
40 *JAANUS*; http://www.aisf.or.jp/~jaanus/deta/k/kakemono.htm.
41 Tanizaki, *In Praise of Shadows*, p. 14.
42 Morse, *Japanese Homes*, p. 123.

第四部分：园林与庭园

1 Yamagata Saburō, *Kenchiku Tsurezuresa* (Architectural Idleness), Kyoto: Gakugei Shuppansha, 1982, p. 148. Translation adapted from David Landis Barnhill, *Bashō's Haiku: Selected Poems of Bashō*, Albany, NY: SUNY Press, 2004, p. 89.
2 Boye Lafayette De Mente, *Kata: The Key to Under-standing and Dealing with the Japanese*, Tokyo and Rutland, VT: Tuttle, 2003, p. 18.
3 Lou Qingxi (trans. Zhang Lei and Yu Hong), *Chinese Gardens*, Zurich: China Intercontinental Press, 2003, p. 13.
4 Mario Bussagli, *Oriental Architecture/2*, New York: Electa/Rizzoli, 1981, p. 95.
5 Josiah Conder, *Landscape Gardening in Japan*, New York: Dover, 1964, p. 12.
6 Tachibana-no-Toshitsuna (attrib., trans. Shimoyama Shigemaru), *Sakuteiki: The Book of Garden*, Tokyo: Town & City Planners, 1976, p. 1.
7 Mitchell Bring and Josse Wayembergh, *Japanese Gardens: Design and Meaning*, New York: McGraw-Hill, 1981, p. 188. The formula is based on Shimode Kunio (ed.), *Nihon no Toshikukan* (Japanese Urban Space), Tokyo: Shokokusha, 1969, p. 36.
8 Edward S. Morse, *Japanese Homes and Their Surroundings*, New York: Dover, 1961, p. 266.
9 Josiah Conder, *Landscape Gardening in Japan*, New York: Dover, 1964, p. 75.
10 Irmtraud Schaarschmidt-Richter and Mori Osamu, *Japanese Gardens*, New York: William Morrow and Company, 1979, p. 61.
11 Inoue Mitsuo (trans. Watanabe Hiroshi), *Space in Japanese Architecture*, New York and Tokyo: Weatherhill, 1985, pp. 18–19.
12 I utilize the definitions of "rock" and "stone" laid out by David A. Slawson in *Secret Teachings in the Art of Japanese Gardens: Design Principles and Aesthetic Values*, Tokyo: Kodansha, 1987, p. 200. He states, "Japanese *ishi* (*seki*) I translate as "rock(s)" when they are used in the garden to suggest rock formations in nature, and "stone (s)" when they are used (for their naturally or artifici-ally flattened upper surfaces) as stepping stones or paving stones, or when they have been sculpted (stone lanterns, water basins, pagodas) or split or sawed (stone slabs used for bridges, paving, curbing)."
13 Shimoyama Shigemaru, "Translator's Preface," in Tachibana-no-Toshitsuna (attrib., trans. Shimoyama Shigemaru), *Sakuteiki: The Book of Garden*, Tokyo: Town & City Planners, 1976, p. ix.
14 Tachibana-no-Toshitsuna, *Sakuteiki: The Book of Garden*, Tokyo: Town & City Planners, 1976, p. 20.
15 Ibid, p. 23.
16 Zōen, *Senzui narabi ni yagyō no zu* (Illustrations for Designing Mountain, Water, and Hillside Field Landscapes), 15th century; reproduced in *Secret Teachings in the Art of Japanese Gardens: Design Principles and Aesthetic Values* (trans. David A. Slawson), Tokyo: Kodansha, 1987, 153.
17 Conder, *Landscape Gardening*, p. 45.
18 Ibid, pp. 44–5.
19 Zōen, *Senzui narabi ni yagyō no zu*, p. 156.
20 Bring and Wayembergh, *Japanese Gardens*, pp. 208–11.
21 Ibid, pp. 154–5.
22 Conder, *Landscape Gardening*, p. 96.
23 Schaarschmidt-Richter and Mori, *Japanese Gardens*, p. 57.
24 Loraine Kuck, *The World of the Japanese Garden: From Chinese Origins to Modern Landscape Art*, New York and Tokyo: Weatherhill, 1989, p. 71.
25 Ibid, pp. 196–7.
26 *JAANUS Online Dictionary of Japanese Architectural and Art Historical Terminology* (comp. Mary Neighbour Parent), Japanese Architecture and Art Net Users System, 2001; http://www.aisf.or.jp/~jaanus/deta/t/tourou.htm.

下图： 京都皇宫绘画的细节局部。

术语表

为了便于读者理解，此处标出词汇的日文说法和中文解说，仅供读者参考。

油障子：覆盖油纸的木格屏，可防雨水，常见于茶室（又被称为雨障子）。

扬屋：优雅的娱乐性房屋，通常是位于城市娱乐区的町屋。

赤松：pinus densiflora，赤松。

雨户：可活动木隔板，在外墙上以保护洞口。

安山岩：一种中性的钙碱性喷出岩。

荒壁：“粗糙壁面”，第一层泥灰。

荒涂り：“粗糙覆面”，粗纹泥抹面。

游び：为娱乐而“游戏”。

翌桧：斧叶侧柏（一种松科常绿植物）。

当てビシ：重型钢头锤，铁匠用它压扁金属。

あわれ，哀れ：在万物短暂易逝中意识到美感。

バイ：木棍或竹棍（造纸中用于把纤维捣成纸浆）。

弁柄：氧化铁制成的红颜料。

ビシャン：石工用木锤。

盆栽：微型树木或其他植物。

分：传统计量单位，相当于10厘或者1/10寸（3.03毫米）。

佛坛：祖传的佛坛，通常以几案或橱柜的形式呈现。

屏风：由两扇或更多铰接面板构成的便携屏，另见浴室。

茶箪笥：茶道器具箱。

茶室：举行传统茶道仪式的房间。

气：能量流动（日语：気）。

违い棚：“与众不同的搁架”。具有装饰性且交错的架子，通常位于正式接待室的壁龛之中。另见薄霞棚。

帐场箪笥：商品箱柜。

帐台构え：书院间入口门道，常常带有四个装饰性隔扇（即“袄”）。

釿：锛子。

手水钵：“洗手盆”，用在园林中的石盆或陶盆，既供人们洗手又可作为装饰元素，另见蹲踞。

太衲：暗榫或木钉（だぼそ：粗榫）。

大佛殿：大佛殿，佛寺之中供奉巨大佛像的殿堂。

台鉋：台刨。

大黑柱：“财神柱”，民家中的中心结构柱。

大工：木匠。

大名：封建领主。

大理石：以中国城市大理命名的一种石材。

坛正积基坛：石材基座。

伝统：“传输和控制”，传统的。

土桥：覆盖泥土和青苔的桥梁。

土台：木制平台和踏板。

土间：建筑中使用泥土地面的空间。

泥涂り：金属屑涂层，金工匠人在磨砺金属过程中加水冷却，从而产生。

胴付キ锯：榫或背锯。

海老束：在两个交错架子（违棚）之间使用的细垂杆柱。

缘侧：游廊室内外之间地板延伸而出的露台，被悬挑屋檐所保护。

偃月桥：“半月桥”，通过倒影形成满月意象。

圆座：由稻草或类似材料编织的圆形座垫。

绘师：绘画大师。

蝦夷松：Picea jezoensis，云杉，鱼鳞云杉。

绘图板：绘制于薄木板上的木工平面图。

风水：古代中国堪舆系统，对应天文地理迹象，组织空间使其体现正向的能量流动。

笔返し：架子或柜台添加的曲木片边缘，防止毛笔和其他物品掉落，常用于违棚的装饰。

鞴：风箱。

风吕：浴盆。

节：竹秆的坚硬连接处。

隔扇（“袄”）：覆盖不透光纸的木格子滑动屏障。

布团：睡垫。

卧牛垣：在京都光悦寺等地，编织和捆扎的竹子栅栏（另见光悦垣）。

雁皮：一种纸草灌木（Wikstroemia sikokiana荛花草类，另见カミノキ）。

合掌：双掌合一祈告。

合掌造り：“合掌风格”，见于飞騨地区民家的陡峭屋顶。

玄武岩：玄武岩。

玄关：入口区的围合区域，地板位于大地水平高度。

玄能，源翁：双头锤（一面扁一面凸），大锤，另见金槌。

下駄：木凉鞋，传统木屐。

拟洋风：“伪西洋风格”，见于江户时期早期的建筑，木匠大师以传统工法建造。

五右卫门风吕：用于沐浴的巨型铸铁锅，装满水并在柴火上加温。

胡粉：用作涂料的白色碳酸钙颜料。

五德：放在炉中用来支撑水壶的金属架。

莫蓙：轻质编织草席，用来覆盖榻榻米。

グンデラ：石匠使用的双头木槌。

行：半正式的。

凝灰岩：凝灰岩。

淡竹：Phyllostachys nigra f. henonis，毛金竹。

俳句：三段式短诗，首句五个音，中句七个音，末句五个音。

灰土磨き：一种光滑的泥灰抹面，在细磨干土中凝固粉碎麦秸、海草或酪素胶。

鼻丸锯：圆头粗锯。

版筑：夯土。

埴轮：陶制丧葬泥俑。

梁：梁。

柱：柱。

端金：夹钳。

狭间石：中等尺寸石块建造的连续柱脚基础，设置在础石之间。

平地住居：平地住宅。

桧叶：Thujopsis dolabrata，一种日本柏木。

火钵：木炭火盆。

火棚：悬挂在民家壁炉上的木架或木板，用于干燥和降低食物的温度。

引手：门拉手。

神篱：一块神圣的土地，被作为临时划分的祭祀地点，以进行传统神道仪式——地镇祭（奠基仪式）。

桧：日本扁柏（Chamaecyparis obtusa）。

平刨：滑刨，光刨。

平家立物：一层的房屋。

桧皮包丁：在桧皮葺屋顶上，用来修剪树皮木瓦边缘的刀具。

桧皮葺：日本扁柏树皮制成的木瓦。

桧皮葺屋：制作日本扁柏树皮屋顶的工匠。

包丁：刀子。

方丈：寺庙住持的居所。

火洼：锻铁炉。

本釿：一种平头斧，用于表面开槽。

本堂：佛寺建筑群的主殿。

本御影：花岗岩（也被称为生驹石，庵治石，花岗岩，御影石，奥州御影，大岛石）。

掘炬燵：下挖式“炬燵”，围绕“围炉里”的下沉空间，人们坐在地板上通过地炉温暖腿部。

枘：凸榫。

枘穴，枘孔：榫眼。

表具屋：贴纸工（在障子和隔扇上裱糊纸张）。

熏瓦：“烟熏瓦”，典型的灰色日本屋瓦，带有氧化饰面。

一之间：“第一房间”，书院风格室内最重要的房间，常常包含床之间，违棚和付书院。

银杏：Gingko biloba，银杏树。

蔺草：Juncus alatus，一种被编织为薄覆层的灯芯草。

生花：插花。

衣桁：悬挂着物（和服）的木架。

生驹石：花岗岩（另见本御影、庵治石、花岗岩、御影石、奥州御影、大岛石）。

居间：“起居室”，日常活动的房间。

铸物屋：金属铸造工匠。

田舍叠：“乡村榻榻米”，其尺寸适应柱间距。

田舍间：相邻结构柱的柱中距离（根据地域有所不同），另见“京间”。

犬矢来：“狗围栏”，用来保护建筑墙体下部的竹劈裙篱。

入母屋：歇山顶。

围炉里：下沉式地炉。

石：包括岩石与石块。

倚子：宝座状椅子。

石浜： 石滩。

石屋： 石匠。

衣装箪笥： 衣物盒。

板石： 板岩（另见スレート）。

イタコ： 灵魂媒介。

板障子： 木板屏。

板图： 绘制于薄木板上的木工平面图（另见绘图板）。

糸： 线、丝。

砂利： 砾石或小石块。

地袋： 位于违棚之下，地板上的柜子。

地镇祭： 神道教奠基仪式。

地覆： 立于础石之上或直接落在地面上的水平木构件。

轴吊り： 枢轴铰链。

地栋： 内脊梁（地栋），位于屋脊梁（栋梁）之上的纵梁。

自在： 用来把水壶吊在地炉之上的壶钩，也被称为自在钩。

自在钩： 用来把水壶吊在地炉之上的壶钩，也被称为自在。

丈： 十尺（3.03米）。

净土宗： 净土宗佛教流派。

定规： 测量尺规。

绳床： 高僧的座椅。

歌舞伎： 一种传统日本舞剧形式。

兜： 头盔。

兜屋根： 盔状屋顶。

门松： 在新年进行展示的装饰性植物布景。

阶段箪笥：“楼梯盒子”，在梯段上制成的储物单元。

开化式：“复辟式样”，结合日式和西洋风格的折衷建筑样式，多为能工巧匠设计和建造。

海绵铁： 铁花，含碳的海绵状铁块和熔渣。

洄游式庭园： 漫步式园林。

锻冶火箸： 金属加工使用的长钳子。

庵治石： 花岗岩（另见本御影、生驹石、花岗岩、御影石、奥州御影、大岛石）。

锻冶屋： 金属工匠。

挂け轴： 悬挂的卷轴。

柿涩： 柿子单宁酸。

花岗岩： 花岗岩（另见本御影、庵治石、生驹石、御影石、奥州御影、大岛石）。

角目： 在指矩上，寸乘以$\sqrt{2}$的增量。

灶： 图纸烹调用炉。

かま切り鑿（凿）： 一种建具屋（制作门屏的木匠）使用的凿子（又被称为镰鑿）。

镰凿： 一种建具屋（制作门屏的木匠）使用的凿子（又被称为かま切り鑿）。

神： 神道教神明。

神棚： 供奉神灵的搁架。

カミノキ： 一种纸草灌木（Wikstroemia sikokiana荛花草类，另见雁皮）。

鸭居： 滑动隔板的上轨道。

神威： 阿伊努精神。

铁敷： 铁砧。

金槌： 双头锤（一面扁一面凸），另见玄能。

曲尺，矩尺： 木工使用的角尺，另见指矩。

汉字： 基于汉字书写系统的象形文字。

刨： 刨子。

刨身： 刨子刀片。

枯山水： 一种园林形式，只融入极少的植物，通过砾石地面和石组来指代大地与海景。

火成岩： 火成岩。

樫： Quercus serrata，橡木。

刀箪笥： 刀剑柜。

瓦： 陶屋瓦。

瓦葺屋： 葺筑陶瓦屋顶的工匠。

茅： Torreya nucifera，芒草或日本香榧。

茅葺： 茅草屋顶，除了芒草，也可由任何数量的芦苇和禾草葺筑。

饰金具屋： 装饰金工匠人。

饰金物： 装饰性金属配件。

罫引： 划线规（墨斗）。

硅藻土： 硅藻土。

间： 一个结构开间的距离，六尺（约等于180厘米）。

建筑： 也指房屋和结构。

间竿： 测量杆（另作尺杖）。

结晶片岩： 结晶片岩。

桁： 檩条。

榉： Zelkova acuminata，榉树。

気： 能量流动。

木雕师： 木雕师。

龟甲竹： 龟甲竹。

樵： 伐木工。

着物： 服装（尤其是日本传统服装——和服）。

桐： Paulownia imperialis，泡桐树。

锥： 手锥，手钻。

切留包丁： 建具屋使用的一种刀具。

截金师： 金叶工匠。

切斧： 伐木工人用的斧头。

辉绿岩： 辉绿岩。

木割り：“木分”，传统比例系统。

木槌： 木槌。

木挽き： 锯木匠。

光悦垣： 在京都光悦寺等地，编织和捆扎的竹子栅栏（另见卧牛垣）。

小刀：建具屋所用的小型刻号刀。

木口金具：以青铜为主的装饰性金属板（另见木口金物）。

木口金物：以青铜为主的装饰性金属板（另见木口金具）。

鲤帜：鲤鱼旗帜。

苔：苔藓。

柿葺き：薄木瓦屋面，以雪松木为典型。

黑檀：乌木、红木。

小舞，木舞：板条，以竹条为典型。

込栓：木笔。

菰：用在地板上的粗编草垫，也被挂在屋檐上或附着在外墙上抵御冬季寒冷气候。

木叶形锯：叶状横切推锯。

金堂：位于佛寺建筑群中心位置的主殿。

格子：格栅架子，以木材为典型。

甑：造纸中用来蒸树枝的大木盆，也指蒸饭锅。

炬燵：被炉，木架或桌下放有小火盆，其顶部覆有被子以保持热量，也作置き炬燵。

镘：泥刀。

镘绘：石灰板雕塑浮雕。

镘板：木调色板或灰泥托板。

乞わんに従ら：“按照要求”，园林设计的一种表达方式，指从自然中学习。

広叶树：阔叶树或落叶树，硬木。

楮：Broussonetia kajinoki，构树的纤维状内皮，也指一种树木。

钉隐し：用于隐藏钉头的装饰性扣帽。

熊笹：Sasa vetichii，熊竹草，另见笹。

云头拱：浮云样式的斗拱。

仓：仓库。

栗：Castanea crenata，栗子。

黑桧：Thuja standishii，日本侧柏。

上图，图47：轩唐破风，檐口末端的尖顶山墙屋顶。

黑竹：Phyllostachys nigra，黑竹。

黑柿：Diospyros nitida Merr.，黑柿。

黑松：Pinus thumbergii，黑松。

胡桃：Juglans ailantifolia，核桃。

楔：楔子。

樟、楠：Cinnamomum camphora，樟树。

桑：Broussonetia papyrifera，桑树。

曲彔：宝座样式的座椅。

曲水之宴：一种赋诗游戏，参与者需要在一杯清酒漂过的时间内写就诗歌。

京间：相邻柱子的柱中距离，见于关东地区，另见“田舍间”。

京间叠：东京风格的榻榻米，其尺寸适应相邻的柱中距。

间：间隔或空间（如柱间距离）。

町屋：“城镇住宅”，城市工匠或商人之家。

真竹：Phyllostachys bambusoides，斑竹，刚竹。

前挽锯：拉锯。

前挽大锯：宽刃拉锯。

楣：门楣，过梁。

卷矩：建具屋（门屏工匠）使用的一种工具，类似于指矩。

枕：枕头。

丸目：用在指矩上的尺寸，相当于寸乘以π的乘法逆元（或1/3.1416）。

真砂：园林中使用的粗花岗岩砂，另见白川砂。

枡组：“方形框架”，支撑屋檐的斗拱支架。

松：Pinus densiflora，松树。

女竹：Pleioblastus simonii，山竹。

廻石：园林中，用于引导水流的圆石（或以石代水）。

御影石：花岗岩（另见本御影、庵治石、花岗岩、生驹石、御影石、奥州御影、大岛石）。

民家：民宅。

蓑：稻草雨衣。

御簾：由竹条制成的百叶帘，用在神社、寺庙、宫殿和贵族府邸，另见簾。

见立：“再现”，以一种新方式将常见物品融入设计之中，尤其用在园林之中。

三叶踯躅：Rhododendron dilatatum，杜鹃。

三椏：Edgeworthia papyrifera，结香，一种大叶植物。

水屋重ね箪笥：日常用品箱。

枞：Abies firma，白冷杉或日本杉木。

红叶：Acer palmatum，日本枫。

门：门。

物の哀れ：“物哀”，一种美学意识，感于万物的稍纵即逝。

孟宗竹：Phyllostachys heterocycla f.pubensis，孟宗竹。

原皮师：摘取桧木皮的工匠（用于桧皮葺屋顶）。

无常：佛教用语，指稍纵即逝，变化无常。

栋木：屋脊梁。

长押：一种露梁（环绕房屋的联系梁）。

流し漉き：日本造纸工艺。

中柱：仅见于茶室。

中塗り： 土灰墙壁的中间图层。

海鼠壁：“海参墙壁”，陶砖墙壁面层，其网格图案间以石灰粉饰。

楢： Quercus crispula，日本橡木。

猫车： 独轮手推车。

ねり： 造纸中使用的黏性植物材料，用于减缓纸浆混合物中水分的排出。

鼠子： Thuja standishii，白杉木。

鼠返し： 楼梯顶部的平板，用以预防动物啃食。

日本三景： 日本著名的三处风景胜地。

躏口： 茶室的“爬入式”开口。

能： 融合诗歌、音乐、舞蹈、表演的日本传统舞台剧。

等り梁： 上升梁或斜梁。

轩唐破风： 檐口末端的尖顶山墙屋顶。

锯： 锯子。

凿： 凿子。

暖簾： 像帘子一般的悬挂织物，其顶端部分缝合在一起，并在下方约3/4处分开。

海苔： Porphyra yezoensis and Porphyra tenera，红藻。

布石： 放在连续石基上的长条石，另见连续基础。

盗み稽古：“偷师”，学徒观察匠师，并通过练习增进技艺。

大引： 支撑地板系统的枕木或横梁。

大锯： 双刃框锯。

置き炬燵： 被炉，在木架或桌下放置小火盆，其顶部覆有被子以保持热量，也作炬燵。

起绘图： 汇合平面和立面的图纸，可折叠出房间的三维模型，常用于茶室设计。

奥州御影： 花岗岩（另见本御影、庵治石、生驹石、花岗岩、御影石、奥州御影、大岛石）。

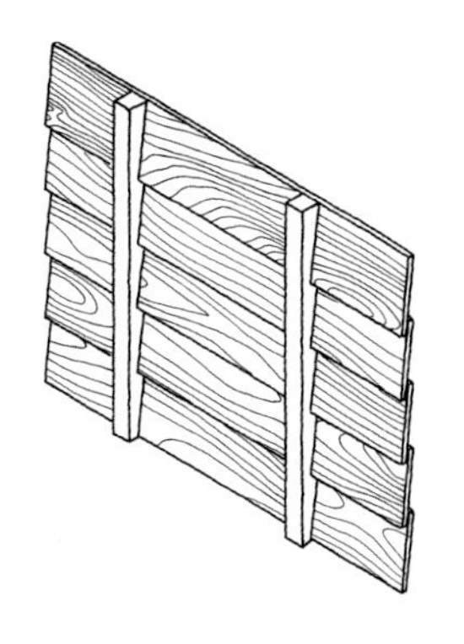

上图，图48：下见板，室外木隔板。

表目： 指矩的正面，另见里目。

鬼瓦： 屋脊端部的装饰性瓦片。

鬼师： 鬼瓦（一种装饰瓦）工匠。

押え刃： 刨子上的断屑槽或扣盖铁。

押入： 衣柜或壁橱空间，通常配备架子。

押板： 床之间内桌子样式的搁板，作为地袋的顶面（另作床押板）。

大岛石： 花岗岩（另见本御影、庵治石、奥州御影、生驹石、花岗岩、御影石、奥州御影）。

大谷石： 大谷石或大谷凝灰岩。

栏间： 横楣。

连续基础： 连续的石头基础，另见布石。

厘： 传统计量单位，相当于十分之一“分”（0.303毫米，约为0.012英寸）。

炉： 茶室中的地炉。

炉坛： 柏木制成的盒子，以厚厚的黏土作为衬垫，用在茶室里，盒中填充灰烬和燃烧的木炭。

露地： 从茶庭门到茶室之间的小径。

六叠： 六个榻榻米垫大小的房间。

辘轳： 滑轮或转床。

佐渡赤玉石： 建筑中的佐渡红石。

砂岩： 砂岩。

下げ振り： 铅石灰。

榊： Cleyera japonica，日本常绿乔木。

左官屋： 石膏匠。

酒： 米酒。

箐桁： 用于造纸的木框。

锁国： 从1639年至1858年的国家孤立政策。

桜： Prunus japonica，樱。

侍： 贵族武士阶层成员。

栈唐户： 重型木镶板门，配有装饰性青铜带。

山水： 融合溪流、池岛、山石的园林。

百日红： Lagerstroemia indica，紫薇。

笹： 竹草（Sasa veitchii），另见熊竹草。

指矩： 木匠尺规，另见曲尺。

椹： Chamaecyparis pisifera，椹柏。

石灰岩： 石灰岩。

铲： 刮刀。

铲床台： 铁匠磨刀用的特殊平台。

车知： 用于将木节固定在一起的木键或梢钉。

鯱瓦： 以传说中虎头鱼形生物为造型的屋脊端瓦。

借景： 一种扩展园林感知范围的设计技巧。

尺： 传统度量单位，相当于10寸（30.3厘米）。

尺杖： 测量杆（也作间竿）。

仕上： 常指灰泥的最外围涂层和其他完成面。

仕上凿： 用于制作建筑面层的凿子。

仕上涂り： 灰泥的面层涂料（另作上涂り）。

芝栋： 屋脊加强板。

七轮：用于烹饪的小火盆，通常由烧制黏土砖、土灰泥和硅藻土制成。

四手，垂：附着在注连绳上的折叠纸带（有时候是布带）。

四方盖：一种屋顶类型，上部为坡屋顶，下侧围绕着较低的屋檐。

敷居：滑动隔板的下部轨道，也指门槛。

漆喰：石灰膏。

注连绳：一种扭曲的稻绳，用来分隔日常生活空间和神道教圣域。

真：正式的。

寝殿：指平安时期贵族府邸中采用的正式建筑风格，也指寝殿风格建筑群中的主殿。

真言宗：一种深奥的佛学教派。

真行草：正式-半正式-非正式。

针叶树：针叶树。

神道："神之道"，一种日本本土宗教。

塩地：Fraxinus spaethiana Lingelsh，灰烬。

白书：建具屋使用的金属制造工具，类似于墨刺。

白川砂：庭园使用的白色砾石，另见真砂。

シーサー：传说中的冲绳守护——狮犬。

鹿威し（"惊鹿器"）：用在园林中的装置，可以发出刺耳的声音以驱离鹿和其他动物。

下地窓：在茶室中粗糙且具有装饰性的格子窗。

下见板：室外木隔板，由重叠的水平木板和细细的垂直杆柱构成。

紫檀：Dalbergia latifolia Roxb，紫檀。

蔀户：配有向上铰链的木格子百叶窗。

书箪笥：装书的柜子。

书院：一种从桃山时代兴起的正式建筑风格，常用于贵族府邸，也指书院风格的建筑，或指一间带有写字台的正式接待室（作为"付书院"的缩写）。

障子：半透明纸覆盖的木格子屏风。

缩景：园林设计中的技法，以微型化方式改变庭园元素的感知尺度。

修罗：石匠用来碾大石块的圆木。

草：非正式。

ソーダ、曹達：碱。

袖垣："衣袖般的栅栏"，用作墙的延伸或用来限制视野的短栅栏。

袖壁：限制视野的局部薄墙，用在茶室中防止客人看到主人入口。

底渫凿：建具屋使用的长柄凿子，用来清理榫眼。

础石：承托柱子的石基。

簾（su）：由细竹条制成的帘子，另见御簾或簾（sudare）。

簾（sudare）：用于遮挡阳光或视线的帘子，由薄薄的细条松散地编织而成，使用芦苇、竹子或其他材质，另见御簾或簾（su）。

簾障子：以"簾"代替"和纸"的障子屏。

杉：Cryptomeria japonica，日本扁柏或柳杉。

数奇屋："空寂的小屋"或"文雅精致的小屋"，融合书院造建筑风格，但又并非如此的正式；也可指代茶室。

数奇屋书院：以数寄屋风格建造的书院室。

墨绘：水墨画。

墨刺：竹制标记笔。

墨壶：带有弹线的墨盒。

寸：传统计量单位，相当于十分或者1/10尺（3.03厘米）。

砂：沙。

砂盛り：砂或砾石被堆积形为三维形态。

スレート：石板（另作板石）。

錾：用于金属和石材加工的雕刻刀。

铁刀木：Mesua ferrea L.，印度铁木。

高仓：升举地板仓库。

高床：地板升高到地面之上的建筑。

竹：竹子。

竹钉：竹制钉子。

玉石："球石"，球形的石块。

箪笥：储藏柜。

垂木：椽子。

叩き、三和土：夯土地面。

叩凿：引人注目的凿子。

叠：用作地面材料的编织草垫。

叠屋：榻榻米工匠。

竖穴住居："垂直洞穴住宅"，地穴居。

建具屋：制造门、屏的木匠。

帝冠样式：20世纪早期的建筑风格，为日本政府所推动，以在西洋建筑上添加"日式"屋顶为特征。

梃子：移动石头的杠杆。

手元箪笥：盛放个人物品的柜子。

天袋：违棚正下方的柜子。

殿上人：显要人物，在贵族府邸中被允许处于升举地板之上。

天井长押：顶枋（一种位于天花板之下，环绕房间的连系梁）。

铁平石：辉石。

户袋：连接室外建筑的盒体，可以收纳雨户。

栃、橡：Aesculus turbinata，马栗树。

砥石：磨石。

床柱："壁龛柱"，分开床之间和壁龛的柱子，壁龛内设有交错搁架。

床之间：装饰性壁龛。

床押板：床之间内桌子样式的搁板，作为地袋的顶面（另作押板）。

鸟居： 通往神道圣域的梁柱大门。

灯笼： 灯笼。

黄蜀： 用在造纸中的捣碎的莱芙蓉根系。

栋梁： 最重要的木匠大师。

椿： Camellia japonica，日本山茶。

镡凿：“剑卫凿”，用于为钉子切割方孔。

坪： 计量单位，相当于两片榻榻米垫的大小，约90厘米见方。

坪庭： 非常小的室内庭园。

槌： 木槌或锤子。

土壁： 涂覆泥土灰浆的坚实墙壁。

栂： Tsuga siekoldii，铁杉。

衝立： 便携立式单板屏，另见屏风。

衝立障子： 织物罩面活动隔板（通常为独立式，也有可能附着在一根柱子上）。

束： 支杆。

付书院： 书院室的嵌入式写字台。

月见台： 用于赏月的露台。

突凿： 用于表面或榫眼精加工的削凿刀。

蹲踞：“俯身之盆”，茶庭中的石盆或陶盆，用于洗手或作为装饰元素，另见手水钵。

钓金物、吊り金物： 金属杆钩这类五金件，用于支撑蔀户。

津波： 潮汐。

角叉： Gingartinaceae Chondrus，用于制造胶水的红藻。

踯躅： Rhododendron indicum，杜鹃。

浮世绘： 一种木版画。

梅： Prunus mume，梅子。

里目： 指矩的背面，带有平方根刻度，另见表目。

漆： 漆，也是日本漆树的缩写，参见漆の木。

漆の木： Toxicodendron vernicifluum，日本漆树。

漆职人： 漆工。

薄霞棚：“薄雾架”或是违棚。

上涂り： 灰泥的涂料面层（也作仕上涂り）。

侘： 一种美学概念，融入了对谦卑、不完美和孤独中的美的理解。

侘茶： 以“侘”为基础的茶道风格。

和小屋： 日本屋顶结构系统。

藁： 稻草。

藁葺： 稻草屋顶。

草鞋： 编织草鞋。

藁の灰： 稻草灰。

藁座： 与枢轴铰链配合使用的金属座。

和纸： 这种纸张通常由构树内皮制成。

和纸职人： 造纸工。

和室：“日式房间”，覆盖有榻榻米地板。

矢： 用来劈开石头或木头的楔子。

烧入れ： 通过在水中淬火使热铁回火。

烧杉： 炭化为深黑色的杉木。

山椿： Camellia japonica，茶花。

山樱： Prunus denarium var.spontanea，山樱。

屋根屋： 修理（或盖）屋顶的工人。

枪鉋： 矛头刨。

鑢： 锉刀，通常用来磨快金属锯片。

八桥： 八座板桥。

四叠半： 四块半榻榻米垫大小的房间。

横引き锯： 横切锯。

洋间： 西洋式房间。

葭： Phragmites australis，芦苇。

木棉： 附着在注连绳上的30厘米长的树皮纤维。

雪见障子：“观雪的障子”。

釉药： 用于瓷瓦的釉。

座布团： 垫子。

座敷： 有着榻榻米地面的正式接待室。

造家学：“建造学研究”，明治早期日本转译的西方建筑学，另见造家术。

造家术：“建造的艺术”，明治早期日本转译的西方建筑学。

参考书目

Barnhill, David Landis, *Bashō's Haiku: Selected Poems of Bashō*, Albany, NY: SUNY Press, 2004.

Blaser, Werner, *Classical Dwelling Houses of Japan*, Teufen AR, Switzerland: Arthur Niggli, 1958.

Blofeld, John Eaton Calthorpe, *The Chinese Art of Tea*, London: Allen & Unwin, 1985.

Bowers, Faubion (ed.), *The Classic Tradition of Haiku: An Anthology*, Mineola, NY: Dover, 1996.

Bring, Mitchell, and Josse Wayembergh, *Japanese Gardens: Design and Meaning*, New York: McGraw-Hill, 1981.

Brown, S. Azby, *The Genius of Japanese Carpentry: An Account of a Temple's Reconstruction*, New York and Tokyo: Kodansha, 1989.

Bussagli, Mario (ed.), *Oriental Architecture/2*, New York: Rizzoli, 1989.

Carver, Norman F., Jr., *Japanese Folkhouses*, Kalamazoo, MI: Documen Press, 1984.

Central Intelligence Agency, *The 2008 World Factbook*; available online at https://www.cia.gov/library/publications/the-world-factbook/print/ja.html.

Chamberlain, Basel Hall, *Japanese Things: Being Notes on Various Subjects Connected with Japan*, Rutland, VT, and Tokyo: Charles E. Tuttle, 1971.

Choi, Don, "Educating the Architect in Meiji Japan," in *Architecture and Modern Japan*, symposium proceedings, New York: Columbia University, 2000.

Coaldrake, William H., *Architecture and Authority in Japan*, London and New York: Routledge, 1996.

_____, *The Way of the Carpenter: Tools and Japanese Architecture*, New York and Tokyo: Weatherhill, 1990.

Conder, Josiah, *Landscape Gardening in Japan*, New York: Dover, 1964; first published 1893.

Cram, Ralph Adams, *Impressions of Japanese Archi-tecture and the Allied Arts*, New York: The Baker and Taylor Company, 1905.

De Mente, Boye Lafayette, *Kata: The Key to Under-standing and Dealing with the Japanese*, Tokyo and Rutland, VT: Tuttle Publishing, 2003.

Drexler, Arthur, *The Architecture of Japan*, New York: The Museum of Modern Art, 1955.

Du Cane, Florence, and Ella Du Cane, *The Flowers and Gardens of Japan*, London: Adam & Charles Black, 1908.

Encyclopedia of Shintō, Tokyo: Kogakuin University, 2002–6; online English translation of *Shintō Jiten*, Tokyo: Kobundo, 1994, at http://eos.kokugakuin.ac.jp/modules/xwords/.

Engel, Heino, *Measure and Construction of the Japanese House*, Rutland, VT, and Tokyo: Charles E. Tuttle, 1985.

Fitzhugh, William W., and Chisato O. Dubreuil (eds), *Ainu: Spirit of a Northern People*, Washington, DC: National Museum of Natural History, Smithsonian Institution, 1999.

Frampton, Kenneth, and Kunio Kudo, *Japanese Building Practice: From Ancient Times to the Meiji Period*, New York: Van Nostrand Reinhold, 1997.

Fujioka Michio, *Genshoku Nihon no Bijutustu: 12—Shiro to Shoin*, Tokyo: Shōgakan, 1968.

Fukuda Kazuhiko, *Japanese Stone Gardens: How to Make and Enjoy Them*, Rutland, VT, and Tokyo: Charles E. Tuttle, 1970.

Fukuyama Toshio, *Heian Temples: Byodo-in and Chuson-ji*, New York and Tokyo: Weatherhill/Heibonsha, 1976.

Gehō Taku, "Mejia: Kontentsu no Nashōnarichi" (Media: The Nationality of Contents), IIPS Policy Paper 322J, Tokyo: Institute for International Policy Studies, 2007.

Guth, Christine, *Art of Edo, Japan: The Artist and the City, 1615–1868*, New York: Harry N. Abrams, 1996.

Hanley, Susan B., *Everyday Things in Premodern Japan: The Hidden Legacy of Material Culture*, Berkeley: University of California Press, 1997.

Heineken, Ty, and Kiyoko Heineken, *Tansu: Traditional Japanese Carpentry*, New York and Tokyo: Weatherhill, 1981.

Hirai Kiyoshi, *Feudal Architecture of Japan*, New York and Tokyo: Weatherhill/Heibonsha, 1973.

Hirota, Dennis, *Wind in the Pines: Classic Writings of the Way of Tea as a Buddhist Path*, Fremont: Asian Humanities Press, 1995.

Hume, Nancy (ed.), *Japanese Aesthetics and Culture: A Reader*, Albany: State University of New York Press, 1995.

Inoue Mitsuo (trans. Watanabe Hiroshi), *Space in Japanese Architecture*, New York and Tokyo: Weatherhill, 1985.

Isozaki Arata, *Island Nation Aesthetic*, London: Academy Editions, 1996.

_____, *Japan-ness in Architecture*, Cambridge, MA: MIT Press, 2006.

Isozaki Arata, Ando Tadao, and Fujimori Terunobu, *The Contemporary Tea House: Japan's Top Architects Redefine a Tradition*, Tokyo: Kodansha, 2007.

Itō Teiji, with Noguchi Isamu and Futagawa Yukio, *The Roots of Japanese Architecture*, New York and London: Harper & Row/Evanston, 1963.

Itoh Teiji, *The Elegant Japanese House: Traditional Sukiya Architecture*, New York and Tokyo: Walker/Weatherhill, 1967.

_____, *Traditional Domestic Architecture of Japan*, New York and Tokyo: Weatherhill/Heibonsha, 1982.

JAANUS Online Dictionary of Japanese Architectural and Art Historical Terminology (comp. Mary Neighbour Parent), Japanese Architecture and Art Net Users System, 2001; www.aisf.or.jp/~jaanus/deta/k/karahafu.htm.

Kawashima Chuji, *Minka: Traditional Houses of Rural Japan*, Tokyo: Kodansha, 1986.

Keene, Marc P., *Japanese Garden Design*, Rutland, VT, and Tokyo: Charles E. Tuttle, 1996.

Kishida Hideto, *Japanese Architecture*, Tokyo: Japan Travel Bureau, 1936.

Koizumi Kazuko, *Traditional Japanese Furniture*, Tokyo, New York, and San Francisco: Kodansha, 1986.

Kuck, Loraine, *The World of the Japanese Garden: From Chinese Origins to Modern Landscape Art*, New York and Tokyo: Weatherhill, 1989; first published 1968.

Kurokawa Kisho, *Rediscovering Japanese Space*, New York and Tokyo: Weatherhill, 1988.

Lady Sarashina (trans. Ivan Morris), *As I Crossed a Bridge of Dreams*, London and New York: Penguin, 1975.

Liu, Laurence G., *Chinese Architecture*, London: Academy Editions, 1989.

Lu Yu (trans. Francis Ross Carpenter), *The Classic of Tea*, Boston: Little Brown, 1974.

Mason, R. H. P., and J. G. Caiger, *A History of Japan*, Rutland, VT, and Tokyo: Charles E. Tuttle, 1997.

Morse, Edward S., *Japanese Homes and Their Surroundings*, New York: Dover, 1961; first published 1886.

Murasaki Shikibu (trans. Arthur Waley), *Genji Monogatari*, in Donald Keene (ed.), *Anthology of Japanese Literature*, New York: Grove Press, 1980.

Mushi-cho shi (History of Mushi Village), Mushi-cho, 2005; available online at http://www.city.takamatsu.kagawa.jp/6133.html.

Nakagawa Takeshi (trans. Geraldine Harcourt), *The Japanese House: In Space, Memory, and Language*, Tokyo: International House of Japan, 2005.

Nihon Kenchiku Gakkai, *Nihon kenchikushi zushu* (Collected Illustrations of Japanese Architectural History), Tokyo: Shokokusha, 1980.

Nihon Minka-en: Japan Open Air Folk House Museum Catalog, Kawasaki, Japan: Nihon Minka-en, n.d.

Nihon no komyunichi (*Communities of Japan*), issue of *SD*, No. 7, Tokyo: Kashima Shuppan Kai, 1975.

Nishi Kazuo, and Hozomi Kazuo, *What is Japanese Architecture?*, Tokyo and New York: Kodansha, 1983.

Nitschke, Günter, *Japanese Gardens: Right Angle and Natural Form*, Cologne: Benedikt Taschen Verlag GmbH, 1993.

Okakura Kakuzo, *The Book of Tea*, New York: Dover, 1964.

Oliver, Paul (ed.), *Encyclopedia of Vernacular Archi-tecture of the World*, Cambridge, UK: Cambridge University Press, 1997.

Ono Sokyo, *Shintō: The Kami Way*, Rutland, VT, and Tokyo: Charles E. Tuttle, 1962.

Paine, Robert Treat, and Alexander Soper, *The Art and Architecture of Japan*, Harmondsworth: Penguin, 1958.

Parent, Mary Neighbour, *The Roof in Japanese Buddhist Architecture*, New York and Tokyo:Weatherhill/Kajima, 1985.

Process: Architecture No. 25, Japan: Climate, Space, and Concept, Tokyo: Process Architecture Publishing, August 1981.

Qingxi Lou (trans. Zhang Lei and Yu Hong), *Chinese Gardens*, Zurich: China Intercontinental Press, 2003.

Reynolds, Jonathan M., "Ise Shrine and a Modernist Construction of a Japanese Tradition," *The Art Bulletin*, 83(2), 2001, pp. 316–41.

_____, *Maekawa Kunio and the Emergence of Japanese Modernist Architecture*, Berkeley, CA: University of California Press, 2001.

_____, "The Bunriha and the Problem of 'Tradition' for Modernist Architecture in Japan, 1920–1928," in Sharon A. Minichiello (ed.), *Japan's Competing Modernities: Issues in Culture and Democracy 1900–1930*, Honolulu: University of Hawai'i Press, 1998.

Richie, Donald, *A Tractate on Japanese Aesthetics*, Berkeley, CA: Stone Bridge Press, 2007.

Rudolfsky, Bernard, *Architecture without Architects*, Albuquerque: University of New Mexico Press, 1987.

Rybczynski, Witold, *Home: A Short History of an Idea*, New York: Penguin, 1986.

Sadler, Arthur L., *The Art of Flower Arrangement in Japan*, London: Country Life, 1933.

_____, *A Short History of Japanese Architecture*, Sydney and London: Angus and Robertson, 1941.

Schaarschmidt-Richter, Irmtraud, and Mori Osamu, *Japanese Gardens*, New York: William Morrow, 1979.

Seiki Kiyoshi, *The Art of Japanese Joinery*, New York, Tokyo, and Kyoto: Weatherhill/Tankosha, 1977.

Seki Mihoko, *Kokenchiku no waza nehori hahori* (Minute Details of Traditional Architectural Techniques), Tokyo: Rikōgakusha, 2000.

Sen Sōshitsu XV (trans. V. Dixon Morris), *The Japanese Way of Tea: From Its Origins in China to Sen Rikyū*, Honolulu: University of Hawai'i Press, 1998.

Shimode Kunio (ed.), *Nihon no Toshikukan* (Japanese Urban Space), Tokyo: Shokokusha, 1969.

Slawson, David A., *Secret Teachings in the Art of Japanese Gardens: Design Principles and Aesthetic Values*, Tokyo: Kodansha, 1987.

Smith, Robert J., *Japanese Society*, Cambridge, UK: Cambridge University Press, 1983.

Stewart, David B., *The Making of a Modern Japanese Architecture: 1868 to the Present*, New York and Tokyo: Kodansha, 1987.

Stierlin, Henri (ed.), and Masuda Tomoya, *Architecture of the World: Japan*, Lausanne, Benedikt Taschend Verlag GmbH, n.d..

Sumiyoshi Torashichi and Matsui Gengo, *Wood Joints in Classical Japanese Architecture*, Tokyo: Kajima Institute Publishing, 1989.

Suzuki Daisetz T., *Zen and Japanese Culture*, Princeton, NJ: Princeton University Press, 1973.

Tachibana-no-Toshitsuna (attrib., trans. Shigemaru Shimoyama), *Sakuteiki: The Book of Garden*, Tokyo: Town & City Planners, 1976.

Tanaka Sen'o and Tanaka Sendo, *The Tea Ceremony*, Tokyo: Kodansha, 1988.

Tange Kenzō, *Katsura: Tradition and Creation in Japanese Architecture*, New Haven: Yale University Press, 1960.

Tange Kenzō, Kawazoe Noboru, and Watanabe Yoshio, *Ise: Prototype of Japanese Architecture*, Cambridge, MA: MIT Press, 1965.

Tanizaki Jun'ichirō, *In Praise of Shadows*, New Haven, CT: Leete's Island Books, 1977; first published as *In'ei raisan* 1933.

Ueda Atsushi, *Nihonjin to sumai* (Japanese People and Dwellings), Tokyo: Iwanami Shoten, 1974.

_____, *The Inner Harmony of the Japanese House*, Tokyo, New York, and London: Kodansha, 1990; first published 1974.

Unno Taitetsu, *River of Fire, River of Water*, New York: Doubleday, 1998.

Varley, Paul, and Kumakura Isao (eds), *Tea in Japan: Essays on the History of Chanoyu*, Honolulu: University of Hawai'i Press, 1989.

Watanabe Masatoshi, "Bamboo in Japan," available online at http://www.kyoto.zaq.ne.jp/dkakd107/E02-e.html.

Webster's New Collegiate Dictionary, 8th edn, Springfield, MA: G & C Merriam Co., 1981.

Yamagata Saburō, *Kenchiku Tsurezuresa* (Architectural Idleness), Kyoto: Gakugei Shuppansha, 1982; first published 1954.

Yamaguchi Marble Onix Union website: http://dairiseki.sugoihp.com/kumiai/history.htm.

Yamasaki Masafumi (ed.), "Kyoto: Its Cityscape Traditions and Heritage," *Process: Architecture*, No. 116, April 1994.

Yanagita Kunio, *Minkan denshōron* (On Folklore Studies), Tokyo: Kyōritsusha, 1934.

Yoshida Kenko (trans. Donald Keene), *Essays in Idleness*, New York: Columbia University Press, 1967.

Young, David, and Michiko Young, *Introduction to Japanese Architecture*, Singapore: Periplus Editions, 2004.

Zōen, *Senzui narabi ni yagyō no zu* (Illustrations for Designing Mountain, Water, and Hillside Field Landscapes), 15th century, reproduced in *Secret Teachings in the Art of Japanese Gardens: Design Principles and Aesthetic Values* (trans. David A. Slawson), Tokyo: Kodansha, 1987.

译后跋

在本书即将结束的时候，让我们做一件有趣的事情——对日本建筑做一次想象之旅，看看哪些“传统”的观念、技法和图像延续至今，而它们又是如何在日本当代文化景观之中再现的?

一·废墟

就从龙安寺的石庭开始，残旧的夯土墙壁围绕着朴拙的砾石庭园，衰朽老化的自然元素表征着传统和历史，这种“侘寂”美学似乎和欧洲的废墟审美异曲同工。理想的废墟会激发人们的“如画”观法和浪漫情怀，断壁残垣不仅仅记录时间不朽的痕迹，也同时低诉着当下的稍纵易逝和所有繁华的昙花一现。如同夏尔·波德莱尔所说，永恒和持久构成了艺术的一半，另一半则是“短暂、瞬间和偶然”。今天，东大寺南大门粗壮而陈旧的木柱，冲绳今归仁城的遗址城垣，京都某间茶室的泥墙或是某座古民家磨损的基石都会唤起人们的自豪、忧郁和伤感。这是一种诗意的“废墟审美”，残损而动人，饱含着岁月的痕迹，我们关于日本建筑“传统”的某些记忆就从此而来。

二·生长

然而这种浪漫的记忆片段并非长存于历史之中，西方的废墟美学传入东亚不过短短数百年。在这片木构文化传统盛行的区域，木建筑的废墟并不像罗马石材遗迹那样宏伟而圆润，反而显得衰朽、残破，甚至散发着恐怖的腐味。数千年来，在盛行“怀古诗”的中国竟然鲜有画作记录建筑废墟，无论是重修被破坏的房屋，还是将残存的建料另作他用，总之木构废墟“迅速”地消失不见。日本也是如此，这是一种独特却“传统”的文化视角，“人们把历史古迹看做一个绵绵不绝的生长过程，而非凝固在历史某一时间点上的化石般的遗迹”(注：P22-24 巫鸿《中国古代艺术与建筑中的“纪念碑性”》)。

于是日本的庙宇并非像遗产保护公约里推崇得那样“修旧如旧”，经过修缮后簇新的寺庙往往和周围的参天古树形成对比，再辅以活动庆典的临时装置，多重而复杂的时间性同时出现在我们的眼前。即便在一个狭小的茶室之中，也会同时享受着“陈旧”的泥壁和一尘不染的榻榻米地板，新与旧都充满极致性，并融于统一的朴素美学之中，丝毫不显得繁杂无序。旧有的技艺和形式被保存，伊势神宫每过二十年进行“式年迁宫”，在原址旁复建一模一样的新神社，从而永久传承技艺。在传统庙宇的翻修中，木匠们会精心分辨，将山间和河谷的木材按照其生长方向用于不同结构，屋顶、墙面和地面也会按照传统技法进行不同程度、小心翼翼地修缮。尽管一丝不苟，但“传统”也并非被视为文物，在这座庙宇的底部或许隐藏着先进的减震阻尼，以防御可能到来的地震危害。这种新旧融合正是我们最能直观感受到的日本建筑“传统”，它们大多数以这种“生长”的方式延续于日本当代文化景观之中，构成了鲜活的“符号图像”，并适应着当下文旅的经济逻辑。

三·流变

然而建筑“传统”所依托的生活方式已经几经转型，关于“传统”的看法也随之改变。在19世纪中后期日本西风东渐的时代，木构“传统”被视为落后的象征，一个典型的例子是著名的筑地旅馆。1868年，清水建筑根据美国建筑师的设计方案营造了这处“拟洋风”建筑，传统的木构系统被隐藏于西方新古典主义石材外观之下。

随后，欧洲建筑学教育被积极引入，“钢骨造”技术逐渐风靡，但纯粹的西式新古典风格也受到质疑。20世纪20年代，在日本甚至产生了一批同步于欧洲现代主义“分离派”风格的建筑设计。除了跟随变化的欧洲风潮，年轻的学院派日本建筑师也以更为积极的态度重新评估本土技术和风格，带着对日本建筑特色的追问，其建筑学者的足迹遍布东亚。

而到了20世纪30年代，在日益崛起的民族主义和军国主义的催生下，社会产生了在主要公共建筑中体现出日本风格的诉求，以帮助确立国族认同。同时期的历史学家、民族学家柳田国男的“传统”理念也影响建筑家的实践。无论是结合日式屋顶和西方新古典壁柱和门廊的“帝冠”式建筑，还是采用神社布局，连廊和硬山屋顶的院落式设计，此时的“传统”被转化为抽象的符号和比例，融入到钢筋混凝土建筑结构之中，在战后的广岛和平纪念中心和香川厅舍等作品中发展到了极致。

随后，日本经历了高速的城市建设，作为符号的“传统”继续出现在“新陈代谢”学派夸张的巨构建筑造型之中（如矶崎新先生20世纪60年代的“空中城市”），体现着时代的“高效”，洋溢着乐观和激情。但消失许久的木构传统也如同暗流一般汇入小住宅的设计和营造（如筱原一男先生的伞之家）。如同隈研吾先生在序言中所说，“占据主导地位的装饰文化剥夺了自然材料构筑建筑的可能性”。然而在资本主义的转折点，当人们重新发掘表皮背后的真相，传统在当代日本的延续是否还有另外的方式？

四·再造

抛开怀旧的“废墟审美”，新旧并置的“符号图像”和将历史嫁接于当代造型、技术的“抽象拼贴”，在今天日本的都市视觉文化中，让人难以忽略的是对传统的“再造”——无论是用“传统”的材料或工艺营造当代造型（注：传统材料并非未经现代工艺改良，但仍在视觉上呈现出自然特质），还是结合某些现代材料重塑更加抽象的传统氛围或环境，唤醒人们心中留存的东方诗意。

让我们以隈研吾先生（注：译者曾在2011—2013年求学于东京大学隈研吾工作室）设计的一座咖啡厅为例。这座位于福冈太宰府的星巴克有着“网红”的外观，其立面“溢出”具有视觉冲击力的木质“梁架”，在通往太宰府天满宫（保佑考试的神社）的传统街道上尤为引人注目。在东亚建筑传统中，匠人们能够通过小巧的木构件组成庞大的房屋结构系统，“省料”的小零件通过榫卯拼接就构成了日本建筑尺度惊人的大屋顶。然而此处的2000根木杆并非拘泥于传统，四个杆件两两连接，每每呈对角编织，榫卯交扣的传统工艺被用于实现动感的现代审美，在商业氛围塑造和传统工艺继承之间取得平衡。在今天的日本，这些并非个案，同样的观念可见于城市中的CG Prostho博物馆研究中心，日本芳香环境协会新总部（Aroma Environment Association Japan），或是311海啸之后，日本建筑师为乡村复兴设想的木构建筑和村落。

尽管很难说这样的尝试真正复兴了传统工艺，但它确实增强了人们对自然和历史的怀恋，并塑造了具有地域特色的视觉文化。更多的“再造”则是通过现代材料重塑传统氛围或环境，我们在SANAA建筑事务所纯净的艺术建筑中亦能感受到“幽玄、意气”这样的日本传统美学。在即将结束这段想象之旅的时候，我们发现了不同形式的“传统”延续于今天的日本文化景观之中，而如何创造性地“再造”传统成为了两国建筑师们同样面对的问题。

致谢

From the Author

This book could be built only from the teaching, inspiration, support, assistance, and encouragement of many people over many years. They are too numerous to thank individually, but I am deeply grateful to all. The foundation for the book was laid by Tony Atkin, who showed me that first slide of a stone lantern in a lush mossy garden twenty years ago, and Maruyama Kinya, who has been educating and inspiring me ever since. Many wonderful teachers have given me the structure—the columns and beams—for my research, including Dana Buntrock, Edo Tamotsu, Fujimori Terunobu, Kohyama Hisao, Kuma Kengo, Kusumi Naoki, and Sugimoto Takashi. The walls and the openings in them were built with the support and encouragement I have received, especially from Susan Cohen, Paula Deitz, Joann Gonchar, Ikeda Erika, Amy Katoh, Kimura Sachiko, Zeuler Lima, Sato Noriko, Leslie Van Duzer, illustrator Yamamoto Atsushi, and my colleagues and students at the places I have worked and taught. My parents, Nancy C. Locher and the late Jack S. Locher, taught me to recognize the sound of the *hototogisu*. They gave me the ability and opportunity to slide open that first door, and they watched quietly as I walked through. The construction of this book would not be complete without the roof, as shelter and symbol, layers bound together by Eric Oey, June Chong and Chan Sow Yun from Tuttle Publishing, editor Noor Azlina Yunus, and photographer Ben Simmons. But most of all, the book could not have been built without my *daikokubashira*, Murakami Takayuki.

From the Photographer

I would like to sincerely thank Chan Sow Yun, Naoto Ogo, Atsuro Komaki, Atsunori Komaki, Yoko Yamada, Toshio Okada, Kumeto Yamato, Yasaburo Hiraki, Mariya and Mineo Hata, Teiji Shinkei and Son, Ryorijaya Uoshiro Restaurant, Friends of Mikuni, Shoi, Colleen and Oshin Sakurai, Katharine Markulin Hama, Tim Porter, Toshio and Kumiko Wakamei, Takuji Yanagisawa, Yuri Yanagisawa, Yamada Sakan, Dennis "Bones" Carpenter, Kathryn Gremley, Greg, Maki and Marina Starr, and Rie, Rika, and Tsuneko Nishimura for all their kind support and assistance, and Mira Locher for her inspiring insights and unique perspective on Japan.

Illustrations

The publisher and author are grateful to the following individuals, institutions and publishers for help and permission in drawing and/or reproducing the line drawings in this book: **Fujimori Terunobo**: p. 41 (top and bottom); **Kuma Kengo**: p. 36; **Murakami Takayuki:** pp. 22 (top), 127, 136 (with Yamamoto Atsushi); **Yamamoto Atsushi**: pp. 17, 18, 22 (bottom), 29 (after Young and Young, *Introduction to Japanese Architecture*, p. 103), 31, 48, 58 (after Chikatada Kurata, *Minzoku Tambo Jiten*, Tokyo: Yamakawa Shuppansha, 1983), 60 (after Rudolfsky, *Architecture without Architects*, p. 132, with permission of Bungeishunjū), 65 (after Engel, *Measure and Construction of the Japanese House*, p. 31), 67, 74, 79 (after an image of *minka* structure, exhibition room guide, homepage of Hiratsuka City Museum (http://www.hirahaku.jp/tenji-shitsu/p24-25.html), 82, 85, 89, 93 (after Chūji Kawashima, *Minka: Traditional Houses of Rural Japan*, Tokyo: Kodansha, 1986, p. 20), 95, 96, 100, 102, 103, 105, 107, 110, 115, 118, 119 (top and bottom), 121, 132, 139 (top, after *Nihon Minka-en*, n.d.), 139 (center), 155, 158 (after Parent, *The Roof in Japanese Buddhist Architecture*, p. 122, with permission of Kyoto Prefectural Board of Education and Kūhonji Temple), 163 (after *Uesugi-bon rakuchū rakugaizu byōbu*, screen by Kano Etoku, c. 1560), 167 (after Keene, *Japanese Garden Design*, p. 79), 171 (after Keene, *Japanese Garden Design*, p. 77), 177, 188 (after Slawson, *Secret Teachings in the Art of Japanese Gardens*, p. 136), 197 (after Slawson, *Secret Teachings in the Art of Japanese Gardens*, p. 45), 207, 216, 217.

門しめに
出 聞て居る
蛙かな

mon shime ni
dete kitte oru
kawazu kana

Coming out
to close the gate,
I end up listening to frogs.[1]

MASAOKA SHIKI (1867–1902)
正岡 子規